KB144243

오리진

ORIGINS:
Fourteen Billion Years of Cosmic Evolution
by Neil deGrasse Tyson and Donald Goldsmith

Copyright © Neil deGrasse Tyson and Donald Goldsmith 2004
All rights reserved.

Korean Translation Copyright © ScienceBooks 2018

Korean translation edition is published by arrangement with
W. W. Norton & Company, Inc. through Duran Kim Agency.

이 책의 한국어 판 저작권은 듀란킴 에이전시를 통해
W. W. Norton & Company, Inc.와 독점 계약한 ㈜사이언스북스에 있습니다.

저작권법에 의해 한국 내에서 보호를 받는 저작물이므로
무단 전재와 무단 복제를 금합니다.

Excerpt from "Little Gidding" from FOUR QUARTETS by T.S. Eliot.
Copyright © renewed 1970 by Esme Valerie Eliot
Reprinted with permission of Faber and Faber Ltd. All rights reserved.

사이언스 클래식 34

오리진

우주 진화 140억 년

닐 디그래스 타이슨
도널드 골드스미스
곽영직 옮김

사이언스
SCIENCE
BOOKS
북스

하늘을 보는 모든 이들에게

그리고 자신이 왜 존재하게 되었는지 아직 모르는 모든 이들에게

감사의 글

원고를 읽고, 다시 읽으면서 우리가 하려고 하는 이야기가 제대로 전달되었는지 확인해 준 프린스턴 대학교의 로버트 럽튼(Robert Lupton)에게 우선 감사드린다. 천체 물리학과 영어에 대한 그의 전문가적 식견은 이 책이 우리가 처음 생각했던 것보다 한 차원 높은 곳까지 도달하도록 해 주었다. 또한 미국 시카고 소재 페르미 국립 가속기 연구소(Fermi National Accelerator Laboratory)의 션 마이클 캐럴(Sean Michael Carroll), 하와이 대학교의 토비아스 오언(Tobias Owen), 미국 자연사 박물관(American Museum of Natural History)의 스티븐 소터(Steven Soter), 캘리포니아 주립 대학교 샌디에이고 갬퍼스의 래리 스콰이어(Larry Squire), 프린스턴 대학교의 마이클 스트라우스(Michael Strauss), PBS NOVA 방송국의 프로듀서인 톰 리벤슨

(Tom Levenson)에게도 이 책의 여러 부분의 내용을 향상시킬 수 있도록 많은 도움을 준 것에 대해 깊은 감사를 표한다.

처음부터 우리 프로젝트에 신뢰를 보여 준 제너트 에이전시(Gernert Agency)의 베트시 러너(Betsy Lerner)에게도 감사드린다. 베트시 러너는 우리 원고를 단순한 한 권의 책이 아니라 다양한 분야의 독자들이 우주에 대한 깊은 관심을 함께 나눌 수 있는 소통의 장이라고 생각했다.

2부의 많은 부분과 1부와 3부의 일부분은 이 책의 필자 중 한 사람인 닐 디그래스 타이슨이 발간한《자연사(Natural History)》에 실렸던 내용이다. 이 잡지의 편집장 피터 브라운(Peter Brown)과 특히 세련된 작가적 능력을 유감없이 발휘해 준 수석 편집자 에이비스 랭(Avis Lang)에게도 깊은 감사를 드린다.

필자들은 또한 이 책의 집필과 출판을 지원해 준 앨프리드 프리처드 슬론 재단(Alfred Pritchard Sloan Foundation)에게도 감사드린다. 또한 이 책의 출판을 비롯한 다양한 문화 사업을 적극 지원해 온 앨프리드 프리처드 슬론 재단의 전통을 높게 평가한다.

2004년 6월

닐 디그래스 타이슨

도널드 골드스미스

과학의 기원,
그리고 기원을 다루는 과학에 대한 단상

우리는 여러 분야에서 알아낸 과학 지식의 융합을 통해 자연을 한층 깊이 이해할 수 있게 되었다. 최근 밝혀진 우주 기원에 대한 설명은 천체 물리학 분야만의 연구 성과가 아니다. 천체 물리학은 천체 화학, 우주 생물학, 천체 입자 물리학 등의 이름으로 불리는 여러 학문 분야들과 상호 협조하고 융합함으로써 많은 새로운 사실을 밝혀낼 수 있었다. '우리는 어디에서 왔는가?'라는 질문의 답을 찾고 있는 과학자들은 다양한 분야에서 연구하고 있는 다른 많은 과학자들과의 협조를 통해 우주가 어떻게 작동하고 있는지를 훨씬 심도 있게 통찰할 수 있게 되었다.

우리는 이 책 『오리진: 우주 진화 140억 년(*Origins: Fourteen Billion Years of Cosmic Evolution*)』에서 이러한 지식 융합을 바탕으로 우주의 기원뿐만 아

니라 물질로 형성된 은하와 같은 거대 구조의 기원, 우주를 비추고 있는 별의 기원, 생명체의 보금자리를 제공해 주는 행성의 기원, 이 행성에 살고 있는 생명체의 기원까지를 독자들에게 소개하려고 한다.

사람들은 논리적이거나 감성적인 측면에서 여러 가지 이유로 '기원(origin)'이라는 주제에 큰 흥미를 가지고 있다. 우리는 어떤 것이 어떻게 시작되었는지 알지 못하고서는 그것을 모두 안다고 생각하지 않는다. 그리고 우리 자신의 기원을 다루는 이야기들을 들을 때마다 큰 감동을 받는다.

우리 뇌리에는 지구에서 살아온 경험을 바탕으로 한 자기 중심적 사고가 깊이 박혀 있다. 따라서 우리 자신의 기원을 다루는 이야기에서도 우리가 일상 생활을 통해 경험하는 사건이나 자연 현상이 중심 역할을 하는 경우가 많다. 그러나 우주에 대해 더 많은 것을 알게 되면서 수천억 개나 되는 수많은 은하 중 하나인 평범한 은하의 변두리에 위치한 평범한 별을 돌고 있는 먼지로 이루어진 평범한 행성에 우리가 살고 있다는 사실을 알게 되었다. 우주적으로 볼 때 우리가 그리 특별하지 않다는 사실은 우리에게 재미있는 심리적 방어 기제로 작동해 다른 천체들도 모두 그다지 중요하지 않다고 생각하도록 한다. 많은 사람들이 자신도 모르는 사이에 빛나는 밤하늘 별들을 바라보면서 동료에게 "나는 수많은 별들을 바라볼 때마다, 이 별들이 그렇게 중요하지 않다는 사실에 놀라곤 한다."라고 말하는 만화 속 주인공을 닮아 가고 있다.

인류 역사에 등장했던 많은 문명들은 인간의 운명을 결정짓는 초자연적 힘이 인간을 존재하게 했다고 설명하는 여러 신화들을 만들어 냈다. 이런 신화들에서는 대개 인간이 절대자와 특별한 관계를 가지고 있는 특별한 존재로 등장한다. 우주의 기원을 설명하는 신화 대부분은 우주 창조와 같은 큰 사건으로 이야기를 시작하지만 빠른 속도로 우주와 우주를 이루는 구성물들, 그리고 지구상 생명체가 창조되는 과정을 지나친 다음 마치 인류가 우주 창조 과정의 중심에 있는 것처럼 인류 역사와 사회적 갈등에 대해 길게 설명한다.

기원을 다루는 여러 가지 과학적 설명들은 모두 적어도 원론적으로는 우주가 일반적인 법칙에 따라 운행되고 있다는 전제를 바탕으로 하고 있다. 그리고 우리 주변 세계를 자세히 관측하면 우주를 지배하는 일반적인 법칙을 알 수 있을 것이라고 가정하고 있다. 고대 그리스 철학자들은 인간이 자연의 운행 원리뿐만 아니라 모든 자연 현상을 지배하는 숨은 진리까지 알아낼 수 있는 능력을 가지고 있다고 생각했다. 그러나 그들은 우주를 지배하는 진리를 찾아내는 일이 매우 어려운 일이라고 생각했다. 2,300년 전 고대 그리스 철학자 플라톤(Platon, 기원전 428?~347년)은 인간의 무지를 설명하기 위해, 인간을 머리가 묶여 벽에 비친 그림자만 볼 수 있는 죄수에 비유했다. 따라서 인간은 동굴 벽에 비친 그림자만 보고 사물의 실상을 알아내야 한다는 것이다.

플라톤은 우주를 이해하려는 인간의 여러 가지 노력도 같은 맥락에서 설명했다. 그는 인간이 기껏해야 신비한 우주의 일부분을 어렴풋이 알고 있을 뿐이지만 전체 우주를 통제하는 절대자의 존재를 확신하고 있다고 주장했다. 부처, 모세, 마호메트와 같은 종교 지도자들은 물론이고, 영화 「매트릭스(The Matrix)」에 이르기까지 많은 문화권에서 절대자가 우주를 지배한다고 인정하고 있다. 그러나 이 절대자들은 자신의 일부만을 인간에게 보여 주는 호의를 베풀고 있다.

500년 전쯤부터 자연을 이해하는 새로운 방식이 서서히 자리 잡기 시작했다. 우리가 현재 '과학'이라고 부르는 이 새로운 방식은 인류의 새로운 발견과 기술이 협력해 만들어 낸 놀라운 결과였다. 유럽 전역에 보급된 인쇄물은 거의 같은 시기에 크게 발전한 육상 및 수상 교통 수단과 함께 사람들이 매우 빠르고 효과적으로 정보를 교환할 수 있도록 했다. 그 결과 사람들은 다른 사람들의 생각과 언어를 빠르게 배우고 반응할 수 있게 되었다. 16~17세기에 시작된, 과학이라는 새로운 방식은 여러 이유로 비판을 받기도 했지만 지식을 습득하는 가장 확실한 방법으로 자리 잡았다. 과학에서 우주를 이해하는 가장 효과적인 방법은 우주에 대한 관찰을 통해 얻은 사실을 설명할 수 있는 원리를 찾아내는 것이다.

여기에 또 하나의 개념이 추가되었다. 과학은 계속적으로 제기되는 방법론적 의심, 즉 조직적인 회의 과정을 통해 발전한다는 것이다. 자신이 얻은 결론을 의심하는 사람은 그다지 많지 않다. 따라서 과학은 누군가의 결론을 다른 사람이 의심하도록 격려함으로써 그 결론과 다른 견해를 포용한다. 과학의 이런 속성으로 인해 다른 과학자의 결론이 틀렸다는 것을 증명하는 것만으로 보상받게 되는 것은 정당하지 않다고 비판하는 사람들도 있다. 그러나 과학이 다른 사람의 결론을 믿지 않도록 유도한다는 것을 비판하는 사람은 많지 않다. 다른 과학자의 오류를 지적하거나 결론이 틀렸다고 생각하는 주요 이유를 말해 주는 행동은, 명상 시간에 다른 생각을 하는 신참자의 귀를 때리는 고승의 행동과 마찬가지로 선의의 행동으로 간주된다. 과학자들은 스승과 제자 같은 수직 관계가 아니라 수평 관계에 있다. 과학은 과학자가 자신의 오류를 찾아내는 것보다 훨씬 쉬운 일, 즉 다른 사람의 오류를 지적하는 것에 보상해 줌으로써 과학자들이 자신의 오류를 스스로 찾아내는 체제를 갖추도록 유도한다. 과학은 과학자들이 인간의 지식 범위를 넓히려는 동료 과학자들의 성실한 노력은 인정하면서도 그들의 이론이 옳지 않을 수 있음을 지적하도록 한다. 이것을 통해 자연을 분석하는 가장 효과적인 방법을 찾아낸 것이다. 따라서 과학은 과학자 사회의 성취물이라고 할 수 있다. 과학자 사회는 선임자의 생각을 무조건 따르는 사회가 아니며,

그런 사회를 동경하지도 않는다.

과학자들의 이런 태도는 이론 연구 분야에서 더욱 효과를 발휘한다. 모든 과학자들이 직접적인 방법으로 다른 사람의 오류를 지적하지는 않는다. 힘 있는 자리에 있는 과학자들이나 어떤 이유로 진리로부터 멀리 떨어져 있는 과학자들에게 나쁜 인상을 주지 않기 위해 과학자들은 오류 지적을 자제하기도 한다. 그러나 과학자 사회에서 오류가 오랫동안 숨겨질 수는 없다. 누군가 결국은 오류를 발견할 것이고 자신의 발견을 인정받기 위해 그것을 널리 알리려 할 것이기 때문이다. 다른 과학자들의 도전을 막아 내고 살아남은 결론들은 자연 법칙이라는 지위를 얻게 된다. 하지만 이런 법칙들도 크고 깊은 진리의 일부에 불과하다는 사실이 언젠가 밝혀지리라는 것을 과학자들은 알고 있다.

그러나 과학자들이 자기 시간 전부를 다른 사람들의 실수를 찾아내는 데 사용하지는 않는다. 과학적인 노력 대부분은 진전된 관찰 결과에 반하는 불완전한 가설을 시험하는 데 집중된다. 하지만 중요한 새 이론을 제안하거나 진보된 관측 기술을 이용해 얻은 새로운 결과를 설명할 수 있는 새로운 가설을 제안하기도 한다. 새로운 관찰 결과를 설명하기 위해 제시된 새로운 설명이 자연 현상에 대한 기존 지식을 바꾸어 놓는 위대한 순간은 과학의 역사에서 과거에도 있었고 앞으로도 있을 것이다. 과학의 발전은 더 좋은 자료를 모으고 이 자료로부터 새로운 사실을 추정해 내는 집단이나 개인에 의해 이루어진다. 성공 가능성이 낮기는 하지만 성공하면 더 큰 보상을 받을 수 있는, 널리 받아들여지는 이론에 대한 도전을 통해 과학의 발전이 앞당겨지기도 한다.

과학이 가지고 있는 이런 회의적인 성격은 영원한 진리처럼 보이는 것들이 안전하기를 바라는 인간의 너그러운 마음보다 훨씬 더 많은 것을 이루어 냈다. 만약 과학적인 접근이 우주에 대한 또 다른 설명에 지나지 않았다면 과학은 많은 것을 이루어 낼 수 없었을 것이다. 과학이 커다란 성공을 이룰 수 있었던 것은 과학의 결론들이 실제로 작동한다는 사실 때문이다. 틀렸다는 것을 증명하기 위한 많은 시도에도 불구하고 살아남은 과학 원리를 이용해 만든 비행기를 타는 것이 인도 베다(Veda) 점성술의 원리를 이용해 만든 비행기를 타는 것보다 목적지에 도달할 가능성이 훨씬 높다.

자연 현상을 설명하는 과학이 최근에 이루어 낸 성공을 직접 경험한 사람들은 과학에 대해 다음 네 가지 중 하나의 태도로 반응한다. 소수의 사람들이 속한 첫 번째 부류는 과학적 방법이야말로 자연을 이해하는 가장 큰 희망이라고 생각하고, 우주를 이해하기 위해 과학 이외의 방법을 찾으려고 하지 않는다. 이보다 더 많은 사람들이 속해 있는 두 번째 부류는 과학을 무시한다. 이들은 과학을 흥미롭지도 않고 불분명하며 인간의 영혼에 반한다고 생각한다. 그럼이나 영상이 어디에서 오는지 한 번도 생각하지 않은 채로 열심히 텔레비전을 보고 있는 이들은 마술(magic)과 기계(machine)가 같은 어원을 가지고 있는 단어라고 생각하는 듯하다. 또 다른 소수의 사람들로 이루어진 세 번째 부류는 과학이 자신들이 오랫동안 믿어 온 신앙에 반한다고 생각한다. 이들은 과학적 결과들이 틀렸다는 것을 증명하려고 적극적으로 노력하는, 과학에 적대적인 사람들이다. 그러나 과학에 대한 그들의 비판은 과학의 회의적인 체계와는 다르다. 이들은 과학이 틀렸다는 증거 외에는 받아들이지 않는다. 이들에게 다음과 같은 질문을 하면 이들을 과학자들과 쉽게 구별할 수 있다. "무슨 증거를 대면 당신이 틀렸다는 것을 인정하겠는가?" 반과학적인 태도를 보이는 이들은 1611년 존 던(John Donne, 1572~1631년)이 현대 과학이 보여 준 첫 성과를 다룬 시 「세계의 해부: 첫 번째 기념일(The Anatomy of the World: The First Anniversary)」에서 묘사하고 있는 것과 같은 느낌을 받았을 것이다. (17세기 영국 사회는 새로운 과학 지식의 등장으로 큰 혼란에 빠져 있었다. 니콜라우스 코페르니쿠스(Nicolaus Copernicus, 1473~1543년)의 지동설과 갈릴레오 갈릴레이(Galileo Galilei, 1564~1642년)의 천문학적 발견 앞에서 인간이 우주의 중심이라는 전통적인 믿음은 흔들릴 수밖에 없었다. 영국을 대표하는 시인이자 성직자였던 존 던은 당시의 사회 변화를 인정하고 흔들리고 있는 기존의 세계관에 대한 안타까움을 다음 시에서 표현하고 있다. 그의 말대로 "새로운 철학이 모든 것을 의심 속으로 부르는" 시대에 그것은 엄청난 충격이었다. ― 옮긴이)

그리고 새로운 철학이 모든 것을 의심 속으로 불렀네.
불의 원소는 꺼졌는지
태양은 잃어버리지 않았는지, 그리고 지구도.
무엇을 찾아야 할지를 말해 주는 인간의 지혜는
어디에도 없네.
자유로운 사람은 세상이 소모되었다고 할지니
행성이나 하늘에서
그들은 항상 새로운 것을 찾고; 그들은 이 세상이
원소로 분해되는 것을 보리라.
모든 것이 조각나고 모든 결합은 사라지리라.

또 다른 많은 사람들이 속해 있는 네 번째 부류는 자연에 대한 과학적 접근 방식을 인정하면서 동시에 우주에 대한 완전한 이해 너머에 절대자의 존재를 인정한다. 자연과 초자연 사이에 튼튼한 다리를 놓은 철학자 바뤼흐 스피노자(Baruch Spinoza, 1632~1677년)는 우주가 자연인 동시에 신이라고 주장하며 자연과 신 사이의 어떤 차이도 인정하지 않았다. 이런 부류에 속하는 많은 현대 종교인들은 자연과 절대자가 지배하는 영역을 구분함으로써 조화를 이루려고 노력하고 있다.

이중 어떤 부류에 속하느냐에 관계없이 우리가 우주에 대해 좀 더 많이 알아내야 한다는 것을 부정할 사람은 많지 않을 것이다. 그러면 이제 범죄 현장에 남은 증거물들로부터 사실을 밝혀내는 수사관이 된 기분으로, 우주의 기원에 대한 모험적인 탐구를 시작하기로 하자. 우주의 기원에 대한 단서를 찾아내고, 그것을 분석해 우주의 일부를 우리 것으로 만들려는 탐험에 당신을 초대한다.

차례

가장 위대한 이야기

오랫동안 조용하게 버티고 있던 세상이

어느 날 적당한 운동을 시작했다.

그리고 모두 따라 움직이기 시작했다.

— 티투스 루크레티우스 카루스(Titus Lucretius Carus, 기원전 96?~55?년)

지금부터 140억 년 전, 시간이 시작될 때 우주의 모든 공간과 모든 물질, 그리고 모든 에너지가 한 점에 모여 있었다. 이때는 우주의 온도가 아주 높아 우주를 지배하는 자연의 기본 힘들이 하나의 통합된 힘으로 존재했다. 아직 우리가 이야기하는 공간이나 물질의 개념을 과학적으로 정의할 수 없는 순간, 즉 우주의 나이가 10^{-43}초였을 때 우주의 온도는

10^{30}도나 되었다. 이런 높은 온도의 우주에서는 통일장(unified field) 안에 있는 에너지로부터 블랙홀이 순간적으로 만들어졌다가 사라지는 일이 반복되고 있었다. 이론 물리학의 설명에 따르면 이런 극한 상황에서는 공간과 시간이 거품이나 스펀지 모양으로 심하게 휘어진다. 이 시기에는 알베르트 아인슈타인(Albert Einstein, 1879~1955년)의 현대적 중력 이론인 일반 상대성 이론과, 가장 작은 단위에서 물질의 상호 작용을 설명하는 양자 역학에 따른 현상들을 따로 구별할 수 없었다.

우주가 팽창하고 온도가 내려감에 따라, 중력이 다른 힘으로부터 분리되었다. 다음에는 강한 핵력과 전자기약력이 서로 분리되었고, 엄청난 에너지가 방출되면서 우주가 10^{50}배로 팽창하는 사건이 일어났다. '급팽창(inflation) 단계'라고 부르는 급속한 팽창은 물질과 에너지를 균일하게 늘려 우주의 어느 한 점의 밀도와 다른 점의 밀도 차이를 10만분의 1보다 작게 만들었다.

현재 실험을 통해 증명된 물리 법칙에 따르면 이때 우주의 온도는 빛입자인 광자가 순간적으로 입자와 반입자 쌍으로 변환되고, 이 입자들이 곧 다시 에너지로 바뀌는 반응이 일어날 만큼 높았다. 잘 알려지지 않은 이유로 인해 입자와 반입자 간 대칭이 힘의 분화 이전에 붕괴되어 우주에는 입자가 반입자보다 조금 더 많아졌다. 이러한 비대칭은 아주 작은 것이었지만 우주 진화 과정에서 아주 중요한 역할을 했다. 입자와 반입자 간 비대칭은 아주 작아 10억 개의 반입자가 만들어질 때마다 10억 1개의 입자가 만들어지는 정도였다.

우주가 계속 식어 감에 따라 전자기약력이 전자기력과 약한 핵력으로 분리되어, 자연을 구성하는 네 가지 기본 힘들이 완성되었다. (자연에는 네 가지 기본 힘이 있다. 질량 사이에 작용하는 중력, 전하 사이에 작용하는 전자기력, 쿼크 사이에 작용하는 강한 핵력, 쿼크와 렙톤에 모두 작용하는 약한 핵력이 그것이다. 마찰력과 같이 우리가 일상 생활에서 경험하는 힘들은 이 기본 힘들이 다른 형태로 나타난 것이다. —옮긴이) 광자들의 에너지가 낮아짐에 따라 광자들로부터 입자와 반입자가 만들어지는 일이 더 이상 일어나지 않았다. 입자와 반입자 쌍들이 반응해 에너지로 변해 소멸하자 우주에는 10억 개의 광자마다 1개 비율의 보통 입자들만 남았고, 반입자는 더 이상 우주에서 찾아볼 수 없게 되었다. 입자와 반입자의 비대칭이 존재하지 않았더라면 팽창하는 우주에는 빛만 남았을 것이고, 따라서 천체 물리학도 존재하지 않았을 것이다. 우주가 시작되고 약 3분 정도가 지났을 때, 양성자와 중성자가 만들어졌고 이들이 결합해 가장 작은 원자핵들이 만들어졌다. 우주 공간을 자유롭게 날아다니던 전자들은 빛을 산란시켜 빛이 앞으로 나가지 못하게 했기 때문에 우주는 물질과 에너지로 이루어진 불투명한 수프 같은 상태가 되었다.

우주의 온도가 용광로의 온도보다 조금 더 높은 수천 도 이하로 낮아져 전자들의 운동이 느려지자 원자핵들이 전자와 결합해 가장 작은 세 가지 원소 수소, 헬륨, 리튬이 만들어졌다. 그러자 우주는 투명해졌다. 이때 우주에 남아 있던 광자들이 우리가 현재 우주 배경 복사(cosmic background radiation)라고 부르는 복사선이다. (우주 배경 복사는 빅뱅(big bang, '대폭발'이라고도 한다.) 후 우주 팽창으로 온도가 내려가 물질과 에너지의 상호 변환이 불가능하게 되었을 때 남아 있던 빛이다. 우주에 골고루 퍼져 있으며 우주 팽창과 함께 식어서 현재 그 온도는 2.73켈빈이다. 우주 배경 복사의 분포를 조사하면 우주 초기의 물질 분포와 우주 팽창과 관련한 많은 사실들을 알 수 있다. —옮긴이) 그 후에도 수십억 년 동안 우주는 팽창을 계속했고, 온도도 계속 낮아져 물질 사이에 작용하는 중력으로 인해 은하라고 부르는 거대 구조가 만들어졌다. 우리가 관측할 수 있는 범위 안에노 핵융합 반응으로 빛을 내는 별들 수천억 개와, 그것들이 이루는 은하 수천억 개가 형성되었다. 태양 질량의 10배 이상의 질량을 가진 별들의 내부는 온도와 압력이 높아 행성과 생명체의 구성 물질이 되는, 많은 무거운 원소들을 합성하는 핵융합 반응이 진행될 수 있었다. 별 내부에서 만들어진 무거운 원소들이 별 속에 그대로 남아 있었다면 이들은 아무 쓸모가 없었을 것이다. 그러나 질량이 큰 별들은 죽어가면서 커다란 폭발을 일으켜 여러 종류의 물질들을 흩어 놓아 은하를 화학적으로 풍부하게 만들었다.

70억~80억 년 동안 계속된 이러한 물질 제조 과정을 거친 후 우주의 특별하지 않은 위치(처녀자리 은하단 주변)의 특별하지 않은 은하(우리 은하)의 특별하지 않은 지역(오리온 팔)에서 특별하지 않은 별(태양)이 형성되었다. 태양계를 형성한 기체 구름은 몇 개의 행성과 수천 개의 소행성, 그리고 수많은 혜성을 만들기에 충분할 만큼 무거운 원소를 많이 포함하고 있었다. 태양계가 만들어지는 동안 태양 주위를 돌고 있던 구름 속에서 물질이 응축되기 시작했다. 수억 년 동안 혜성들과 태양계를 이루고 남은 파편들이 빠른 속도로 암석 상태의 행성 표면에 충돌해 행성 표면의 온도를 높였다. 때문에 행성 표면에서는 복잡한 구조를 가진 분자들이 만들어질 수 없었다. 태양계 공간을 떠도는 물질이 줄어들어 충돌이 뜸해지자 행성 표면의 온도가 내려가기 시작했다. 태양으로부터 적당한 거리에 있는 궤도 위에 형성된, 우리가 지구라고 부르는 행성은 액체 상태의 바다를 유지할 수 있었다. 지구가 현재 궤도보다 태양 가까이에 만들어졌다면 온도가 높아 바닷물이 모두 증발해 버렸을 것이고, 태양으로부터 더 먼 곳에서 만들어졌다면 온도가 낮아 바다가 얼어붙어 버렸을 것이다. 이런 경우에는 우리가 알고 있는 생명체의 진화가 불가능했을 것이다.

화학적으로 풍부한 액체 바다에서 일어난 알 수 없는 작용에 따라 간단한 혐기성(嫌氣性) 세균(bacteria, 박테리아)이 나타나 이산화탄소가 풍부하던 지구 대기를 산소가 풍부한 대기로 바꾸기 시작했다. 지구 대기에 산소가 많아지자 산소를 이용하는 호기성(好氣性) 세균이 나타났고 이들이 진화해 바다와 땅을 뒤덮었다. 산소 원자는 보통 2개가 결합해 산소 분자(O_2)를 이루었지만 대기 상층부에서는 3개가 결합해 오존(O_3)을 형성했다. 오존은 태양에서 오는 치명적인 자외선을 차단해 지구 표면을 보호해 주었다.

놀랍도록 다양한 지구 생명체와 우주에 존재하고 있을지도 모르는 우주 생명체는 우주에 풍부하게 존재하는 탄소와, 이로부터 만들어진 단순하거나 복잡한 수많은 종류의 분자를 기반으로 하고 있다. 탄소를 바탕으로 하는 분자들은 다른 모든 원소들을 바탕으로 하는 분자들을 합한 것보다 종류가 다양하다. 그러나 생명체는 상처를 입기 쉽다. 초기 지구에서 빈번하게 일어났던, 태양계를 형성하고 남은 파편들의 충돌은 지구 생태계에 커다란 재앙이었다. 46억 년에 달하는 지구 나이에 비하면 최근이라고 할 수 있는 6500만 년 전에 멕시코 유카탄 반도에 무려 10조 톤 질량의 소행성이 충돌해 많은 육상 식물과, 당시 지구를 지배하던 공룡을 포함해 육상 동물의 70퍼센트가 멸종했다. 이 생태계의 재앙은 살아남은 작은 포유류에게는 자유롭게 지구의 빈자리를 차지할 수 있는 기회를 제공했다. 포유류 중 우리가 영장류라고 부르는, 큰 뇌를 가진 종이 호모 사피엔스(Homo sapiens)로 진화했다. 이들의 지능은 과학이라는 도구와 방법을 창안해 낼 수 있을 정도로 발달했다. 이들은 천체물리학을 생각해 냈고, 우주 진화와 기원에 대해 많은 것들을 알아냈다.

그렇다, 우주에는 시작이 있다. 그렇다, 우주는 계속적으로 진화한다. 그리고 우리 몸을 이루는 모든 원자들은 우주 최초에 있었던 빅뱅과, 질량이 큰 별 내부에서 일어난 핵융합 반응으로 만들어졌다. 우리는 단순히 우주에 있는 것이 아니라 우주의 일부분이다. 우리는 우주에서 탄생했다. 어떤 사람들은 우주가 자신의 한 귀퉁이를 차지하고 있는 우리에게 자신이 무엇인지를 알아낼 수 있는 능력을 주었다고 믿고 있다. 그리고 이제야 우리는 우주를 알아내는 그 일을 겨우 시작했다.

1부

우주의 기원

1장

최초에

　최초에 물리학이 있었다. 물리학은 물질, 에너지, 공간, 그리고 시간이 어떻게 행동하고 상호 작용하는지를 설명해 준다. 우주 드라마에서 이 주인공들의 상호 작용은 모든 생물학적, 화학적 현상의 바탕이 된다. 우리에게 익숙한 모든 자연 현상들은 물리 법칙을 바탕으로 시작되었고, 물리 법칙에 따라 진행되고 있다. 우리가 물리 법칙을 우주라는 거대한 세계에 적용하면 천체 물리학이라고 부르는 물리학 체계가 된다.

　물리학을 비롯해 모든 과학 분야에서 실험과 탐구를 통해 새로운 사실을 발견하려고 노력하는 선구자들은 극한 상황에서 일어나는 사건과 현상에 특히 관심이 많다. 블랙홀 부근과 같이 중력이 아주 큰 극한 상태에서는 중력이 시공간을 심하게 휘어 놓는다. 에너지의 극한 상태라고 할 수 있는, 온도가 1500만 도나 되는 별의 핵 내부에서는 핵융합 반응이 진행되고 있다. 우리가 발견하거나 상상할 수 있는 모든 극한 상황 중 가장 극적인 상황은 우주 최초 짧은 순간, 상상할 수 없을 정도로 온도와 밀도가 높았던 시기일 것이다. 이러한 극한 상황에서 무슨 일이 일어났는지 이해하기 위해서는 물리학자들이 이전 시대의 물리학(고전 물리학)과 구별하기 위해 현대 물리학이라고 부르는, 1900년 이후 발견된 새로운 물리 법칙들을 이용해야 한다.

고전 물리학의 가장 큰 특징 중 하나는 사건이나 법칙, 그리고 예측이 누구나 잠시 생각해 보면 이해할 수 있다는 것이다. 고전 물리학의 법칙들은 평범한 실험실에서 평범한 실험을 통해 확인되었다. 중력과 운동, 전자기 현상, 열 현상과 관련된 법칙들은 현재 고등학교 물리 교과 과정에서 다루고 있다. 자연계에 대한 새로운 발견이었던 고전 물리학은 산업 혁명의 원동력이 되었고, 이전 세대 사람들은 상상도 하지 못했던 문명 발전과 사회 변화를 가져 왔으며, 우리가 일상 생활을 하는 동안 경험하는 일들이 왜 일어나는지, 그리고 어떻게 일어나는지를 설명하는 중심 이론이 되었다.

반면에 현대 물리학은 인간의 감각 너머에서 일어나는 일들을 다루기 때문에 이해하기가 쉽지 않다. 우리가 현대 물리학을 이해할 수 없는 것은 어쩌면 다행스러운 일이다. 그것은 우리 일상 생활이 현대 물리학을 이용해야만 설명할 수 있는 극한 상황과 관계없는 평화로운 환경에서 이루어지고 있다는 것을 의미하기 때문이다. 우리는 아침마다 침대에서 일어나, 집안을 거닐다 아침 식사를 하고 밖으로 나간다. 하루가 끝날 때쯤에는 사랑하는 가족들이 아침에 집을 나설 때와 같은 모습으로 우리가 집으로 돌아올 것이라고 기대하고 있다. 그런데 사무실에 도착한 후 10시 회의에 참석하기 위해 온도가 높은 회의실에 들어섰을 때 몸안의 모든 전자들이 달아난다면 어떻게 될까? 몸을 구성하고 있는 원자들이 제멋대로 날아가 버리는 일이 일어날 수도 있다. 그것은 참으로 불행한 일이다. 이번에는 75와트짜리 전등 아래에서 일을 하고 있는데 누가 갑자기 500와트짜리 전등을 비춰서 우리가 갑자기 벽과 벽 사이를 이리저리 튀어 다니고 결국은 창문 밖으로 날아갔다고 상상해 보자. 또는 일이 끝난 후에 스모 경기장에 갔더니 거의 공 모양의 두 스모 선수가 충돌한 후 갑자기 두 줄기의 빛으로 변환되어 서로 반대 방향으로 사라져 가는 것을 목격했다고 가정해 보자. 아니면 검은 건물이 갑자기 내 발부터 온몸을 작은 구멍 속으로 빨아들여 다시는 보지도 듣지도 못하게 되었다고 생각해 보자.

이런 일들이 우리 일상 생활에서 빈번하게 일어난다면 우리는 현대 물리학을 그다지 이상하게 여기지 않을 것이다. 일상 생활을 하는 동안에 상대성 이론이나 양자 물리학이 설명하는 현상들을 쉽게 경험할 수 있기 때문이다. 그렇게 되면 사랑하는 가족들은 우리가 직장에 출근하도록 내버려 두지 않을 것이다. 우리가 현대 물리학을 쉽게 이해할 수 없는 것은 이런 이상한 일들이 우리 주위에서는 일어나지 않기 때문이다. 그러나 우주 초기에는 모든 곳에서 이런 일들이 빈번하게 일어났다. 이런 일들을 상상하고 이해하기 위해서는 새로운 종류의 물리학으로 무장하는 수밖에 없다. 다시 말해 아주 높은 온도와 밀도, 그리고 압력 하에서 물질이 어떻게 행동하고 물리학이 이들의 행동을 어떻게 기술하는지에 대한 새로운 통찰력을 가져야 한다.

이를 위해 우리는 $E = mc^2$이라는 식이 중요한 역할을 하는 세계로 들어가야 한다.

알베르트 아인슈타인이 1905년에 발표한 논문에 이 유명한 식이 포함되어 있다. (1905년에 아인슈타인은 각각 특수 상대성 이론, 광전 효과, 브라운 운동에 관한 논문 3편을 발표했다. 이 논문들은 현대 물리학 발전에 큰 영향을 미쳤다. UN은 이 '기적의 해'로부터 꼭 100년이 되는 지난 2005년을 '세계 물리의 해'로 정해 아인슈타인의 업적을 기렸다. — 옮긴이) 이 해에 그는 독일의 저명한 물리학 학술지인《물리학 연보(Annalen der Physik)》에 "Zur elektrodynamik bewegter körper"라는 제목의 논문을 발표했다. 이 논문의 제목은 "움직이는 입자의 전기 역학에 대하여"로 번역될 수 있지만 시간과 공간에 대한 우리의 생각을 크게 바꾸어 놓은 '특수 상대성 이론(special theory of relativity)'이라는 이름으로 훨씬 더 잘 알려져 있다. 1905년에 스위스 베른 시의 한 특허 사무소에서 일하고 있던 26세의 아인슈타인은 같은 해 같은 학술지에 $E = mc^2$이라는 방정식이 포함된 2쪽 반 분량의 짧은 논문도 발표했다. 이 논문의 독일어 제목은 "Ist die trägheit eines körpers von seinem energieinhalt abhängig?"이며, 번역하면 "물체의 관성 질량은 물체가 가지고 있는 에너지에 의존하는가?"라는 뜻이다. 질문 형태로 되어 있는 논문의 원본을 찾아내서 이 질문에 답하고자 실험 장치를 설계하고 직접 실험하는 노력을 절약하기 위해, 답을 이야기하면 '그렇다.'이다. 아인슈타인은 다음과 같이 썼다.

> 만약 입자가 전자기파 형태의 에너지를 방출한다면 이 입자의 질량은 E/c^2만큼 감소한다. …… 입자의 질량은 포함하고 있는 에너지의 양을 나타낸다. 만약 에너지가 E 만큼 변한다면 질량도 E/c^2 만큼 변할 것이다.

아인슈타인은 자신의 이론을 검증하기 위해 다음과 같은 실험을 해 볼 것을 제안했다.

라듐염과 같이 에너지와 질량의 변화 정도가 큰 물질을 이용하면 이 이론을

검증하는 것이 가능할 것이다.[1]

이제 우리는 질량과 에너지가 상호 변환하는 경우에 적용할 수 있는 하나의 법칙을 가지게 되었다. 에너지는 질량에 광속의 제곱을 곱한 값과 같다는 것을 나타내는 식 $E = mc^2$은 우주가 시작된 직후부터 현재까지 일어나고 있는 일들을 이해하는 강력한 계산 도구로 이용되고 있다. 이 식을 이용하면 별이 얼마나 많은 복사선을 내고 있는지, 주머니 속 동전들을 모두 에너지로 바꾸면 얼마 정도의 에너지가 되는지 계산해 볼 수 있다.

우리에게 가장 익숙한 에너지 형태는 우리 주위에서 항상 빛나고 있어서 때때로 그 존재를 잊어버리기도 하는 빛이다. 빛 입자인 광자는 질량이 없는 전자기파 알갱이다. (빛은 입자와 파동의 성질을 모두 가지고 있다. 따라서 파동인 전자기파로 다룰 수도 있고 입자인 광자로 다룰 수도 있다. ─ 옮긴이) 우리는 모두 광자가 가득한 공간 안에서 살아가고 있다. 태양, 달, 별은 물론 난로나 촛불, 밤을 비추는 전등, 그리고 수많은 라디오와 텔레비전 방송국, 게다가 요즈음은 누구나 가지고 있는 스마트폰과 레이더로부터 광자가 방출되고 있다. 그렇다면 우리는 왜 에너지가 질량으로 변하거나 반대로 질량이 에너지로 변하는 것을 실제로 목격할 수 없을까? 우리 주변에 있는 보통의 광자가 가지는 에너지는 질량이 가장 작은 입자의 질량을 $E = mc^2$을 이용해 환산한 에너지보다 훨씬 낮다. 이러한 광자들은 입자가 될 수 있는 에너지보다 훨씬 낮은 에너지를 가지고 있기 때문에 우리가 관심을 가질 만한 사건을 만들지 못하고 광자로서의 단순한 삶

1. A. Einstein, *The Principle of Relativity*, W. Perrertt, and G. B. Jeffery, London, Methuen and Company (1923), pp. 69~71.

을 살아가고 있는 것이다.

$E = mc^2$에 따라 일어나는 극적인 사건을 원하는가? 그렇다면 가시
광선보다 20만 배 높은 에너지를 가진 감마선과 함께 출발해 보는 것이
좋을 것이다. 실제로 이런 여행을 한다면 머지않아 암에 걸려 죽게 되겠
지만 죽기 전에 감마선이 사라진 자리에 입자인 전자와 전자의 반입자
인 반전자(양전자)가 쌍으로 생성되는 것을 볼 수 있을 것이다. 우리가 보
고 있는 동안에 입자와 반입자 쌍이 충돌해 소멸한 후 감마선이 만들어
지기도 할 것이다. 만약 감마선의 에너지를 2,000배 정도 높인다면 이제
우리는 다정다감한 사람을 헐크로 바꾸기에 충분한 에너지를 가진, 정
말로 위험한 감마선을 갖게 될 것이다. 이러한 감마선 쌍은 $E = mc^2$에
따라 전자보다 2,000배 더 큰 질량을 가진 양성자나 중성자, 그리고 이
들의 반입자 들을 만들어 낼 수 있다. 높은 에너지를 가지고 있는 광자
는 아무 곳에나 있지 않다. 이들은 우주에 여기저기 분포되어 있는 특별
한 환경 속에 존재한다. 감마선에게는 수십억 도 이상의 온도가 적절한
온도이다.

물질과 에너지의 상호 변환은 우주적 관점에서 보면 매우 중요하다.
과학자들은 우주에 산재해 있는 마이크로파(전자기파의 일종. 전자기파는 파장
에 따라 여러 가지로 나뉘는데 파장이 긴 것부터 짧은 순서로 나열하면 전파, 적외선, 가시광
선, 자외선, 엑스선, 감마선이 있다. 통신이나 방송에 주로 사용되는 전파는 다시 파장에 따라
장파, 단파, 초단파 등으로 나뉘기도 한다. 초단파는 파장이 1밀리미터부터 30센티미터까지인
전자기파이다. 이중에서 적외선에 가까이 있는 파장이 짧은 초단파를 극초단파라고 부르기
도 한다. ― 옮긴이)의 파장을 측정해 팽창하고 있는 우주의 평균 온도가 절
대 온도로 2.73켈빈(K)이라는 것을 알아냈다. 모든 온도가 양수로 표현
되는 절대 온도 체계에서 입자가 최소의 열, 즉 최소의 운동 에너지를 가
지고 있는 상태의 온도는 0켈빈, 상온은 295켈빈 정도이며 물이 끓는 온

도는 373켈빈이다. (절대 온도는 물질을 구성하고 있는 입자들의 평균 운동 에너지를 나타낸다. 따라서 절대 온도로 0도, 즉 0켈빈에서는 모든 입자들이 정지한다. 운동 에너지는 음의 값을 가질 수 없으므로 절대 온도에는 음수가 있을 수 없다. 단위는 켈빈(K)이다. ─ 옮긴이) 가시광선의 광자와 마찬가지로 마이크로파의 광자도 에너지가 너무 낮아서 $E = mc^2$에 따라 물질로 변환되겠다는 희망을 가질 수 없다. 다시 말해 마이크로파의 광자로부터 만들 수 있을 만큼 작은 질량을 가지고 있는 입자는 존재하지 않는다. 이것은 전파나 적외선, 가시광선, 자외선, 엑스선의 광자들에게도 마찬가지이다. 한마디로 말해 입자로의 탈바꿈은 전자기파 중에서도 높은 에너지를 가지고 있는 감마선에게나 가능한 일이다. 어제의 우주는 오늘의 우주보다 조금 더 크기가 작았고 조금 더 온도가 높았으며, 그저께의 우주는 그것보다도 조금 더 크기가 작았고 조금 더 온도가 높았다. 시계를 더 거꾸로 돌려 137억 년 전으로 돌아가면 온도가 충분히 높아 우주 전체가 감마선으로 꽉 차 있는, 천체 물리학적으로 흥미로운 빅뱅 직후의 불투명한 수프 같은 우주에 도달할 것이다.

우주가 시작된 빅뱅 직후부터 오늘날까지 공간과 시간, 그리고 질량과 에너지가 어떻게 행동했는지 이해하게 된 것은 인간의 사고가 이루어 낸 가장 위대한 성취이다. 빅뱅 직후 어느 때보다도 크기가 작았고 온도가 높았던 최초의 우주에서 일어난 일들을 완전하게 이해하려고 한다면 자연계에 존재하는 네 가지 기본 힘인 중력, 전자기력, 강한 핵력, 약한 핵력이 하나의 힘으로 통합되는 과정을 알아야 한다. 그리고 동시에 현대 물리학의 두 기둥을 이루고 있는, 작은 세상에서 일어나는 일들을 설명하는 양자 물리학과 큰 규모의 우주에서 일어나는 일들을 설명하는 일반 상대성 이론을 조화시키는 방법을 찾아내야 한다.

✦✦✦

20세기 중반에 이루어진 양자 물리학과 전자기학의 성공적인 통합에 고무된 물리학자들은 양자 물리학과 일반 상대성 이론을 통합해 양자 중력 이론을 만들려고 시도했다. 현재까지 이들의 노력은 모두 실패했지만 우리는 어디에 가장 큰 어려움이 있는지 알게 되었다. '플랑크 시대'는 빅뱅 후 10^{-43}초(10조분의 1의 다시 10조분의 1, 다시 10조분의 1, 또다시 1000만 분의 1초)까지를 말한다. 모든 정보는 빛의 속도인 초속 3×10^8미터보다 더 빠른 속도로 전달될 수 없기 때문에 플랑크 시대의 우주에 관측자가 있었다면 3×10^{-35}미터(10조분의 1의 10조분의 1, 다시 1000억분의 1미터) 이상 떨어진 곳을 관측할 수 없었을 것이다. 상상하기에도 어려운 이런 작은 시간과 공간을 '플랑크 시대'라고 부르는 것은 1900년에 에너지가 양자화되었다는 것을 처음으로 밝혀내 양자 물리학의 기초를 닦은 독일의 물리학자 막스 카를 에른스트 루트비히 플랑크(Max Karl Ernst Ludwig Planck, 1858~1947년)를 기념하기 위해서이다.(물체가 내는 복사선의 에너지를 연구하던 플랑크는 어떤 조건에서는 에너지와 운동량 같은 물리량이 연속적인 값이 아니라 불연속적인 값만 가질 수 있다는 것을 밝혀냈다. 불연속적인 물리량을 다루는 물리학이 양자 물리학이다. ─ 옮긴이)

　　일상 생활에서는 양자 역학과 일반 상대성 이론의 충돌이 야기하는 문제들을 경험할 수 없다. 현재 우주에서는 양자 물리학과 중력 이론이 더 이상 충돌하지 않아 아무런 문제를 일으키지 않기 때문이다. 천체 물리학자들은 일반 상대성 이론과 양자 역학의 원리를 전혀 다른 종류의 문제를 설명하는 데 이용하고 있다. 그러나 플랑크 시대에는 우주가 아주 작았기 때문에 일반 상대성 이론과 양자 역학의 결혼을 중매하는 중매쟁이를 필요로 했다. 그러나 이들이 결혼식에서 교환한 서약의 내용을 알 수 없어, 우주가 팽창함에 따라 둘이 갈라서기 전까지의 짧은 신혼 기간 동안 우주가 어떻게 행동했는지를 정확히 설명할 수 있는 물리 법칙을 알아내지 못하고 있다.

플랑크 시대의 끝에 통합되어 있던 힘에서 중력이 분리되어 현재 우리가 알고 있는 중력 법칙의 형태를 갖추기 시작했다. 우주의 나이가 10^{-35}초가 되었을 때, 급격한 팽창에 따라 빠르게 온도가 낮아지면서, 중력을 제외하고 아직까지 통일된 형태로 존재하던 힘이 전자기약력과 강한 핵력으로 분리되기 시작했다. 나중에 전자기약력은 전자기력과 약한 핵력으로 분리되어 우리에게 익숙한 네 가지 기본 힘들을 구성하게 되었다. 약한 핵력은 방사성 붕괴를 지배하는 힘, 강한 핵력은 원자핵 속 입자들을 묶어 두는 힘이 되었으며, 전자기력은 원자핵과 전자들을 묶어 원자를 형성하고 원자들을 결합해 분자를 만드는 힘이 되었다. 네 가지 힘 중에 가장 약한 힘인 중력은 질량이 큰 물질들을 묶어 두는 힘이다. 우주의 나이가 10조분의 1초가 되자 우주는 이 힘들의 상호 작용에 따라 다양한 특성을 가진 우주로 진화했다. 이때 우주에서 일어났던 사건들을 제대로 설명하기 위해서는 여러 권의 책을 써야 할 정도다.

우주의 나이가 10조분의 1초에 도달할 때까지는 물질과 에너지의 상호 작용이 끊임없이 일어났다. 강한 핵력과 전자기약력이 분화하기 직전과 직후에는 우주가 쿼크(quark), 렙톤(lepton, 경입자), 이 입자들의 반입자들, 그리고 이 입자들의 상호 작용을 가능하게 해 주는 보손(boson)으로 가득 차 있었다. (원자보다 작은 아원자(亞原子) 입자들은 렙톤, 메손(meson, 중간자), 바리온(baryon, 중입자)으로 나눌 수 있다. 렙톤은 더 이상 작은 입자로 나뉘지 않지만 메손과 바리온은 쿼크로 구성되어 있다. 메손은 쿼크 2개로, 바리온은 쿼크 3개로 이루어져 있다. 쿼크로 이루어진 메손과 바리온을 합해 하드론(hadron, 강입자)이라고 부르기도 한다. 모든 입자는 보손과 페르미온으로 나눌 수 있다. 보손에는 힘을 매개하는 입자들이 포함되는데 전자기력은 광자가, 강한 핵력은 글루온이, 그리고 약한 핵력은 Z 입자와 W 입자가 매개한다. 힘을 매개하는 입자라는 것은 이런 입자들을 교환할 때 힘이 작용한다는 뜻이다. ─ 옮긴이) 이 입자들은 현재 우리가 알고 있는 한 더 작은 입자나 더 기본적인 입자로 나뉘지 않는 입자들이다. 이 기본 입자들은 몇 가지 종류로 분류할 수 있다. 가시광선을 포함한 광자는 보손에 속한다. 물리학자가 아닌 일반인들이 가장 잘 알고 있는 렙톤은 전자와 중성미자(neutrino, 뉴트리노)일 것이다. 그리고 가장 잘 알려진 쿼크는 …… 하긴 일반인들에게 잘 알려진 쿼크는 없다. 왜냐하면 쿼크는 양성자나 중성자 같은 입자들 속에 포함되어 있기 때문이다. 쿼크는 언어학적, 철학적, 교육적으로 아무런 의미 없이 단순히 서로를 구별하기 위한 목적으로 '위(up)'와 '아래(down)', '야릇(strange)'과 '맵시(charm)', 그리고 '바닥(bottom)'과 '꼭대기(top)'라는 추상적인 이름을 붙여 부르고 있다.

'보손'이라는 이름은 인도 출신 물리학자 사티엔드라 나트 보스(Satyendra Nath Bose, 1894~1974년)의 이름을 따서 명명되었다. '렙톤'이라는 이름은 '가볍다.', 또는 '작다.'라는 뜻을 가진 그리스 어 렙토스(leptos)에서 유래했다. '쿼크'라는 이름은 좀 더 문학적 상상력과 관계된 기원을 가지고 있다. 1964년에 처음으로 쿼크의 존재를 제안했으며 쿼크가 세 가지 종류로 이루어졌을 것이라고 생각했던 미국의 물리학자 머리 겔만(Murray Gell-Mann, 1929년~)은 제임스 조이스(James Joyce, 1882~1941년)의 소설 『피네건의 경야(Finnegan's Wake)』에 등장하는, 의미가 명확하지 않은 "머스터 마크를 위한 3개의 쿼크!(Three Quarks for Muster Mark!)"라는 구절에서 이 이름을 따왔다. 특별한 의미가 없는 이 이름이 가진 장점은 화학자, 생물학자, 또는 지질학자 들이 자신들만의 새로운 이름을 만들 필요가 없다는 것이다.

쿼크는 이상한 성질을 가지고 있다. +1의 전하를 가지는 양성자나 −1의 전하를 가지는 전자와 달리 쿼크는 3분의 1의 배수로 주어지는 분수 전하를 가진다. 그리고 극한 상황이 아니라면 쿼크 하나만을 분리해 내는 일은 불가능하다. 쿼크는 2개, 또는 3개가 결합된 상태로만 발견된다. 쿼크 2개를 하나로 묶어 주는 힘인 강한 핵력은 마치 작은 고무줄로 쿼크들을 묶어 놓고 있는 것처럼 거리가 멀어지면 더 강해진다. 쿼크를 충분히 멀리 떨어뜨려 놓으면 고무 밴드는 끊어진다. 늘어난 밴드에 저장되었던 에너지는 $E = mc^2$에 따라 양끝에 새로운 쿼크들을 만들어 다시 두 쿼크가 연결되어 있는 상태를 만들어 놓는다.

우주의 나이가 10조분의 1초 정도 되었던 쿼크와 렙톤 시대에는 우주의 밀도가 충분히 높아 분리된 쿼크 사이의 거리와, 결합된 쿼크 사이의 거리가 비슷했다. 이런 상태에서는 쿼크 사이의 결합이 잘 이루어지지 않아 쿼크는 자유롭게 다른 쿼크들 사이를 돌아다닐 수 있었다. '쿼크 수프(quark soup)'라고 불리는 이런 물질 상태는 2002년 미국 롱 아일랜드(Long Island) 소재 브룩헤이븐 국립 연구소(Brookhaven National Laboratory, BNL)의 물리학자들의 실험을 통해 확인되었다.

관측 결과와 이론의 결합은 서로 다른 종류의 힘으로의 분화 과정을 이해할 수 있게 해 주었다. 뿐만 아니라 10억분의 1의 비율로 반입자보다 입자의 수가 많게 해 오늘날 우리가 존재할 수 있도록 한 놀라운 비대칭성과 같은 초기 우주에서 일어난 일들을 이해할 수 있게 해 주었다. 이러한 작은 차이는 쿼크와 반쿼크, 전자와 반전자, 중성미자와 반중성미자가 계속 생성되고 소멸되는 동안에는 눈에 띄는 현상이 아니었다. 그 시기에는 반입자보다 입자가 아주 약간만 더 많았기 때문에 입자들이 같이 쌍소멸할 반입자를 찾아내는 것이 그리 어렵지 않았다.

그러나 그런 시기는 오래가지 않았다. 우주가 팽창을 계속하면서 온도가 1조 도 이하로 떨어졌다. 우주가 시작되고 100분의 1초 정도 지난 시점이었다. 이 온도에서는 더 이상 자유롭게 우주를 날아다니는 쿼크가 만들어질 수 없었다. 모든 쿼크들은 곧 자신들의 댄스 파트너와 짝을 이루어 하드론(그리스 어 하드로스(*hadros*)는 '두껍다.'라는 뜻을 가지고 있다.)이라고 부르는 무거운 입자들을 만들었다. 쿼크에서 하드론으로의 변환은 빠르게 진행되었다. 쿼크들의 결합으로 양성자, 중성자와 우리에게 익숙하지 않은 여러 종류의 무거운 입자가 만들어졌다. 쿼크와 렙톤 수프의 물질과 반물질 사이의 작은 비대칭이 이제 하드론으로 옮겨 가 커다란 결과를 가져왔다.

우주가 식어 가자 입자를 생성할 수 있는 에너지의 양도 줄어들었다. 하드론 시대에는 광자들의 에너지가 쿼크와 반쿼크 쌍을 만들 수 있을 만큼 크지 않았다. 따라서 $E = mc^2$에 따른 쿼크 생성이 더 이상 일어나지 않게 되었다. 입자 쌍들의 소멸로 얻어지는 에너지도 팽창하는 우주 속으로 흩어져 버렸다. 결국 우주에 존재하는 모든 광자의 에너지가 하드론과 반하드론 쌍을 생성해 낼 수 있는 최소 에너지보다 낮아졌다. 10억 쌍이 소멸해 10억 개의 광자를 생성하고 1개의 하드론이 남았다. 이것은 우주 초기에 입자가 반입자보다 조금 더 많이 만들어졌기 때문이다. 이렇게 남은 짝 없는 하드론들은 우주의 역사를 만들어 가면서 물질이 경험할 수 있는 재미를 마음껏 즐기게 되었다. 이들은 은하와 별, 행성, 그리고 인류를 구성하는 재료가 되었다.

물질과 반물질 사이에 10억분의 1의 비대칭이 없었더라면 아직 그 정체가 알려지지 않은 암흑 물질(dark matter)을 제외한 우주의 모든 질량은 우주 나이가 1초가 되기 전에 모두 소멸해 버렸을 것이다. 그렇게 되었다면 우주에서 우리가 볼 수 있는 것은 빛밖에 없었을 것이다. 물론 그 빛을 관측할 우리도 존재할 수 없겠지만 말이다.

이제 우주가 시작되고 1초가 흘렀다.

10억 도의 온도에서는 쿼크와 같이 무거운 입자를 만들어 낼 수는 없었지만 아직 전자와 반전자를 만들어 낼 수는 있었기 때문에 이들은 계속 생성되었다가 소멸되고 있었다. 그러나 팽창하는 우주 속에서 전자-반전자 시대도 곧 지나갔다. 하드론에 일어났던 일들이 이번에는 전자와 반전자 쌍들에게 일어났다. 그들도 10억 개의 전자-반전자 쌍 중 하나의 비율로 전자가 살아남았다. 전자-반전자 쌍 대부분은 소멸해 가면서 식어 가는 우주에 에너지를 보탰다.

전자와 반전자의 소멸 시대가 끝나자 하나의 양성자에 하나의 전자가 존재하는 우주로 굳어지게 되었다. 우주가 계속 식어서 온도가 1억 도 이하로 내려가자 양성자가 다른 양성자, 또는 중성자와 결합해 원자핵을 형성하기 시작했다. 이때 형성된 원자핵의 약 90퍼센트는 수소 원자핵이었고 약 10퍼센트는 헬륨 원자핵이었으며 약간의 중수소와 삼중수소, 그리고 리튬 원자핵이 포함되어 있었다.

우주가 시작되고 2분이 흘렀다.

그 후 38만 년 동안 수소 원자핵, 헬륨 원자핵, 그리고 전자와 광자로 이루어진 우주에는 큰 변화가 없었다. 이 동안에는 우주의 온도가 아직 높아 전자들은 광자들과 부딪치면서 우주를 자유롭게 떠돌아다니고 있었다.

3장에서 자세히 설명하겠지만 전자가 누리던 이러한 자유는 우주의 온도가 태양 표면 온도의 절반 정도 되는 3,000켈빈 이하로 내려가면서 갑자기 사라졌다. 온도가 낮아져 낮은 에너지를 갖게 된 전자들이 전자기력에 의해 원자핵에 붙들려 원자핵 주위를 돌게 되면서 원자가 형성되었다. 원자핵과 전자의 결합은 가시광선의 광자와 원자로 이루어진 우주를 만들게 되었다. 이것으로 우주 초기에 어떻게 입자와 원자가 형성되었는가 하는 이야기가 완성되었다.

우주가 계속 팽창하면서 남아 있던 광자는 계속 에너지를 잃어 갔다. 오늘날 천체 물리학자들은 우주의 어느 방향을 바라보든 우주 진화의 증거인 2.73켈빈의 온도를 가진 마이크로파 광자를 관측할 수 있다. 이 것은 원자가 형성되던 시기의 광자가 지녔던 에너지의 수천분의 1에 해당하는 에너지이다. 서로 다른 방향에서 오는 복사선의 에너지 크기를 측정함으로써 알게 된 우주의 광자 분포는 원자가 형성되기 직전의 우주 물질 분포를 나타낸다. 이 분포를 측정한 결과를 이용해 천체 물리학자들은 우주의 모양이나 나이 등 놀라운 사실들을 알아내고 있다. 원자가 중요한 부분을 차지하고 있는 일상 생활에서는 아인슈타인의 방정식 $E = mc^2$이 더 이상 힘을 발휘하지 못하고 있지만 에너지에서 물질–반물질 쌍이 일상적으로 생성되고 있는 입자 가속기(particle accelerator, 전자나 양성자 같은 하전 입자를 강력한 전기장이나 자기장 속에서 가속시켜 높은 운동 에너지를 갖게 하는 장치를 말한다. 가속 방법에 따라 선형 가속기, 사이클로트론, 싱크로트론 등으로 나뉘며 가속 입자의 종류에 따라 전자 가속기, 양성자 가속기 등으로 나뉘기도 한다. ― 옮긴이) 속에서, 그리고 태양과 같이 매초 440만 톤의 질량이 에너지로 바뀌고 있는 별들의 핵 속에서는 아인슈타인의 방정식이 아직도 할 일이 많이 남아 있다.

블랙홀의 '사건의 지평선(event horizon)' 바로 바깥쪽에서도 $E = mc^2$의 법칙이 적용되어, 블랙홀의 어마어마한 중력을 이기고 입자–반입자 쌍이 생성되고 있다. 처음으로 이러한 반응을 제안한 영국 천문학자 스티븐 윌리엄 호킹(Stephen William Hawking, 1942~2018년)은 1975년에 블랙홀의 질량이 이런 과정을 통해 증발할 수 있다고 설명했다. 다시 말해 블랙홀은 진정한 의미의 '블랙홀'이 아니라는 것이다. 이러한 현상을 '호킹 복사(Hawking radiation)'라고 한다. 이는 아인슈타인의 유명한 방정식이 현재도 여전히 유용하다는 사실을 나타낸다.

그렇다면 이러한 우주의 격변, 즉 빅뱅이 있기 전에는 어떤 일이 있었을까? 우주가 시작되기 전에는 무슨 일이 있었을까?

천체 물리학자들은 이에 대해 아무런 해답을 가지고 있지 않다. 어떤 창의적인 아이디어도 실험을 이용해 검증할 수 없다. 그러나 종교에서는 다른 모든 힘보다 더 강한 힘, 모든 것의 근원이 되는 최초의 운동자(*primum movens*)가 이 모든 것을 시작했다고 주장한다. 그러한 믿음을 가진 사람들의 마음속에 있는 최초의 운동자는 신이다. 신의 구체적인 특성은 믿는 사람들의 마음에 따라 다르지만 모든 신들은 우주라는 공을 굴리기 시작한 책임을 가지고 있다는 공통점이 있다.

그러나 만약 우주가 '다중 우주(multiverse)'라고 부르는 상태로 항상 거기 있었다면 어떻게 될까? 예를 들어 우리가 우주라고 부르는 이 세상도 수많은 거품 방울로 이루어진 거대한 거품 바다 위에 떠 있는 아주 작은 거품 방울 하나에 지나지 않는다면? 또는 우주도 입자처럼 우리가 볼 수 없는 어떤 것으로부터 갑자기 생겨났다면 어떨까?

이러한 대답은 누구도 만족시킬 수 없다. 그럼에도 불구하고 무엇을 잘 알지 못하고 있다는 것에 대한 자각은 지식 개척자들에게 새로운 것을 연구하도록 하는 동기를 제공한다. 자신이 모든 것을 다 알고 있다고 믿는 사람들은 우주에서 알려진 것과 알려지지 않은 것의 경계를 찾아보려고 하지도 않고, 또 이와 씨름하지도 않을 것이다. 다음과 같은 두 가지 다른 질문과 답을 비교해 보는 것도 재미있는 일일 것이다. "우주가 시작되기 전에는 무엇이 있었을까?"라는 질문에 대해 "우주는 항상 거기 있었다."라는 대답은 진정한 답이라고 할 수 없다. 그러나 "신이 존재하기 전에는 무엇이 있었을까?"라는 질문에 대해 "신은 항상 존재했다."라는 대답은 만족스러운 답이 될 수 있다.

어디에서, 그리고 어떻게 모든 것이 시작되었는가 하는 질문에 흥미를 느낀다면 우리는 모든 것의 시작을 알아내는 길을 함께 가는 동반자로서의 동료 의식과, 우주가 시작된 후에 진행된 모든 사건을 지배할 권

한을 가진 이가 된 듯한 감정을 경험할 수 있을 것이다. 생명체의 하나인 우리가 '어디로 갈 것인가?'와 마찬가지로 '어디로부터 왔는가?'가 중요한 문제이듯, 우주가 '어디에서 왔는가?' 역시 중요한 문제이다.

2장

반물질

입자 물리학자들이 커다란 성공을 거두기는 했지만 아직 입자 물리학에서 사용하는 용어들은 다른 물리학 분야의 사람들에게는 여전히 낯설다. 다른 어느 물리학 분야에서 음전하를 가진 뮤온(muon)과 뮤온 중성미자(muon neutrino, 렙톤의 한 종류. 렙톤의 종류는 전자, 전자 중성미자, 뮤온, 뮤온 중성미자, 타우온(tauon), 타우온 중성미자(tauon neutrino) 등 여섯 가지이다. ─ 옮긴이)를 매개해 주는 '중성 벡터 보손(neutral vector boson)'이라는 말을 발견할 수 있을까? 아니면 야릇 쿼크와 맵시 쿼크를 하나로 묶어 주는 글루온(gluon, 쿼크와 쿼크 사이에서 강한 핵력을 매개해 주는 보손. ─ 옮긴이)이라는 용어를 사용하는 다른 물리학 분야가 있는가? 그리고 다른 어느 곳에서 스쿼크(squark), 포티노(photino), 그리고 그래비티노(gravitino)라는 용어를 들어 볼 수 있겠는가? (쿼크와 초대칭 짝을 이루는 보손 입자로 아직 실험적으로 확인되지 않은 가상 입자이다. 한편 전자기력을 매개하는 광자와 중력을 매개하는 중력자(graviton)도 초대칭 짝을 이루는 보손 입자를 가지고 있을 것으로 여겨지고 있다. 포티노와 그래비티노는 광자와 중력자의 초대칭 짝이 되는 가상의 보손 입자이다. — 옮긴이) 입자 물리학자들은 이상한 이름을 가진 수많은 입자들의 세계와 함께 반물질이라고 알려진 반입자들의 세계와도 씨름을 해야 한다. SF 소설에 자주 등장하는 반물질은 상상 속에만 존재하는 물질이 아니라 실제로 존재하는 물질이다. 그리고 많은 사람들이 알고 있듯이 반입자가 보통 입자를 만나면 소멸해 사라진다.

우주는 입자와 반입자가 자신들만의 로맨스를 즐기는 장소이다. 그들은 에너지로부터 동시에 태어나고, 동시에 소멸해 다시 에너지로 돌아간다. 1932년에 미국의 물리학자 칼 데이비드 앤더슨(Carl David Anderson, 1905~1991년)은 양전하를 가지고 있는 반전자를 발견했다. 그 후 입자 물리학자들은 입자 가속기를 이용해 다양한 종류의 반입자들을 만들어 냈다. 그리고 최근에는 반입자들로 이루어진 원자를 만들어 내는 데도 성공했다. 1996년에 독일의 율리히(Jülich) 시 소재 핵물리학 연구소(Institute for Nuclear Physics Research)의 발터 욀러트(Walter Oelert, 1942년~)가 이끄는 국제 연구 그룹이 반양성자 주위를 반전자가 도는 반수소를 만들어 내는 데 성공했다. 과학자들은 입자 물리학의 성립에 큰 공헌을 한, 스위스 취리히 시 소재 유럽 원자핵 연구소(European Council for Nuclear Research, CERN)의 거대 입자 가속기를 이용해 최초로 이 반원자를 만들었다.

물리학자들은 충분히 많은 반전자와 반양성자를 만든 후 적당한 온도와 밀도 조건에서 서로 섞어 놓고 결합해 원자를 형성하도록 기다리는 단순한 방법을 사용했다. 첫 실험에서 욀러트 연구팀은 반수소 원자를 합성했다. 그러나 보통 물질로 가득한 세상에서 반원자의 일생은 불안정할 수밖에 없다. 이 반수소는 40나노초(400억분의 1초) 정도 존재하다가 보통 물질을 만나 소멸해 버렸다.

반전자가 실제로 발견되기 이전에 영국 출신의 물리학자 폴 에이드리언 모리스 디랙(Paul Adrien Maurice Dirac, 1902~1984년)이 반전자의 존재를 예측했기 때문에, 반전자의 발견은 이론 물리학이 거둔 가장 큰 승리 중 하나라고 할 수 있다.

물리학자들은 물질의 상호 작용을 원자나 아원자 입자와 같이 가장 작은 단위에서 설명하기 위해 1920년대에 새로운 물리학 분야를 성립했다. 현재 양자 물리학이라는 이름으로 알려진 새로운 물리학 법칙을 사용해 디랙은 음의 에너지 바다에서 전자가 튀어나오면 음의 에너지 바다에 구멍이 생겨야 한다는 것을 알아냈다. 디랙은 전자와 반대 부호의 전하를 가지고 있는 이 전자 구멍이 양성자를 의미하는 것이 아닐까 하고 생각했다. 하지만 다른 물리학자가 이 구멍은 양전하를 가진 반전자여야 한다고 주장했다. 반전자의 발견은 디랙의 뛰어난 통찰력이 사실이라는 것을 입증하고 반물질을 물질과 같은 반열에 올려놓는 계기가 되었다.

방정식이 2개의 해를 갖는 일은 흔히 있는 일이다. 2개의 해를 갖는 가장 간단한 형태의 방정식은 "9의 제곱근은 얼마인가?"라는 방정식이다. 이 방정식의 해는 3인가, 아니면 -3인가? 물론 3 × 3 이나 (-3) × (-3) 모두 9이기 때문에 둘 모두 해이다. 물리학자들은 방정식의 모든 해가 실제 세상에 일어나는 어떤 사건에 대응한다고 단정하지는 않는다. 그러나 물리 현상을 나타내는 수학적 모형이 정확하다면 이 방정식을 다루는 것은 전체 우주를 다루는 것과 마찬가지로 유용할 것이다. 반입자의 존재를 수학적으로 예측한 디랙의 사례와 같이 수학적 모형은 때로 증명 가능한 예측을 한다. 만약 그러한 예측이 사실이 아니라고 증명되면 그 이론은 폐기될 것이다. 그러나 물리적 결과와 관계없이 우리가 수학적 모형으로부터 끌어낸 결론은 그 모형 내에서는 논리적이고 모순이 없다.

원자보다 작은 세계의 입자들은 질량, 전하와 같은 측정 가능한 여러 특성을 가지고 있다. 반입자는 질량을 제외한 모든 특성이 입자와 정반대이기 때문에 '반(反, anti-)'이라는 접두사가 붙게 되었다. 예를 들면 반전자는 전자와 같은 질량을 가지지만 음전하를 가진 전자와 달리 같은 크기의 양전하를 가진다. 마찬가지로 반양성자는 양성자와 반대 부호인 음전하를 가지고 있다.

전하가 없는 중성미자도 반입자를 가지고 있다. 중성미자의 반입자를 반중성미자라고 부른다. 반중성미자는 중성미자와 마찬가지로 0의 전하를 가지고 있다. 이러한 수학적인 마술은 중성자를 구성하는 분수 전하를 가지는 입자(쿼크)들의 삼중 상태로 인해 나타난다. 중성자를 구성하는 세 쿼크는 각각 −1/3, −1/3, +2/3의 전하를 가지는 반면 반중성자를 구성하는 세 쿼크는 +1/3, +1/3, −2/3의 전하를 가진다. 두 경우 모두 전하의 합은 0이지만 구성 입자들은 모두 반대 전하를 가지고 있다.

반물질은 얇은 공기 속에서도 생겨날 수 있다. 만약 감마선의 에너지가 충분히 높다면 감마선은 전자와 반전자 쌍으로 변환될 수 있다. 이때 감마선이 가지고 있던 많은 에너지가 아인슈타인의 방정식 $E = mc^2$에 따라 작은 질량으로 바뀌게 된다.

디랙이 처음 사용했던 용어를 이용해 설명하면 감마선 광자가 음의 에너지 바다에서 하나의 전자를 밖으로 차 내서 전자와 전자 구멍 쌍을 만든다. 그 반대 과정도 물론 일어날 수 있다. 입자와 반입자가 충돌하면 이 입자−반입자 쌍은 구멍을 메우면서 감마선을 방출하고 소멸해 버린다. 감마선은 우리의 건강을 위해 가능하면 피해야 하는 광자이다.

만약 우리가 집에서 반입자를 만든다면 곧 진퇴양난에 빠질 것이다. 반입자는 그것을 담아 두고 옮기기 위한 종이나 플라스틱 봉투를 구성하는 보통 물질과 상호 작용해 소멸해 버릴 것이다. 따라서 반입자를 저장하는 일부터가 보통 어려운 일이 아닐 것이다. 반입자를 저장하는 한 가지 방법은 이들을 강력한 자기장 안에 가두어 두는 것이다. 자기장을 진공 중에 만든다면 반입자가 입자와 만나 소멸하는 것을 방지할 수 있을 것이다. 이러한 자기장 용기는 1억 도나 되는 핵융합 반응 물질(수소 원자핵(양성자)이 융합해 헬륨 원자핵으로 변환하는 핵융합 반응은 단계적으로 일어나기 때문에 핵융합 반응에 사용되는 물질은 수소 원자핵(양성자), 중수소 원자핵(양성자 + 중성자), 삼중수소 원자핵(양성자 + 중성자 2개)이다. ― 옮긴이)과 같이 다른 방법으로는 담아 두기 어려운 물질을 담아 두는 용기로도 사용되고 있다. 그러나 전기적으로 중성인 반원자는 자기장 안에 가두어 둘 수 없기 때문에 담아 둘 용기를 찾는 일이 다시 심각한 문제로 대두될 것이다. 따라서 반원자를 합성해야 할 필요가 있는 순간까지 반전자와 반양성자를 서로 다른 자기장 용기에 조심스럽게 보관해야 한다.

반물질을 만들어 내기 위해서는 적어도 반물질이 물질과 만나 소멸할 때 방출하는 에너지와 같은 양의 에너지가 필요하다. 우주선이 발사되기 전에 큰 탱크에 가득 반물질 연료를 준비해 놓지 않고 스스로 반물질을 만들어서 엔진을 작동해야 한다면, 반물질 연료를 만드는 데 우주선의 에너지를 모두 소모해야 할 것이다. 텔레비전에서 방영된 최초의 「스타 트렉(Star Trek)」은 이런 사실을 잘 나타내고 있다. 기억이 정확하다면 커크 선장이 물질과 반물질로 작동하는 엔진의 "파워를 높이라."고 요구할 때마다 스카티는 스코틀랜드 억양으로 "더 이상은 엔진에 무리입니다."라는 대답을 되풀이한다.

물리학자들은 수소와 반수소 원자가 똑같이 행동할 것으로 예상하지만 아직 실험을 통해 확인된 것은 아니다. 그것은 반수소가 보통의 양성자나 전자와 만나 소멸하지 않게 보관하는 것이 어렵기 때문이다. 과학자들은 반수소 원자 속에서 반양성자 주위를 돌고 있는 반전자가 정확하게 양자 물리학의 법칙들을 따르는지 확인해 보기를 바란다. 그들은 또한 반원자들 사이에도 보통 원자들 사이에서와 똑같은 중력이 작용하는지를 실험적으로 확인해 보기를 바란다. 반원자들 사이에는 보통 원자 사이에 작용하는 서로 끌어당기는 중력 대신 서로를 밀어내는 반중력이 작용하는 것은 아닐까? 우리가 가지고 있는 모든 이론들은 반원자들 사이에 반중력이 작용하기보다는 중력이 작용할 것이라고 예상하고 있다. 이 사실이 실험을 통해 확인된다면 이것은 자연에 대한 새로운 사실을 가르쳐 줄 것이다. 원자 크기의 세계에서 두 입자 사이에 작용하는 중력은 측정하기 어려울 정도로 약하다. 전자기력이나 핵력이 중력보다 훨씬 더 강하기 때문에 입자들의 상호 작용은 중력 대신 전자기력이나 핵력의 지배를 받는다. 따라서 보통 크기의 물체를 만들 수 있을 정도로 많은 양의 반물질이 있어야 반물질 사이에 작용하는 힘을 보통 물질 사이에 작용하는 중력과 비교해 반중력의 정체를 확인할 수 있을 것이다. 반물질로 만든 당구공과 당구대, 그리고 큐를 사용하는 당구 게임과 보통의 당구 게임이 어떻게 다른지도 비교할 수 있을 것이다. 반물질로 만든 8개의 당구공도 보통의 당구공과 똑같이 구석의 포켓 속으로 들어갈까? 반물질로 이루어진 반행성도 반물질로 이루어진 별 주위를 보통 행성이 보통 별 주위를 돌듯이 공전할까?

반물질로 이루어진 물체도 보통 물체와 똑같이 정상적으로 중력적, 역학적, 그리고 전자기적 상호 작용을 한다는 것을 확인하는 것은 현대 물리학의 모든 예측이 맞다는 것을 증명하는 동시에 물리 법칙에 새로운 철학적 의미를 부여하는 일이 될 것이다. 그러나 반물질이 물질과 똑같이 상호 작용한다면 그것은 반물질로 이루어진 은하가 우리 은하를 향해서 다가오고 있다고 해도 우리가 손쓸 수 없게 되기 전까지는 이 은하를 보통 은하와 구별할 수 있는 방법이 없다는 것을 뜻한다. 그러나 이러한 염려는 우리가 살고 있는 우주에서는 하지 않아도 될 것 같다. 반물질로 만들어진 별이 보통 별과 충돌해 소멸하면서 방출하는 감마선 에너지는 엄청날 것이다. 약 10^{57}개의 입자로 이루어진 태양 정도의 질량을 가진 두 별이 충돌한다면 1억 개의 은하 속에 있는 모든 별들이 방출하고 있는 에너지보다 더 많은 양의 에너지를 방출해 우리 모두를 태워버릴 것이다. 우리는 그런 끔찍한 사건이 우주 어느 곳에서든 일어났다는 아무런 증거도 가지고 있지 않다. 따라서 우리는 반물질로 이루어진 천체가 존재하는 것이 아니라 우주가 시작된 빅뱅 직후부터 우주에 보통 물질이 반물질보다 더 많이 존재하게 되었다고 생각하고 있다. 따라서 물질과 반물질의 충돌은 먼 훗날에 가능할 은하간 공간을 여행하는 우주 여행의 위험 목록에서 삭제해도 좋을 것이다.

그러나 아직 우주는 균형을 잃은 것처럼 보인다. 우리는 같은 수의 입자와 반입자가 만들어질 것을 기대했지만 우주에는 보통 물질이 반물질보다 훨씬 더 많이 존재하고 반물질이 사라진 우주는 매우 행복해 보인다. 우주 어느 곳에 숨어 있는 반물질 주머니가 이러한 불균형의 원인일까? 우주 초기에는 물질이 반물질보다 많아지도록 하기 위해 지금의 물리 법칙이 적용되지 않은 것일까? 아니면 아직 우리가 모르는 물리 법칙이 작용한 것일까? 우리는 이러한 물음에 대한 대답을 영원히 찾아내지 못할지도 모른다. 현재로서는 만약 어느 날 외계인이 당신 집의 앞마당에 내려와 당신에게 인사를 하기 위해 자신의 기관 중 하나를 뻗어 온다면, 당신은 그 우주인과 악수를 하기 전에 당구공을 던져 보는 것이 좋을 것이다. 만약 그 기관과 공이 만나 폭발한다면 그 외계인은 반물질로 이루어진 생명체일 가능성이 높다. 그러나 아무 일도 일어나지 않는다면 이 새로운 친구를 당신의 지도자로 맞아들여도 좋을 것이다.

3장

빛이 있으라

우주의 나이가 겨우 몇 분의 1초 정도밖에 안 되었을 때 우주의 온도
는 10조 도보다 높았기 때문에 우주가 아주 밝았다. 이때 우주의 주요
관심사는 팽창이었다. 시간이 흐를 때마다 우주에는 아무것도 없는 것
으로부터 더 많은 공간이 생겨났다. 이런 상황을 상상하는 것은 쉬운 일
이 아니지만 우리의 상상력을 뛰어넘는 일들이 우주에서 자주 일어난
다는 것을 보여 주는 여러 증거들이 있다. 우주가 팽창함에 따라 온도가
낮아지자 우주는 점점 어두워졌다. 수십만 년 동안은 빠르게 날아다니
는 전자가 빛을 이리저리 산란시키는 진한 수프와 같은 우주에 물질과
에너지가 동거했다.

당시에 어떤 사람의 임무가 우주를 가로질러 멀리 보는 것이었다면

그 사람은 임무를 완수할 수 없었을 것이다. 눈에 들어오는 모든 광자는 눈앞에서 불과 10억분의 1초나 1조분의 1초 전에 전자에 의해 산란된 광자일 것이다. 이런 우주에서는 어느 방향으로 보아도 밝게 빛나는 안개밖에는 볼 수 없었을 것이다. 주변이 온통 밝으면서도 불투명한 태양 표면과 비슷하게 보였을 것이다. (태양과 같은 별의 내부는 온도가 높아 양성자와 전자가 서로 결합해 수소 원자를 이루지 못하고 자유롭게 날아다니고 있는 플라스마 상태를 이루고 있다. 태양의 핵에서 만들어진 빛이 전자에 의해 이리저리 반사되면서 태양 표면까지 나오는 데는 약 100만 년이 걸린다. ─ 옮긴이)

우주가 팽창함에 따라 광자 하나가 가지고 있는 에너지가 낮아졌다. 그래서 젊은 우주가 38만 번째 생일을 맞이했을 때쯤 되자 우주의 온도가 3,000켈빈 아래로 내려가서 양성자와 헬륨 원자핵이 전자기력으로 전자를 붙잡아 중성 원자들을 형성하게 되었다. 이로써 우주에 원자가 등장했다. 전에는 광자들이 새로 형성되는 원자를 해체하기에 충분한 에너지를 가지고 있었지만 우주의 계속적인 팽창으로 인해 광자들이 그런 능력을 상실하게 된 것이다. 진로를 방해하는 자유 전자가 사라지자 광자는 아무런 방해를 받지 않고 우주를 가로질러 달릴 수 있게 되었다. 이제 우주를 불투명하게 만들었던 전자 안개가 걷히고 우주가 투명해져 우주 배경 복사가 우주를 달리기 시작한 것이다.

우주 초기의 흔적인 우주 배경 복사는 현재도 우주의 모든 방향으로부터 우리를 향해 오고 있다. 우주 배경 복사는 우주 전체에 퍼져 있는 광자들로, 파동처럼 행동하기도 하고 입자처럼 행동하기도 한다. 파장은 파동의 마루와 다음 마루 사이 거리를 나타낸다. 광자에 손을 얹을 수 있다면 자로 그 길이를 잴 수 있을 것이다. 모든 광자는 진공 속에서 초속 30만 킬로미터 속도로 전파되기 때문에 파장이 짧은 광자는 초당 더 여러 번 진동해야 한다. 파동이 1초 동안에 진동하는 횟수를 진동수라고 한다. 광자의 진동수를 측정하면 광자의 에너지를 알 수 있다. 진동수가 큰 광자일수록 더 큰 에너지를 가지고 있다.

우주가 팽창하고 식어 가면서 광자는 차츰 에너지를 잃어 갔다. 감마선, 엑스선처럼 파장이 짧은 광자들은 점차 파장이 긴 자외선, 가시광선, 적외선으로 변해 갔다. 우주의 온도가 내려감에 따라 광자의 에너지가 낮아지고 파장이 길어져 빅뱅으로부터 137억 년이 지난 오늘날에는 우주 배경 복사가 마이크로파로 바뀌어 버렸다. 천체 물리학자들이 우주 배경 복사를 마이크로파 우주 배경 복사(cosmic microwave background)라고 부르는 것은 이 때문이다. 앞으로 또 100억 년이 지나서 우주가 더욱 팽창하고 더 차가워진다면 천체 물리학자들은 우주 배경 복사를 전파 우주 배경 복사(cosmic radio-wave background)라고 불러야 할 것이다.

우주의 크기가 커짐에 따라 온도는 더욱 낮아졌다. 이것은 피할 수 없는 물리 현상이었다. 우주의 서로 다른 부분이 더욱 멀어짐에 따라 우주 배경 복사의 파장 역시 점점 길어졌다. 시간과 공간으로 짜인 우주라는 천이 모든 방향으로 늘어나면서 광자의 파장도 길어진 것이다. 광자의 에너지는 파장에 반비례하기 때문에 우주의 크기가 2배로 되자 광자의 에너지는 반으로 줄어들었다.

0켈빈 이상의 온도에서는 모든 물체가 전자기파 복사선을 방출한다. 그러나 이러한 복사선의 세기는 특정한 파장에서 최댓값을 갖는다. (온도가 높은 물체는 파장이 짧은 빛을 더 많이 내고, 온도가 낮은 물체는 파장이 긴 빛을 더 많이 낸다. 낮은 온도에서는 붉은빛(파장이 긴 빛)으로 보이다가 온도가 높아지면 푸른빛(파장이 짧은 빛)으로 보이는 것은 이 때문이다. ─옮긴이) 가정용 전구에서 나오는 복사선의 경우에는 우리가 따뜻하게 느끼는 빛인 적외선 대역에서 최대 세기를 갖는다. 물론 전구는 많은 양의 가시광선도 낸다. 그렇지 않다면 아무도 전구를 사지 않을 것이다. 따라서 전구의 복사선은 볼 수 있을 뿐만 아니라 열로 느낄 수도 있다.

우주 배경 복사의 세기가 최대가 되는 파장은 마이크로파 대역인 약 1밀리미터이다. 무전기에서 들려오는 잡음은 공간에 떠다니는 마이크로파 때문인데 이중에는 약간의 우주 배경 복사도 포함되어 있다. 그 외 잡음은 태양, 휴대 전화, 경찰의 속도 측정기 등에서 나온 마이크로파로 인한 것이다. 마이크로파 대역에서 세기가 최대가 되는 우주 배경 복사에는 라디오 방송 전파를 오염시키는 전파도 포함되어 있고, 마이크로파보다 에너지가 높은 광자도 약간 포함되어 있다.

미국에서 활동했던 우크라이나 출신의 물리학자 조지 가모브(George Gamow, 1904~1968년)와 그의 동료들은 1940년대에 우주 배경 복사의 존재를 예측했다. 1948년에 그들은 당시 알려졌던 물리 법칙에 초기 우주의 조건을 대입해 우주 배경 복사의 파장을 계산한 결과를 발표했다. 그들은 빅뱅 우주론의 아버지라고 불리는 벨기에의 예수회 신부이자 천문학자였던 조르주 앙리 조제프 에두아르 르메트르(Georges Henri Joseph Édouard Lemaitre, 1894~1966년)가 1927년에 발표한 논문에서 우주 배경 복사에 대한 아이디어를 얻었다. 그러나 우주 배경 복사의 파장을 처음으로 계산한 사람은 가모브와 함께 연구했던 2명의 미국 물리학자 랠프 애셔 앨퍼(Ralph Asher Alpher, 1921~2007년)와 로버트 허먼(Robert Herman, 1914~1997년)이었다.

앨퍼, 가모브, 그리고 허먼은 오늘날 상식이 되어 버린 사실, 즉 공간과 시간으로 짜인 우주가 과거에는 오늘날보다 작았고, 때문에 더 뜨거웠다는 사실을 알아냈다. 그들은 우주의 온도가 너무 높아 광자들이 전자들과 충돌해 원자에서 전자를 떼어 놓아 모든 원자핵들이 발가벗고 있던 시기로 시계를 돌려 보았다. 앨퍼와 허먼은 이러한 조건에서는 광자들이 오늘날의 우주에서처럼 우주를 가로질러 달릴 수 없었을 것이

라고 가정했다. 광자들이 자유롭게 우주를 달릴 수 있기 위해서는 우주
가 충분히 식어 전자들이 원자핵과 결합해 원자 안으로 들어갈 때까지
기다려야 했다. 이것은 원자핵이 전자와 결합해 중성 원자들이 형성되
었다는 것과 빛이 방해를 받지 않고 우주를 여행할 수 있게 되었다는 것
을 의미했다.

가모브는 초기 우주가 현재 우주보다 온도가 훨씬 높았다는 것을 알
아냈고, 앨퍼와 허먼은 우주 배경 복사의 온도를 처음으로 계산해 그 온
도가 5켈빈 정도일 것이라 예측했다. 그들이 얻어 낸 결과는 정확한 값
이 아니었다. 우주 배경 복사의 실제 온도는 2.73켈빈이다. (우주 배경 복사
의 온도가 2.73켈빈이라는 것은 우주 배경 복사의 파장이 2.73켈빈 온도의 물체가 내는 전자
기파의 파장과 같다는 뜻이다. — 옮긴이) 그러나 이 세 사람이 전에는 아무도 생
각하지 못했던 우주 초기로 성공적으로 돌아갔던 것은 과학의 역사에
서 이루어 낸 가장 위대한 업적 중 하나였다. 벽돌 조각과 같은 간단한
물질을 이용한 실험 결과를 바탕으로 원자 물리학의 기초가 되는 이론
을 알아내거나, 지금까지 누구도 생각하지 못한 초기 우주 온도와 같은
거대한 현상을 추론해 내는 것보다 더 놀라운 일은 없을 것이다. 프린스
턴 대학교의 존 리처드 곳 3세(John Richard Gott III, 1947년~)는 『아인슈타인
우주로의 시간 여행(Time Travel in Einstein's Universe)』에서 이들의 업적을 다
음과 같이 평가했다. "복사선의 존재를 예측하고 복사선의 온도를 2켈
빈 정도의 오차 범위 안에서 계산해 낸 것은 너비가 15미터인 비행 접시
가 나타나 백악관 잔디 위에 내릴 것을 예측했는데 실제로 너비가 8미터
인 비행 접시가 나타나는 것을 보는 것과 같은 놀라운 성과였다."

가모브, 앨퍼, 그리고 허먼이 그들의 예측을 발표했을 때까지도 물리
학자들은 아직 우주가 어떻게 시작되었는가 하는 문제에 대해 결론을
내리지 못하고 있었다. 앨퍼와 허먼의 논문이 발표된 해인 1948년에 영

국에서 발표된 2개의 논문에 빅뱅 우주론과 경쟁했던 정상 상태(steady state) 우주론이 실려 있었다. 하나는 수학자 허먼 본디(Hermann Bondi, 1919~2005년)와 천체 물리학자 토머스 골드(Thomas Gold, 1920~2004년)가 공동으로 발표한 것이었고, 다른 하나는 우주학자 프레드 호일(Fred Hoyle, 1915~2001년)이 발표한 것이었다. 우주가 팽창하고 있는데도 불구하고 항상 같은 모습으로 관측되는 것을 설명하기 위해서 정상 상태 우주론에서는 매우 흥미로운 제안을 했다. 본디-골드-호일의 시나리오에 따르면 우주는 팽창하고 있는데도 과거의 우주가 현재의 우주보다 더 뜨겁거나 더 밀도가 높지 않다. 이것은 팽창하는 우주의 밀도를 항상 같은 값으로 유지할 수 있을 정도의 물질이 계속 만들어져 우주에 보태지고 있기 때문이다. 반면에 빅뱅 우주론에서는 우주의 모든 물질이 한순간에 존재하게 되었다고 설명한다. '빅뱅' 우주론이라는 명칭은 프레드 호일이 이 우주론을 경멸하기 위해 부른 이름이었지만 후에 이 우주론의 공식 명칭이 되었다. 일부 사람들은 빅뱅 우주론이 감정적으로 좀 더 받아들이기 쉬운 가설이라고 생각했다. 정상 상태 우주론은 우주의 기원을 영원한 과거에 두었다. 덕분에 이 이론은 우주의 시작이라는, 과학적으로 다루기 힘든 문제를 피하고 싶어 했던 사람들에게 환영받았다.

빅뱅 우주론의 우주 배경 복사 예측은 정상 상태 우주론에 한 방 먹인 셈이 되었다. 이제 우주 배경 복사를 찾아내기만 하면 과거의 우주는 현재의 우주보다 훨씬 작았고 온도가 높았다는 것을 확실하게 밝혀낼 수 있게 되었다. 따라서 우주 배경 복사를 찾아내는 것은 정상 상태 우주론의 관에 못질을 하는 격이 될 것이었다. 그러나 호일은 우주 배경 복사가 발견된 후에도 우주 배경 복사를 다른 원인에 기인하는 것으로 설명하려 했다. 그는 우주 배경 복사를 자신의 이론을 부정하는 증거로 받아들이지 않았고 결코 자신의 이론이 무덤으로 가는 것을 인정하지 않았다. 우주 배경 복사는 1964년에 미국 뉴저지 주 머리 힐(Murray Hill) 시에 있는 벨 전화 연구소(Bell Telephone Laboratories, Bell Labs)에서 아노 앨런 펜지어스(Arno Allan Penzias, 1933년~)와 로버트 우드로 윌슨(Robert Woodrow Wilson, 1936년~)이 우연히 발견했다. 그로부터 10년이 조금 더 지난 후에 펜지어스와 윌슨은 자신들의 행운과 노력 덕분에 노벨 물리학상을 수상했다.

펜지어스와 윌슨은 어떻게 노벨상 업적이 된 우주 배경 복사 발견을 할 수 있었을까? 1960년대 물리학자들은 마이크로파에 대해 알고 있었지만 마이크로파 대역의 아주 약한 신호를 감지해 내는 방법은 모르고 있었다. 당시 무선 통신에는 대부분 마이크로파보다 파장이 긴 전파가 이용되고 있었다. 마이크로파를 감지해 내기 위해서는 짧은 파장의 전자기파를 잡아내는 고감도 안테나가 필요하다. 벨 전화 연구소는 마이크로파를 내는 물체에 초점을 맞추어 마이크로파를 수신할 수 있는 커다란 나팔 모양의 안테나를 하나 가지고 있었다.

어떤 종류의 신호를 주고받을 때 우리는 주고받고자 하는 신호 외 다른 신호, 즉 잡음이 섞이는 것을 싫어한다. 펜지어스와 윌슨은 벨 전화 연구소를 위해서 새로운 통신 채널을 개설하려고 시도하면서 태양, 은하 중심, 지상의 여러 가지 전파원들로부터 얼마나 많은 종류의 잡음이 마이크로파 대역의 신호를 방해하는지를 알아내기 위해 노력하고 있었다. 그들은 자신들이 마이크로파 대역의 신호들을 얼마나 잘 감지할 수 있는지를 알아보는 실험을 시작했다. 펜지어스와 윌슨은 기초 천문학 지식을 가지고 있기는 했지만, 우주 연구자가 아니라 마이크로파를 다루던 기술 물리학자들이었기 때문에 가모브, 앨퍼, 허먼의 우주 배경 복사 예측을 알지 못했다. 펜지어스와 윌슨이 애써 피하려고 했던 것이 바로 마이크로파 우주 배경 복사였다.

그들은 알려진 전파원에서 오는 잡음을 하나씩 확인해 나갔다. 그러나 도저히 없앨 방법이 없는 잡음이 잡히는 것을 발견했다. 이 잡음은 지평선 위의 모든 방향으로부터 오는 것 같았고, 시간에 따라서도 달라지지 않았다. 이 잡음의 원인을 찾던 그들은 나팔 모양의 안테나 안을 조사해 보기도 했다. 안테나 안에는 비둘기들이 둥지를 틀고 살면서 여기저기에 흰색의 유전 물질인 배설물을 발라 놓고 있었다. 지푸라기라도 잡고 싶었던 펜지어스와 윌슨은 비둘기의 배설물이 잡음의 원인일지도 모른다고 생각했다. 그러나 비둘기의 배설물을 깨끗이 닦아 낸 후에도 잡음이 약간 약해졌을 뿐 사라지지 않았다. 1965년에 《천체 물리학 저널(The Astrophysical Journal)》에 발표한 논문에서 그들은 정체를 알 수 없었던 이 잡음을 세기적인 천문학적 발견이 아니라 "초과 안테나 온도(excess antenna temperature)"라고 불렀다.

펜지어스와 윌슨이 안테나의 비둘기 배설물을 문지르던 동안 로버트 헨리 디키(Robert Henry Dicke, 1916~1997년)가 이끄는 프린스턴 대학교의 연구팀은 가모브, 앨퍼, 허먼이 예측했던 우주 배경 복사를 찾아내기 위한 안테나를 만들고 있었다. 그러나 벨 전화 연구소의 자료를 가지고 있지 않았던 그들의 작업은 느리게 진행되었다. 그들은 펜지어스와 윌슨이 얻은 결과에 대해 듣는 순간 자신들이 발견하고자 했던 것이 이미 발견되었음을 알아차렸다. 그들은 "초과 안테나 온도"가 무엇을 의미하는지 알고 있었다. 잡음의 온도, 모든 방향에서 같은 세기의 마이크로파가 오고 있다는 사실, 지구가 태양 주위를 돌고 있어 지구의 위치가 달라져도 마이크로파 잡음의 세기가 변하지 않는다는 사실 등이 모두 우주 배경 복사에 대한 예측과 일치했다.

+++

그러나 우주 배경 복사가 우주 초기에 남겨진 빛이라는 것을 어떻게 알 수 있었을까? 모든 방향에서 오는 마이크로파 잡음을 우주 초기에 남겨진 빛이라고 보는 데는 그럴 만한 이유가 있다. 먼 우주로부터 광자가 우리에게 오기까지는 오랜 시간이 걸린다. 따라서 우리가 우주를 바라보고 있으면 우리는 과거의 우주를 보고 있는 것이다. 만약 지능을 가진 외계인이 먼 우주에 살면서 오래전에 우주 배경 복사를 측정했다면 우리보다 더 젊고, 따라서 크기가 더 작고 온도가 더 높았던 우주를 관측했을 것이다. 그리고 그들은 우주 배경 복사의 온도를 2.73켈빈보다 더 높게 측정했을 것이다.

우주 배경 복사가 초기 우주의 흔적이라는 대담한 주장은 확인된 것일까? 그렇다. 탄소와 질소 화합물 중 유독 기체를 발생시켜 사형 집행에 사용되는 화합물 사이아노젠(cyanogen)은 마이크로파를 흡수하면 들뜬 상태가 된다. 마이크로파의 온도가 우리가 측정하는 우주 배경 복사의 온도보다 높으면 우주 배경 복사보다 좀 더 효과적인 방법으로 이 화합물을 들뜨게 할 것이다. 따라서 사이아노젠을 우주 온도계로 사용할 수 있다. 먼 은하에 있는 사이아노젠은 우리 은하보다 더 젊은 은하에서 더 뜨거운 우주 배경 복사에 노출된 것으로 관측될 것이다. 다시 말해 이런 은하들은 우리보다 훨씬 역동적인 일생을 살고 있을 것이다. 관측 결과는 이런 예상과 잘 일치했다. 먼 은하에서 오는 사이아노젠의 스펙트럼은 이론적으로 예상했던 것과 같은 온도의 우주 배경 복사에 노출되었음을 보여 주었다.

이것이 전부가 아니다.

우주 배경 복사는 우주 초기의 상태를 증명해 빅뱅 우주론을 뒷받침해 주는 것 이상으로 중요한 것을 천체 물리학자들에게 제공했다. 우주 배경 복사를 구성하고 있는 광자들은 우주가 투명해지기 이전과 이후 상태에 대한 정보를 가지고 있다. 우주가 시작되고 38만 년이 되기까지는 우주가 불투명했기 때문에 가장 전망 좋은 곳에 자리를 잡더라도 물질이 형태를 갖추는 것을 볼 수 없었을 것이라고 이미 언급했다. 당시의 우주로 간다고 해도 어디에서 은하 구조가 만들어지기 시작했는지 볼 수 있는 방법이 없을 것이다. 우주에서 의미 있는 무언가를 눈으로 볼 수 있게 되기 위해서는 우선 광자들이 마음대로 우주를 날아다닐 수 있는 자유를 찾아야 한다. 광자들의 진로를 방해하고 있던 자유 전자들이 사라진 후에 광자들이 우주 공간을 가로지르는 여행을 시작하게 되었다. 더 많은 전자들이 원자핵과 결합해 원자를 형성하면서 더 많은 광자들이 전자의 방해로부터 해방되어 자유롭게 우주를 달리기 시작하자 광자들은 천체 물리학자들이 '최후 산란면(last scattering surface)'이라고 부르는 팽창하는 구면을 형성했다. 이 구면이 형성되던 약 10만 년 동안은 우주의 모든 원자가 만들어진 시기이다.

그 후 우주의 넓은 지역에 있던 물질들이 뭉치기 시작했다. 물질이 쌓이면서 중력은 더욱 강해졌고, 따라서 더 많은 물질을 끌어모을 수 있었다. 이렇게 해서 물질이 많이 모인 지역에서는 은하단이 형성되었고, 그렇지 못한 다른 부분은 상대적으로 빈 공간으로 남았다. 물질이 풍부해진 지역에서 전자에 의해 마지막으로 산란된 광자들은 물질의 중력장을 탈출하면서 에너지를 잃어 온도가 약간 낮은 스펙트럼을 형성했다.

우주 배경 복사 지도는 평균보다 10만분의 1도 정도 온도가 높거나 낮은 지역을 보여 주고 있다. 우주 배경 복사의 온도가 높거나 낮은 지역은 초기 우주의 구조를 반영한다. 우리는 은하, 은하단, 그리고 초은하단을 관찰해 오늘날 물질이 어떻게 분포해 있는지 알 수 있다. 그러나 이런 구조가 어떻게 형성되었는지를 알기 위해서는 아직도 우주를 가득 채우고 있는 우주 초기의 유물인 우주 배경 복사를 조사해야 한다. 우주 배경 복사 연구는 우주 골격학 연구와 같다. 우리는 젊은 우주 두개

골의 융기들을 알아내고 이것을 이용해 유아기의 행동뿐만 아니라 어른이 된 후의 행동도 추론해 내려고 시도하고 있다.

우주 배경 복사가 가지고 있는 정보와 우주에서 관측한 다른 자료들을 결합해 천문학자들은 우리 우주에 대해 많은 것을 알아냈다. 예를 들면 약간 온도가 높은 지역과 낮은 지역의 크기와 온도를 비교함으로써 초기 우주에서의 중력 세기를 알아낼 수 있고 이를 이용해 물질이 얼마나 빨리 쌓이게 되었는지를 추론할 수 있다. 그리고 이로부터 우주에 포함되어 있는 물질과 암흑 물질, 그리고 암흑 에너지의 비율이 각각 4퍼센트, 23퍼센트, 73퍼센트 정도라는 것을 알아내기도 했다. (최근 더 정확한 연구 결과에 따르면 물질, 암흑 물질, 암흑 에너지의 비율은 각각 5퍼센트, 27퍼센트, 68퍼센트이다. — 옮긴이) 우주에 존재하는 물질 분포와 양으로부터 우주가 영원히 팽창할 것인지, 아니면 시간이 지나면서 팽창 속도가 느려질지 빨라질지도 결정할 수 있을 것이다.

우리를 구성하고 있는 물질은 보통 물질이다. 보통 물질은 중력과 전자기력을 통해 상호 작용한다. 4장에서 다룰 암흑 물질은 중력으로는 상호 작용하지만 전자기력으로는 상호 작용하지 않는다. 따라서 전자기파를 이용해 관측하는 것이 불가능하다. 5장에서 다룰 암흑 에너지는 과거보다 오늘의 우주가 더 빨리 팽창하도록 우주 팽창을 가속시키는 에너지이다. 골격학에 대한 시험을 통해 우주학자들이 초기 우주가 어떻게 행동했는지를 알아내는 데는 어느 정도 성공했다. 그러나 과거나 현재 우주에는 아직 우리가 이해할 수 없는 물질이 많이 포함되어 있다.

아직 알지 못하는 부분이 많이 남아 있음에도 불구하고 오늘날의 우주학자들은 전과는 달리 최후의 보루를 가지고 있다. 바로 우주 배경 복사가 우리가 통과해 온 과거의 흔적을 가지고 있는 최후의 보루이다.

+++

우주 배경 복사의 발견은 우주가 수십억 년 동안 팽창하고 있다는 빅뱅 우주론이 옳다는 것을 증명해 우주학(cosmology)을 더욱 정교한 것으로 만들었다. 우주학자들은 이제 실험 과학자들의 테이블에 앉아 관측 장비나 망원경을 이용해 하늘 한 부분의 우주 배경 복사 지도를 작성하거나 윌킨슨 마이크로파 비등방성 측정 위성(Wilkinson Microwave Anisotropy Probe, WMAP)과 같은 인공 위성을 이용해 전 하늘의 우주 배경 복사 지도를 작성해 분석할 수 있게 되었다. 우리의 우주 이야기가 시작되기 전인 2003년에 첫 관측 결과를 보여 준 WMAP으로부터 앞으로도 더 많은 정보를 얻게 될 것이다. (NASA가 2001년 6월에 발사한 WMAP은 지상 150만 킬로미터 상공에서 우주의 모든 방향에서 오는 우주 배경 복사를 관측했다. 2003년 2월 NASA는 WMAP이 보내온 관측 자료를 바탕으로 빅뱅 후 38만 년밖에 지나지 않은 초기 우주의 모습을 최초로 공개했다. — 옮긴이)

우주학자들은 대단한 자부심을 가지고 있다. 그렇지 않다면 우주의 기원을 설명하는 대담한 이론을 제안할 수 없을 것이다. 그러나 관측 결과를 바탕으로 연구할 미래의 우주학자들은 좀 더 겸손해질 것이고 어느 정도 상상력에 제한을 받을 것이다. 모든 새로운 관측 결과와 자료들은 그들의 이론이 옳은지 그른지를 판단하는 데 이용될 것이다. 반면에 더욱 정밀해진 관측 결과는 우주학자들에게 실험실에서의 관측 경험이 풍부한 다른 과학 분야처럼 새로운 이론을 세우는 기초를 제공할 것이다. 그리고 새로운 관측 결과는 과학자들이 관측으로 증명할 수 없는 이론들을 버리도록 해 어떤 이론을 살려 둘지 폐기할지 결정할 수 있도록 할 것이다.

어떤 과학도 정밀한 관측 자료 없이는 발전할 수 없다. 우주학도 이제 정밀 과학으로 변화해 가고 있다.

4장

어둠이 있으라

우리에게 가장 익숙한 자연의 힘인 중력은 우리가 가장 잘 이해할 수 있는 현상과 가장 이해하기 어려운 현상을 동시에 만들어 낸다. 지난 1,000년의 인류 역사를 통해서 가장 위대하고 영향력 있는 과학자였던 아이작 뉴턴(Isaac Newton, 1642/1643~1726/1727년)은 모든 물체 사이에 작용하는 중력의 '원격 작용(action-at-a-distance)'을 나타내는 간단한 중력 방정식을 제안했다. 중력을 물질과 에너지가 만드는 시공간의 휘어짐으로 설명해 중력 이론을 좀 더 정교하게 만든 사람은 20세기 가장 위대한 과학자였던 알베르트 아인슈타인이었다. 아인슈타인은 질량이 큰 물체 옆을 빛이 지나갈 때 얼마나 휘어질지를 정확하게 계산해 내기 위해서는 뉴턴의 중력 이론을 일부 수정해야 한다는 것을 보여 주었다. 뉴턴의 방정식보다 더 정교하고 복잡하기는 했지만 아인슈타인의 방정식은 우리에게 익숙한 보통 물질의 행동을 성공적으로 설명했다. 우리는 보통 물질을 보고, 만지고, 느끼고, 때로 맛을 볼 수도 있다.

다음에 나타날 천재가 누구인지는 알 수 없다. 그러나 우리는 볼 수도, 만질 수도, 느낄 수도 없는 물질에 어떻게 중력이 작용하는지를 설명해 줄 사람을 반세기 동안이나 기다려 왔다. 어쩌면 우리가 설명하려고 하는 새로운 '물질'은 우리가 아는 물질과는 전혀 다른 개념의 어떤 것인지도 모른다. 어떤 경우이든 우리는 아직 아무런 단서를 가지고 있지 않다. 우리는 1933년에 은하들 사이의 운동을 측정해 처음으로 '잃어버린 질량(missing mass)' 개념을 제안했던 천문학자들보다 더 많은 것을 알아내지 못하고 있다. 40년 이상 캘리포니아 공과 대학 교수로 재직했던 불가리아 출신 미국 천체 물리학자 프리츠 츠비키(Fritz Zwicky, 1898~1974년)는 1937년에 우주에 보통 물질과는 다른 잃어버린 질량이 있을 것이라고 처음 제안했다. 츠비키는 우주에 대한 뛰어난 통찰력을 가지고 있었으며 동료들의 의견과 다른 의견을 과감히 제시하는 창의력을 가지고 있던 과학자였다.

츠비키는 우리 은하의 별들 저 너머에 있는 거대한 은하단인 머리털자리(고대 이집트의 왕비였던 베르니케의 머리카락에서 이름을 땄다. 서양에서는 머리털자리를 '코마 베르니케스(Coma Berenices)', 즉 '베르니케의 머리털'이라고 부른다. 고대 이집트의 왕비였던 베르니케가 남편의 전승을 비는 뜻에서 머리털을 잘라 신에게 바친 것을 기념하기 위해 별자리 이름을 만들었다고 한다. ─옮긴이) 은하단 내 은하들의 운동을 조사했다. 머리털자리 은하단은 지구로부터 약 3억 광년 떨어져 있는 많은 은하를 포함하고 있는 거대한 은하단이다. 이 은하단의 수천 은하들은 벌들이 벌집 주위를 맴돌듯이 여러 방향으로 은하단의 중심을 돌고 있다. 은하들을 묶어 두고 있는 중력을 측정하기 위해 수십 개 은하들의 운동을 조사한 츠비키는 은하들의 평균 속력이 놀랍도록 빠르다는 것을 발견했다. 천체들의 운동 속도는 중력장의 세기에 따라 달라진다는 것을 이용해 그는 머리털자리 은하단을 이루고 있는 은하들의 질량을 추정했다. 그렇게 모든 은하의 질량을 추정해 본 츠비키는 머리털자리 은하단이 크기와 질량이 가장 큰 거대한 은하단이라는 것을 밝혀냈다. 그럼에도 불구하고 이 은하단의 질량은 구성하고 있는 은하들의 빠른 속력을 설명할 수 있을 만큼 충분히 크지 않았다. 측정할 수 없는 잃어버린 질량이 있는 것 같았다.

은하단이 팽창하거나 수축하는 상태에 있지 않다면 뉴턴의 중력 법칙을 적용해 은하들의 속력을 계산해 낼 수 있다. 이런 계산을 해내기 위해 필요한 물리량은 은하단의 크기와 총 질량뿐이다. 은하들이 은하단 중심으로부터의 거리에 따라 각각 얼마의 속도를 가져야 중심으로 빨려 들어가거나 멀어지지 않고 회전 운동할 수 있을지는 은하단의 총 질량이 결정한다.

뉴턴의 중력 이론과 운동 법칙을 이용해 태양으로부터 특정한 거리에 있는 행성이 어떤 속력으로 태양 주위를 돌아야 하는지를 계산해 내는 것은 어려운 일이 아니다. 행성의 공전 속도를 측정하면 뉴턴의 중력 법칙이 잘 맞는다는 것을 알 수 있다. 만약 태양의 질량이 갑자기 증가한다면 지구를 비롯한 태양계의 모든 행성들은 자신들의 궤도에 그대로 머물러 있기 위해서 더 빠른 속도로 태양을 돌아야 할 것이다. 그러나 속도가 너무 빠르다면 태양의 중력은 행성을 궤도에 잡아 둘 수 없을 것이다. 만약 지구의 공전 속도가 현재 속도보다 $\sqrt{2}$ 배 증가한다면 지구는 '탈출 속도(escape velocity)'를 갖게 되어 태양계를 떠날 것이다. (천체 표면에 있는 물체는 중력으로 인해 천체에 구속되어 쉽게 천체를 떠날 수 없다. 그러나 거리가 멀어짐에 따라 천체의 중력은 약해지기 때문에 충분히 높은 속도로 멀어지면 천체를 영원히 떠날 수도 있다. 천체의 중력을 물리치고 천체를 떠날 수 있는 속도를 탈출 속도라고 한다. 탈출 속도는 천체의 질량과 지름에 따라 결정된다. 지구의 탈출 속도는 초속 11.3킬로미터 정도이 다. ─ 옮긴이) 우리는 같은 원리를 수많은 별들이 서로 중력을 미치면서 공전하고 있는 은하, 또는 수많은 은하들이 서로 중력을 미치고 있는 은하단과 같이 훨씬 큰 세계에도 그대로 적용할 수 있다. 아인슈타인은 뉴턴을 기념해 다음 같은 글을 썼다. 이 번역문보다는 독일어 원문이 더 큰 감동을 준다.

하늘의 별들 우러러 가르쳐 달라 졸랐지
조물주의 생각들이 어떻게 우리에게 도달하는지를
그 뜻 하나하나가 뉴턴의 수식을 따라
소리 없이 제 길을 밟으며 우리에게 왔지.

1930년대 츠비키가 했던 것같이 머리털자리 은하단을 관측해 보면 모든 은하들이 그것들의 밝기로부터 추정한 총 질량의 탈출 속도보다 빠른 속도로 운동하고 있다는 것을 알 수 있다. 따라서 이 은하단은 수억 년이나 수십억 년을 견디지 못하고 빠르게 여러 조각으로 분리되었어야 했다. 그러나 이 은하단의 나이는 우주의 나이와 비슷한 100억 년이 넘는다. 이것은 오랫동안 천문학의 수수께끼였다.

츠비키의 관측 후 수십 년 동안 다른 은하단에서도 같은 현상이 발견되었다. 따라서 머리털자리 은하단은 자신만이 이상하다는 비난을 면할 수 있었다. 그렇다면 누가 비난을 받아야 할까? 뉴턴일까? 아니다. 그의 이론은 지난 300년 동안 모든 시험을 잘 통과했다. 그렇다면 아인슈타인인가? 이 커다란 은하단의 중력장 세기는 츠비키가 이 은하단을 관측하기 20여 년 전에 아인슈타인이 발표했던 일반 상대성 이론을 적용할 필요가 있을 만큼 강하지 않았다. 아마도 아직 알려지지 않은 형태의 눈에 보이지 않는 잃어버린 질량이 이 은하단을 묶어 두고 있는 것 같아 보였다. 한동안 천문학자들은 잃어버린 질량 문제를 '잃어버린 빛의 문제'라고 고쳐 부르기도 했다. 은하단의 질량을 더 정확하게 측정할 수 있게 된 오늘날의 천문학자들은 이 잃어버린 질량을 암흑 물질이라는 이름으로 부르고 있다.

† † †

숨어 있던 암흑 물질이 두 번째로 그 모습을 드러냈다. 1976년 미국 워싱턴 주에 있는 카네기 연구소(Carnegie Institution)의 베라 루빈(Vera Rubin, 1928~2016년)은 나선 은하에서 비슷한 잃어버린 질량 문제를 발견했다. 은하 중심을 돌고 있는 별들의 속도를 측정한 루빈은 관측 가능한 원반 안에 있는 별들이 예상대로 은하 중심으로부터 멀수록 더 빠르게 돌고 있는 것을 발견했다. 먼 곳에 있는 별들은 은하 중심과 자신 사이에 더 많은 별과 기체를 가지고 있기 때문에 궤도를 유지하기 위해서는 더 빠른 속도로 돌아야 한다. 그러나 중심에서 멀리 떨어져 있는 은하의 바깥쪽에서도 밝은 기체 구름과 소수의 밝은 별들을 발견할 수 있었다. 이 천체들의 회전 속도를 측정한 루빈은 더 이상 눈으로 관측할 수 있는 물체가 없는 은하 밖에서도 거리가 증가함에 따라 속도가 줄어들지 않고 빠른 궤도 운동 속도가 그대로 유지되고 있는 것을 발견했다.

거의 비어 있는 은하의 변두리 공간에는 이러한 천체들의 속도를 설명하기에는 턱없이 모자라는 질량이 분포해 있었다. 루빈은 나선 은하의 밝은 원반 바깥쪽에 어떤 형태의 암흑 물질이 분포해 있을 것이라고 주장했다. 암흑 물질은 전체 은하를 둘러싸는 헤일로(halo)라는 커다란 구 안에 분포하고 있어야 했다.

헤일로에 분포해 있는 암흑 물질의 문제는 우리 은하의 문제이며 우리가 해결해야 할 문제이다. 은하에 따라, 그리고 은하단에 따라 관측 가능한 보통 물질의 질량과 천체 운동을 통해 계산한 질량의 비율이 다르다. 작은 경우에는 2~3배, 큰 경우에는 수백 배가 되기도 한다. 전체 우주의 평균은 6배 정도이다. 그것은 우리 우주에는 관측 가능한 물질보다 관측할 수 없는 암흑 물질이 약 6배 정도 더 많다는 것을 의미한다.

지난 25년 동안의 연구를 통해 암흑 물질 역시 보통 물질이지만 빛을 내지 않을 뿐이라는 설명이 설득력이 없다는 것을 밝혀냈다. 이러한 결론을 내리게 된 데에는 두 가지 이유가 있다. 첫째는 마치 경찰이 알리바이가 확실한 용의자들을 하나씩 제외해 가면서 범인을 찾아내는 것처럼 충분한 이유를 발견할 때마다 생각할 수 있는 암흑 물질 후보들을 하나씩 제외해 나가다 보면 암흑 물질은 보통 물질과 전혀 다른 물질이라는 결론에 도달하게 된다. 암흑 물질이 블랙홀 내부에 숨어 있는 보통 물질이 아닐까? 아니다. 그렇게 많은 블랙홀이 은하에 흩어져 있다면 태양계 가까이 있는 별 주변에서도 여러 개의 블랙홀의 존재를 확인했어야 한다. 천체의 운동을 조사해 보면 블랙홀의 강한 중력의 영향을 쉽게 알아낼 수 있다. 그렇다면 빛을 내지 않는 암흑 성운일까? 아니다. 암흑 성운은 뒤에서 오는 별빛을 흡수해 검게 보이지만 진짜 암흑 물질은 빛과 상호 작용하지 않는다. 성간 공간이나 은하간 공간에 흩어져 있는 행성, 소행성, 혜성과 같이 스스로 빛을 내지 못하는 천체들이 암흑 물질이 아닐까? 우주에 별보다 6배나 큰 질량을 가진 행성이나 소행성이 있다는 것은 믿기 어렵다. 그것은 태양과 같은 별 하나마다 6,000개의 행성이 돌고 있어야 한다는 뜻이며 지구 크기의 행성이라면 200만 개가 있어야 한다는 뜻이다. 태양계의 경우 태양을 제외한 질량의 총합은 태양 질량의 0.2퍼센트에 불과하다.

따라서 우리가 생각해 낼 수 있는 모든 것을 고려하더라도 암흑 물질을 빛을 내지 않는 보통 물질이라고 할 수는 없다. 대신에 암흑 물질은 보통 물질과는 전혀 다른 어떤 것이다. 암흑 물질은 보통 물질과 같은 방식으로 보통 물질과 중력적으로 상호 작용을 한다. 그러나 중력 외의 방법으로는 암흑 물질을 검출하는 것이 어렵다. 물론 암흑 물질이 무엇인지 모르는 우리의 이런 분석이 아무런 의미가 없을지도 모른다. 암흑 물질을 관측하는 일이 어려운 것은 암흑 물질의 본질이 무엇이냐 하는 문제와 직결되어 있다. 모든 물체는 질량을 가지고 있고 모든 질량에는 중력이 작용한다고 해서, 중력이 작용하면 질량이 있어야 한다고 할 수 있을까? 우리는 아직 모른다. '암흑 물질'이란 이름은 중력이 작용하지만 아직 그것이 무엇인지 모르는 물질이라는 의미를 내포하고 있다. 그러나 어쩌면 우리가 이해하지 못하고 있는 것은 암흑 물질이 아니라 중력일지도 모른다.

암흑 물질의 존재가 확실해지자 천체 물리학자들은 암흑 물질이 모여 있는 장소를 찾아내려고 노력하고 있다. 만약 암흑 물질이 은하단의 가장자리에만 존재한다면 은하 속도는 암흑 물질 문제에 어떤 실마리도 제공하지 못할 것이다. 왜냐하면 은하 속도와 궤도는 은하 궤도 안쪽에 있는 물질의 영향만을 받기 때문이다. 만약 암흑 물질이 은하단 중심에만 존재한다면 중심에서 바깥쪽으로 가면서 변하는 은하들의 속도는 보통 물질만 있는 경우와 같이 변할 것이다. 그러나 은하단 내 은하들의 속도는 암흑 물질이 은하단의 모든 부분에 분포해 있음을 보여 주고 있다. 관측 결과에 따르면 보통 물질과 암흑 물질이 존재하는 장소는 거의 일치한다. 몇 년 전 당시 벨 전화 연구소에 있었고 현재는 캘리포니아 주립 대학교 데이비스 캠퍼스에서 일하고 있는 미국 천체 물리학자 존 앤서니 타이슨(John Anthony Tyson, 1940년~, 이 책의 필자 중 한 사람은 성이 같은 그를 "토니 사촌"이라고 부른다. 그러나 실제로 친척 관계는 아니다.)이 이끄는 연구팀이 최초로 거대한 은하단의 내부와 주변 암흑 물질 분포를 자세히 나타내는 지도를 작성했다. 이 지도를 보면 커다란 은하에는 더 많은 암흑 물질이 포함되어 있는 것을 알 수 있다. 눈으로 관측할 수 있는 은하가 없는 곳에는 암흑 물질도 없었다.

✦✦✦

암흑 물질을 포함한 전체 질량과 보통 물질의 질량 차이는 천체 물리학적 환경에 따라 크게 달라서 은하나 은하단같이 커다란 천체 주변에서 가장 컸고, 위성이나 행성같이 작은 천체에서는 아무런 차이가 존재하지 않았다. 예를 들어 지구 표면의 중력은 지구 내부에 있는 보통 물질을 가지고 완벽하게 설명할 수 있다. 따라서 지구에서 몸무게가 많이 나가는 것을 암흑 물질 탓으로 돌릴 수는 없을 것이다. 지구 주위를 돌고 있는 달의 궤도나 태양을 돌고 있는 행성의 궤도에서도 암흑 물질의 영향을 발견할 수 없다. 그러나 은하 중심부 별들의 운동을 설명하기 위해서는 암흑 물질이 필요하다.

거대한 규모에서는 전혀 다른 중력 법칙이 작용하는 것은 아닐까? 아마도 아닐 것이다. 암흑 물질은 우리가 아직 이해할 수 없는 물질일 가능성이 크고, 보통 물질보다는 아주 옅게 퍼져 있을지도 모른다. 그렇지 않다면 우리는 보통 물질 한 덩어리당 암흑 물질 여섯 덩어리를 발견해야 한다. 그러나 그럴 가능성은 적어 보인다.

기발한 아이디어를 내놓기 좋아하는 천체 물리학자들 중에는 보통 물질로 이루어진 별과 행성, 그리고 생명체 들이 우리가 알 수 없는 물질로 이루어진 거대한 우주 바다에 떠다니는 작은 물체들에 불과할지도 모른다고 주장하는 사람들도 있다.

그러나 이 결론이 모두 틀렸다면 다음에는 무엇인가? 어떤 방법으로도 설명이 불가능하다면 우주 이해의 기초가 되고 있는 물리학의 기본 법칙들을 의심해야 하는 것이 아니냐고 생각하는 과학자들도 있다.

1980년대에 이스라엘 레호보트(Rehovot) 시에 있는 바이츠만 과학 연구소(Weizmann Institute of Science)의 물리학자 모데하이 밀그롬(Mordehai Milgrom, 1946년~)은 '수정된 뉴턴 역학(Modified Newtonian Dynamics, MOND)' 이라는, 뉴턴의 중력 법칙을 수정한 새로운 중력 법칙을 제안했다. 뉴턴 역학이 은하보다 작은 규모에서는 성공적이라는 사실을 인정한 밀그롬 은 은하나 은하단에서와 같이 별과 은하가 아주 멀리 떨어져 있어서 이 들 사이에 작용하는 중력이 아주 약한 경우에는 뉴턴의 중력 법칙을 일 부 수정해야 한다고 제안한 것이다. 밀그롬은 뉴턴의 중력 법칙에 거리 가 아주 멀 때만 의미를 가지는 새로운 항을 추가했다. 밀그롬은 계산 수단의 하나로 MOND를 창안해 냈지만 이 법칙이 자연의 새로운 현상 을 설명하게 될 가능성도 배제하지 않았다.

그러나 MOND는 부분적 성공을 거두었을 뿐이다. 이 이론은 나선 은하의 변두리에 고립되어 움직이는 천체의 운동을 설명해 내지 못했을 뿐만 아니라 설명해 낸 것보다 더 많은 의문을 만들어 냈다. MOND는 이중 은하나 다중 은하같이 좀 더 복잡한 구조의 운동을 예측하는 데 실패했다. 2003년에 WMAP을 이용해 작성한 자세한 우주 배경 복사 분포 지도는 우주학자들로 하여금 초기 우주에서 암흑 물질의 영향을 측정할 수 있도록 했다. 이 결과는 기존의 중력 이론에 근거한 우주 모형 과 잘 일치한다는 것을 보여 주었다. 이로 인해 MOND는 많은 지지자 들을 잃었다.

약 140억 년이라고 추정되는 우주의 나이에 비해 아주 짧은 기간인 빅뱅 후 첫 50만 년 동안에 물질은 이미 장차 은하단이나 초은하단이 될 얼룩을 형성하기 시작했다. 그러나 우주는 팽창을 계속해 다음 50만 년 동안에 그 크기가 2배가 되었다. 이러한 팽창 과정에서 우주에는 두 가지 상반된 효과가 나타났다. 바로 물질을 한곳으로 모으려는 중력의 효과와 물질을 흩어 놓으려는 팽창의 효과이다. 약간의 계산을 해 보면 보통 물질만 있다면 이 둘의 경쟁에서 중력이 이길 가능성이 적다는 것을 곧 알 수 있다. 중력이 이기기 위해서는 암흑 물질의 도움이 필요하다. 암흑 물질이 없었다면 은하단도, 은하도, 별도, 행성도, 사람도 없는 우주가 되었을 것이고 따라서 우리도 존재할 수 없었을 것이다. 얼마나 큰 암흑 물질의 중력이 필요했을까? 현재의 우주가 만들어지기 위해서는 보통 물질들이 만들고 있는 중력보다 6배나 강한 중력이 필요하다. 이러한 분석은 MOND가 뉴턴의 방정식을 수정하기 위해 새로운 항을 추가하는 것을 허락하지 않는다. 이런 분석은 암흑 물질이 무엇인지를 우리에게 말해 주지는 않지만 암흑 물질의 영향은 실제로 존재하는 것이며, 보통 물질에서 그 원인을 찾는 것은 가능하지 않다는 것을 말해 주고 있다.

암흑 물질은 우주에서 또 다른 중요한 역할을 한다. 암흑 물질이 우리에게 해 준 일들을 제대로 알기 위해서 우리는 빅뱅 후 수 분이 지난 시점으로 돌아가야 한다. 이때에는 우주가 아직 매우 뜨겁고 밀도가 높아 수소 원자핵들이 서로 융합할 수 있었다. 초기 우주에서는 수소 원자핵이 융합해 헬륨 원자핵과 약간의 리튬 원자핵이 만들어졌고, 수소 원자핵에 중성자가 합해져서 보통의 수소보다 원자량이 큰 중수소 원자핵이 소량 만들어졌다. 이러한 원소들의 혼합 비율은 빅뱅의 또 다른 흔적으로 빅뱅 후 수 분 동안에 어떤 일이 일어났는지를 짐작할 수 있게 하는 우주 고고학적 유물이다. 이런 흔적이 만들어질 당시에는 입자 사이에 작용하는 힘은 중력이 아니라 원자핵 속에서 양성자와 중성자를 묶어 두는 힘인 강한 핵력이었다. (자연에 존재하는 네 가지 기본 힘 중에서 가장 강한 힘이 강한 핵력이다. 그러나 강한 핵력은 두 물체가 아주 가까이 있을 때만 작용한다. 따라서 강한 핵력은 원자핵 속에 들어 있는 양성자와 중성자 사이에는 작용하지만 원자와 원자 사이에는 작용하지 않는다. 우주 초기에는 모든 입자들이 아주 가까이 있었기 때문에 강한 핵력이 작용할 수 있었다. ─ 옮긴이) 중력은 너무 약해서 수조 개의 입자가 합해져서 커다란 물체를 만든 후에야 의미 있는 힘을 만들어 낼 수 있다.

온도가 한계 온도보다 낮아질 때까지 핵융합 반응을 통해 10개의 수소에 1개 비율로 헬륨 원자가 만들어졌다. 우주는 또한 보통 물질의 약 1,000분의 1 정도를 리튬으로 만들었고, 10만분의 1을 중수소로 만들었다. 만약 암흑 물질이 보통 물질과 전혀 다른 성질을 가지고 있는 새로운 물질이 아니라 빛을 내지 않는 보통 물질이었다면 보통 물질로 된 입자보다 6배나 많은 암흑 물질로 된 입자들이 만들어졌을 것이다. 이것은 수소의 핵융합 반응 비율을 현저하게 높였을 것이다. 그렇게 되었다면 우주에는 훨씬 더 많은 헬륨이 존재하게 되었을 것이고 우주는 우리가 살고 있는 현재의 우주와는 전혀 다른 우주가 되었을 것이다.

헬륨은 비교적 쉽게 만들어 낼 수 있는 원자핵이지만 융합해 다른 원자핵을 만들기는 아주 어려운 원자핵이다. 별 내부에 있는 핵에서는 핵융합 반응으로 인해 수소 원자핵이 계속 헬륨 원자핵으로 바뀌고 있지만 다음 단계의 핵융합 반응으로 소모되는 헬륨 원자핵은 아주 적다. 때문에 우주에서 발견할 수 있는 헬륨의 양은 우주 초기 수 분 동안에 만들어진 헬륨의 양보다 그다지 적지 않을 것이라는 것을 쉽게 짐작할 수 있다. 별 내부에서 일어나고 있는 핵융합 반응으로 포함하고 있던 물질의 조성을 극히 일부만 바꾼 은하의 조성을 관측해 보면 빅뱅 우주론이 예측한 것과 같이 약 10분의 1이 헬륨이다. 이것은 암흑 물질이 존재하지만 핵융합 반응에는 관계하지 않았다는 것을 나타낸다.

＋＋＋

그러나 암흑 물질은 우주에 실제로 존재하고 있는 우리의 친구이다. 천체 물리학자들은 잘 알지 못하는 어떤 것을 근거로 계산하는 것을 불편해 하지만 그런 일을 하는 것이 처음은 아니다. 예를 들어 천체 물리학자들은 태양 에너지의 근원이 핵융합 반응이라는 것을 알아내기 전에 태양이 방출하는 에너지의 양을 계산했다. 양자 물리학이 등장하기 전인 19세기에는 아주 작은 세계에서 일어나는 일들을 제대로 이해하지 못하고 있었기 때문에 핵융합은 아직 그 개념조차 없었던 시기였다.

회의론자들은 암흑 물질을 이제는 폐기된 개념, 질량이 없고 투명한, 빛을 전파하는 매질이라고 생각했던 에테르(ether)와 비교한다. 1887년에 미국 클리블랜드 시에서 앨버트 에이브러햄 마이컬슨(Albert Abraham Michelson, 1852~1931년)과 에드워드 윌리엄스 몰리(Edward Williams Morley, 1838~1923년)의 유명한 실험이 행해질 때까지 여러 해 동안 물리학자들은 실험적 뒷받침이 없었음에도 불구하고 에테르의 존재를 믿었다. 빛이 파동이라는 사실이 밝혀지자 공기가 음파를 통해 전파하는 매질이듯이 빛을 전파하는 매질이 있어야 한다고 생각한 것이다. 그러나 빛은 어떤 매질도 없는 텅 빈 공간을 여행하는 데 아무런 불편이 없다는 사실이 밝혀졌다. 공기의 떨림으로 전달되는 음파와는 달리 빛은 스스로 전파한다.

암흑 물질에 대한 무지는 에테르에 대한 무지와는 근본적으로 다르다. 에테르는 우리가 현상을 불완전하게 이해한 데서 생겨난 것이었지만 암흑 물질의 존재는 단지 어떤 가정이 아니라 측정 가능한 물질에 작용하는 중력 관측에 근거하고 있는 것이다. 우리가 우주에서 암흑 물질을 발명해 낸 것이 아니라 관측 사실로부터 암흑 물질의 존재를 추정했다는 뜻이다. 암흑 물질은 모성(母星)과의 중력 관계를 분석해서 알아낸, 태양이 아닌 다른 별을 돌고 있는 행성들과 마찬가지로 실제적인 존재이다. 최악의 경우 암흑 물질이 아직은 전혀 알 수 없는 다른 어떤 것임이 밝혀질 수도 있다. 암흑 물질은 다른 차원에서 작용하는 힘이 아닐까?

아니면 또 다른 우주가 우리 우주와 상호 작용해 만들어 내는 어떤 것은 아닐까? 암흑 물질이 이 가운데 어떤 것이든 우주의 형성과 진화 과정을 이해하기 위해 사용하고 있는 방정식 속에 포함되어 있는 암흑 물질의 영향을 바꾸지는 않을 것이다.

어느 과격한 회의론자는 "보는 것이 믿는 것이다."라고 선언할지도 모른다. 보는 것이 믿는 것이라는 접근은 일상에서 데이트를 하고, 낚시를 하고, 기계 공학을 공부하는 것과 같은 일에서는 성공적인 접근 방법이다. 이것은 미주리 주에 살고 있는 사람들에게도 역시 좋은 일일 것이다. 그러나 과학에서는 좋은 방법이 아니다. 과학은 단지 보는 것이 아니다. 과학은 측정을 하는 것이다. 가능하면 편견과 선입견, 그리고 상상력이 뒤섞인 우리 뇌와 직결된 우리 눈이 아니라 다른 것을 이용해 측정하는 것이다.

지난 4분의 3세기 동안 암흑 물질을 관측하려고 시도했던 많은 노력의 결과 암흑 물질은 연구자들의 성향을 판단하는 로르샤흐 검사 (Rorschach test)처럼 되었다. (로르샤흐 검사는 스위스의 정신 의학자 헤르만 로르샤흐 (Hermann Rorschach, 1884~1922년)가 개발한 인격 진단 검사로서, 잉크의 얼룩 같은 무늬를 보여 주고 느낌을 말하게 한 뒤 그 사람의 성격을 진단한다. — 옮긴이) 일부 입자 물리학자들은 암흑 물질이 중력으로는 상호 작용하지만 다른 방법으로는 물질이나 빛과 아주 약하게 상호 작용하거나 거의 상호 작용하지 않는, 아직 발견되지 않은 입자로 구성되었을 것이라고 주장한다. 이런 주장은 엉뚱하기는 하지만 신비한 것은 아니다. 예를 들면 그 존재가 잘 알려져 있는 중성미자는 물질이나 빛과 아주 약하게 상호 작용한다. 태양의 핵에서 헬륨 원자핵 1개가 만들어질 때마다 2개씩 만들어지는 중성미자는 진공을 거의 빛의 속도로 여행한 후에 아무것도 없는 것처럼 지구를 관통한다. 매초 약 1000억 개의 중성미자가 우리 몸을 통과해 지나가고 있다.

그러나 중성미자는 정지시킬 수 있다. 가끔 중성미자는 약한 핵력을 통해 물질과 상호 작용한다. 입자를 정지시킬 수 있다면 그 입자를 검출할 수 있다. 중성미자의 기이한 행동과 투명 인간을 비교하는 것은 암흑 물질과 보통 물질을 비교하는 것과 좋은 대조를 이룰 것이다. 투명 인간은 마치 그가 없는 것처럼 문과 벽을 통과한다. 투명 인간이 그런 능력을 가지고 있다면 그는 어떻게 바닥을 통과해 지하로 떨어지지 않을 수 있을까?

충분히 민감한 검출기를 만든다면 입자 물리학자들이 주장하는 암흑 입자는 우리가 알고 있는 힘들과의 상호 작용을 통해 자신을 드러낼 것이다. 아니면 전자기력, 약한 핵력, 강한 핵력이 아닌 다른 힘을 통해 자신의 존재를 드러낼 것이다. 따라서 선택은 분명해진다. 둘 중 하나이다. 암흑 입자들이 자신들의 상호 작용을 지배하고 있는 새로운 힘을 발견해 주기를 기다리고 있든지, 아니면 암흑 입자들도 이미 알려져 있는 보통의 힘들을 통해 상호 작용하지만 그 상호 작용이 아주 약하든지 중 하나이다.

MOND 이론가들은 로르샤흐 검사에서 아무런 새로운 입자를 보지 못했다. 그들은 입자가 아니라 중력 법칙을 뜯어고쳐야 한다고 생각했고 뉴턴 역학을 수정하는 용감함을 발휘했다. 그들은 원자보다 작은 입자들이 아니라 중력에 대한 우리의 생각을 바꾸려고 시도한 선구자들이었다.

또 다른 물리학자들은 그들이 '모든 것의 이론(Theories of Everything, TOEs)', 또는 만물(萬物) 이론이라고 부르는 것을 추구한다. 이 새로운 이론에서는 우리 우주가 중력으로만 상호 작용하는 평행한 동반 우주를 가지고 있다. 우리는 이 동반 우주로 물질을 보낼 수 없고 다만 특별한 차원을 통해서 작용하는 중력만을 측정할 수 있을 뿐이다. 우리 우주와 나란히 있으면서 중력을 통해서만 자신을 드러내는 유령 우주를 상상해 보자. 매우 흥미 있어 보이지만 허황한 이야기로 들릴 것이다. 그러나 처음에 지구가 태양을 돌고 있다거나 우리 은하 밖에 다른 은하가 있다는 이야기를 들었을 때도 마찬가지로 허황되게 들렸을 것이다.

✦✦✦

암흑 물질의 영향은 실제로 존재한다. 우리는 단지 암흑 물질이 무엇인지 모르고 있을 뿐이다. 암흑 물질은 강한 핵력으로 상호 작용하지 않아 원자핵을 만들 수 없어 보인다. 중성미자가 매개하는 힘인 약한 핵력으로 상호 작용하는 것 같지도 않다. 전자기력으로 상호 작용하지도 않아 분자를 형성할 수도 없고, 빛을 흡수하거나 방출할 수도 없으며, 반사시키거나 산란시킬 수도 없다. 그러나 보통 물질과 중력으로는 상호 작용한다. 그것은 측정을 통해 확인된 사실이다. 오랫동안의 연구 과정에서 천체 물리학자들은 암흑 물질이 중력 외의 다른 상호 작용을 하는 것을 발견하지 못했다.

자세한 우주 배경 복사 분포 지도는 암흑 물질이 우주 초기 38만 년 동안에도 존재했다는 것을 보여 주고 있다. 우리는 오늘날 우리 은하나 은하단을 구성하는 천체의 운동을 설명하기 위해서 암흑 물질을 필요로 하고 있다. 우리가 알고 있는 한 암흑 물질을 향한 천체 물리학자들의 행진은 암흑 물질에 대한 무지로 인해 멈추지는 않을 것이다. 우리는 암흑 물질을 특이한 친구로 받아들이고 있으며 우주가 암흑 물질을 필요로 할 때마다 언제 어디서나 꺼내서 사용하고 있다.

우리가 바라는 것은 그리 멀지 않은 미래에 암흑 물질이 무엇으로 구성되어 있는지를 알아내는 즐거움을 맛보는 것이다. 모든 것을 마음대로 통과하는 투명 인형, 투명 자동차, 스텔스 비행기를 상상해 보자. 과학의 역사에는 의미를 잘 이해할 수 없는 무언가를 발견한 후에 뛰어난 과학자가 나타나 그 자신과 지구 위에 살고 있는 모든 사람들을 위해 그 것이 무엇을 의미하는지를 밝혀낸 예가 얼마든지 있다.

5장

더 많은 어둠이 있으라

우리가 현재 알고 있는 우주에는 밝은 부분과 어두운 부분이 있다. 밝은 부분에는 수천 억 개가 모여 은하를 구성하고 있는 수많은 밝은 별들을 비롯해 가시광선은 내지 않지만 적외선 형태의 전자기파를 내는 행성들과 우주 파편들이 속해 있다.

우주의 어두운 부분에는 관측 가능한 보통 물질과 중력으로 상호 작용하는 것 외에는 아무것도 알려지지 않은 수수께끼 같은 암흑 물질이 속해 있다. 암흑 물질 중 일부는 우리가 관측할 수 있는 전자기파를 전혀 내지 않아 관측할 수 없는 보통 물질일 것이다. 그러나 앞 장에서 자세히 설명한 바와 같이 암흑 물질의 대부분은 관측 가능한 보통 물질과 중력으로 상호 작용하는 것 외에는 그 속성에 대해 전혀 알 수 없는, 보통 물질과는 전혀 다른 어떤 것이다.

암흑 물질과 관련된 어두운 부분 너머에는 전혀 다른 또 하나의 어두운 부분이 있다. 그것은 어떤 종류의 물질이 아니라 공간 그 자체이다. 공간에 대한 새로운 개념과 이 새로운 개념이 낳은 놀라운 결과는 현대 우주학의 아버지라고 할 수 있는 아인슈타인으로부터 시작되었다.

100여 년 전 불과 수백 킬로미터 서쪽에서 새로 발명된 기관총에 수천 명의 군인들이 목숨을 잃던 제1차 세계 대전 동안에 아인슈타인은 독일 베를린 시에 있는 자신의 사무실에서 우주를 생각하고 있었다. 전쟁이 시작되자 아인슈타인과 동료들은 전쟁을 반대하는 탄원서에 서명했다. 이런 행동으로 인해 아인슈타인은 독일의 전쟁 노력을 지지하는 호소문에 서명했던 대부분의 동료 과학자들로부터 멀어지게 되었고 이것은 그의 경력에 장애가 되었다. 그러나 아인슈타인은 성실한 성격과 뛰어난 과학적 업적 덕분에 동료들로부터 여전히 존경받고 있었다. 그는 우주를 정확하게 기술할 수 있는 방정식을 찾아내기 위한 노력을 계속했다.

전쟁이 끝나기 전에 아인슈타인은 자신의 가장 큰 업적을 이루어 냈다. 1915년 11월에 아인슈타인은 시간과 공간이 어떻게 상호 작용하는지를 설명하는 일반 상대성 이론을 발표했다. 물질은 공간이 어떻게 휘어질지를 결정하고 공간은 물질이 어떻게 운동할지를 결정한다. 아이작 뉴턴의 신비한 '원격 작용' 대신 아인슈타인은 중력을 휘어진 공간이 만드는 작용이라고 설명했다. 예를 들어 태양은 태양 주위 공간을 휘어지게 해 태양 표면에서 가까운 공간에 웅덩이를 만든다는 것이다. 행성들은 이 웅덩이로 굴러들어 가려고 하지만 관성으로 인해 그러지 못하고 대신 이 웅덩이로부터 거의 같은 거리에 있는 궤도 위에서 태양 주변을 돌게 된다는 것이다. 아인슈타인이 논문을 발표하고 몇 주 후에 물리학자 카를 슈바르츠실트(Karl Schwarzschild, 1873~1916년)는 독일군으로부터 치명적인 질병을 얻고 집으로 돌아온 후, 아인슈타인의 개념을 이용해 충분히 큰 질량을 가진 물체가 공간에 '특이점(singularity)'을 생성할 수 있음을 보여 주었다. 그러한 특이점을 형성하는 천체의 부근 공간은 완전히 휘어져 빛을 포함해서 모든 것이 이 점을 떠나는 것이 불가능하다. 우리는 이런 천체를 '블랙홀'이라고 부르고 있다.

아인슈타인은 자신이 개발한 일반 상대성 이론을 이용해 통신 안에 있는 물질의 전체적인 행동을 기술하기 위해 오랫동안 찾고 있었던 방정식을 찾아냈다. 사무실에서 혼자 마음속에 우주 모형을 만들면서 이 방정식을 연구하고 있던 아인슈타인은 에드윈 파월 허블(Edwin Powell Hubble, 1889~1953년)이 관측을 통해 우주가 팽창하고 있음을 알게 되기 12년 전에 우주가 팽창하고 있다는 사실을 발견할 뻔했다.

아인슈타인의 우주 방정식에 따르면 물질이 골고루 분포하고 있는 균일한 우주에서 공간은 '정지'해 있을 수 없었다. 우주는 우리의 직관이 그래야 한다고 생각하는 것과는 달리, 그리고 당시까지의 관측 사실이 말해 주는 바와는 달리 그냥 가만히 '그곳에 앉아 있을' 수 없었다. 대신 우주는 전체적으로 팽창하거나 수축하고 있어야 했다. 그의 방정식에 따르면, 공간은 크기가 일정하지 않고 부풀고 있거나 줄어들고 있는 풍선의 표면과 같이 행동하고 있었다.

이것은 아인슈타인을 고민에 빠뜨렸다. 한때는 권위를 별로 신용하지 않았고, 널리 받아들여지던 물리 이론에 반대하는 것을 망설이지 않았던 용감한 이론가였지만, 이번에는 스스로가 너무 멀리 와 있는 것이 아닌가 하는 생각을 하게 되었다. 당시의 천문학자들은 가까이 있는 별들의 운동만을 측정하고 있었고, 은하와 같은 거대한 구조와 거리에 대하서는 잘 알지 못하고 있었기 때문에 관측 자료 중에 우주가 팽창한다는 것을 나타내는 자료는 없었다. 따라서 자신의 방정식이 말해 주는 대로 우주가 팽창하거나 수축하고 있다고 선언하는 대신 아인슈타인은 자신의 방정식으로 돌아가 우주가 멈추어 있게 할 방법을 찾기 시작했다.

그는 곧 그 방법을 찾아냈다. 아인슈타인은 자신의 방정식에 공간의 단위 부피당 포함된 에너지를 나타내는, 그 값이 확정되지 않은 상수를 포함시켰다. 이 상수가 어떤 값을 가져야 할지 알 수 없었기 때문에 처음 아인슈타인은 이 상수를 0으로 놓았다. 아인슈타인은 현재 우주학자들이 '우주 상수(cosmological constant)'라고 부르는 이 상수가 적당한 값을 가지면 공간이 정상 상태에 있을 수 있다는 논문을 발표했다. 그렇게 되자 이론이 우주의 관측 사실과 더 이상 충돌하지 않게 되었고 아인슈타인은 이 방정식이 정당하다고 생각하게 되었다.

그러나 이런 해결 방법은 곧 엄청난 어려움에 직면했다. 1922년에 러시아의 수학자 알렉산드르 알렉산드로비치 프리드만(Alexander Alexandrovich Friedmann, 1888~1925년)이 아인슈타인의 정상 상태 우주는 연필이 거꾸로 서 있는 것처럼 불안정하다고 주장하는 논문을 발표했다. 이런 우주에서는 아주 작은 자극만으로도 우주를 팽창시키거나 수축시킬 수 있었다. 아인슈타인은 처음에 프리드만을 비난했지만 곧 자신의 전형적인 관대한 행동으로 돌아와 프리드만의 주장을 검토하고 그의 주장이 옳다는 것을 인정하는 논문을 발표했다. 1920년대 말에 아인슈타인은 허블이 우주가 팽창하고 있다는 사실을 밝혀냈다는 기쁜 소식을 들을 수 있었다. 조지 가모브의 회고에 따르면 아인슈타인은 우주 상수 도입을 자신의 "가장 큰 실수"라고 선언했다. 대부분이 틀렸다는 것이 증명되었지만 아직도 이해할 수 없는 현상을 설명하기 위해 0이 아닌 우주 상수를 도입하고 있는 소수의 우주학자들(물론 아인슈타인의 상수와는 다른 상수를 사용하고 있다.)을 제외한 대부분의 과학자들은 우주가 이 상수를 필요로 하지 않다는 사실을 알고 안도의 한숨을 쉬게 되었다.

어쩌면 그들의 생각이 잘못되었는지도 모른다. 20세기 말의 위대한 우주 이야기에서는 한쪽 귀로는 어떤 노래가 들려오고 다른 쪽 귀로는 또 다른 노래가 들려오는 것과 같은 놀라운 일이 일어났다. 1998년에 우주가 0이 아닌 우주 상수를 갖는다는 연구 결과가 발표된 것이다. 텅 빈 공간은 '암흑 에너지(dark energy)'라고 부르는 에너지를 포함하고 있으며, 이 에너지는 전 우주의 미래에 커다란 영향을 줄 만큼 특이하다는 것이 밝혀진 것이다.

✦✦✦

이런 주장을 이해하기 위해 우리는 허블이 우주가 팽창한다는 것을 발견한 후 지난 70년 동안 우주학자들이 우주의 문제를 어떻게 다루어 왔는지를 살펴보아야 할 것이다. 아인슈타인의 우주 방정식은 우주가 수학적으로 양(+), 음(-), 또는 0의 곡률을 가질 가능성을 열어 놓았다. 곡률이 0인 공간은 우리가 경험을 통해 알고 있는 공간으로, 모든 방향으로 한없이 확장할 수 있는 큰 칠판과 같은 '평평한 공간'이다. 이와는 달리 양의 곡률을 가지는 공간은 구의 표면에 비유할 수 있는 공간이다. 2차원 공간의 곡률은 3차원에서만 측정할 수 있다. 2차원의 표면이 팽창하거나 수축하는 경우에도 표면으로부터 항상 일정한 거리에 위치하는 구의 중심은 3차원에 존재하는 점으로, 구의 표면에는 존재하지 않는다.

양의 곡률을 가지는 표면이 한정된 면적을 갖는 것과 마찬가지로 양의 곡률을 가지는 공간은 한정된 부피를 가진다. 양의 곡률을 가지는 우주에서는 페르디난드 마젤란(Ferdinand Magellan, 1480~1521년)이 지구를 한 바퀴 돌아 제자리로 왔듯이 한 방향으로 계속 가면 결국에는 같은 점으로 돌아올 수 있다. 양의 곡률을 가지는 구의 표면과는 달리 음의 곡률을 가지는 공간은 평평하지 않으면서도 무한대로 확장된다. 음의 곡률을 가지는 2차원 표면은 한없이 큰 말안장과 비슷하다. 말안장은 앞뒤로는 '위쪽'으로, 좌우로는 '아래쪽'으로 휘어져 있다.

+++

만약 우주 상수가 0이라면 우주의 전체적인 성질은 두 가지 숫자를 가지고 설명할 수 있을 것이다. 하나는 현재 우주가 팽창하는 비율을 나타내는 허블 상수이고, 다른 하나는 공간의 곡률이다. 20세기 후반 50년 동안 우주학자 대부분은 우주 상수가 0이라고 생각했기 때문에 우주의 팽창률과 곡률을 측정하는 것을 연구 과제의 우선 순위에 놓았다.

이 두 숫자는 우리 은하로부터 다른 거리에 있는 은하들이 우리 은하로부터 멀어지는 속도를 정확하게 측정하면 알 수 있다. 은하가 멀어지는 후퇴 속도와 은하까지의 거리를 알면 허블 상수를 결정할 수 있다. 우리 은하로부터 아주 먼 곳에 있는 은하를 관측해 얻은 결과와 가까운 은하를 관측해 얻은 값 사이의 작은 차이는 공간의 곡률 때문이다. 천문학자들이 우리 은하로부터 수십억 광년 떨어진 은하를 관측할 때 그들은 먼 과거의 우주를 보고 있는 것이고, 따라서 현재보다는 우주의 시작인 빅뱅에 가까웠던 때의 우주를 보고 있는 것이다. 우리 은하로부터 50억 광년, 또는 그보다 더 먼 곳에 있는 은하를 관측하는 것은 팽창하는 우주의 과거 사건을 재구성해 보는 것과 같다. 이런 관측을 통해 천문학자들은 공간의 곡률을 결정하는 데 가장 중요한 요소가 되는 우주 팽창률이 시간에 따라 어떻게 변했는지를 알 수 있다. 우주의 곡률은 지난 수십억 년 동안 우주의 팽창률에 작지만 의미 있는 변화를 주었을 것이기 때문에 이러한 접근은 적어도 원리적으로는 올바른 방법이 될 수 있다.

그러나 천체 물리학자들은 지구로부터 수십억 광년 떨어진 은하단까지의 거리를 정확하게 결정할 수 없었기 때문에 이런 연구를 완성할 수 없었다. 그러나 그들은 화살통에 또 다른 화살을 준비하고 있었다. 만약 우주에 있는 모든 물질의 평균 밀도를 측정할 수 있다면 이 값을 아인슈타인의 방정식에서 영원히 팽창하는 열린 우주를 나타내는 '임계 밀도(critical density)'와 비교해 볼 수 있을 것이다. 임계 밀도는 우주 공간의 곡률이 정확히 0이 되는 밀도이다. 실제 밀도가 임계 밀도보다 크다면 우주는 양의 곡률을 가지고 있을 것이다. 그런 경우에 우주는 언젠가 팽창을 멈추고 수축하기 시작할 것이다. 그러나 만약 실제 밀도가 임계 밀도와 정확히 같거나 그보다 작다면 우주는 영원히 팽창할 것이다. 임계 밀도와 실제 밀도가 정확히 같다면 우주는 0의 곡률을 가지게 될 것이고, 실제 밀도가 임계 밀도보다 작다면 우주는 음의 곡률을 가지게 될 것이다. (현재까지 알려진 임계 밀도는 허블 상수를 이용해 계산한 값인 1세제곱센티미터당 6×10^{-30}그램이다. 이것은 100만 세제곱센티미터의 부피 속에 수소 원자 3개가 들어 있는 정도의 밀도이다. 그러나 실제로 관측된 우주의 밀도는 이것보다 훨씬 낮다. ― 옮긴이)

1990년대에 우주학자들은 관측 가능한 물질에 미치는 중력의 영향을 이용해 계산한 암흑 물질을 모두 포함하더라도 우주의 평균 밀도가 임계 밀도의 4분의 1 정도라는 것을 알게 되었다. 이런 결과는 우주가 멈추지 않고 영원히 팽창을 계속할 것이라는 것과 우리 모두가 살고 있는 우주 공간이 음의 곡률을 가진다는 사실을 의미했지만 그리 놀라운 사실은 아니었다. 그러나 이런 결과는 우주 공간이 0의 곡률을 가지고 있다고 믿고 있던 이론 천체 물리학자들에게 상처를 주었다.

+++

우주 공간이 0의 곡률을 가지고 있을 것이라는 믿음은 '급팽창 모형'에 기인한다. 우주학에서 사용하는 급팽창, 또는 인플레이션이란 말이 소비자 물가 지수가 급속히 오르고 있던 시기에 붙여졌다는 것은 재미

있는 일이다. 1979년에 미국 캘리포니아 주 스탠퍼드 선형 가속기 연구소(Stanford Linear Accelerator Center, SLAC)에서 일하고 있던 앨런 구스(Alan Guth, 1947년~)는 우주 초기 어떤 순간에 우주가 놀라울 정도로 빠른 속도로 팽창했다는 가설을 발표했다. 이때의 우주 팽창 속도는 매우 커서 모든 물질이 빛보다도 훨씬 빠른 속도로 급속히 멀어졌다. 아인슈타인의 특수 상대성 이론에 따르면 모든 물체는 빛보다 빨리 운동할 수 없지 않은가? 꼭 그렇지만은 않다. 아인슈타인이 말한 한계는 공간 안에서 운동하는 물체에만 적용될 뿐 공간 자체의 팽창에는 적용되지 않는다. 우주 나이 10^{-37}초부터 10^{-34}초까지 계속된 이 팽창 단계에 우주는 10^{50}배의 크기로 팽창했다.

무엇이 우주의 이런 어마어마한 팽창을 가능하게 했을까? 구스는 액체의 물이 급속히 얼어붙는 것과 비슷한 '상전이(相轉移)'가 우주 공간에도 일어났다고 주장했다. (구)소련, 영국, 미국에 있는 동료들에 의해 몇 가지 중요한 수정을 거친 구스의 아이디어는 지난 20년 동안 우주 초기에 일어났던 일을 설명하는 가장 그럴듯한 이론으로 인정받고 있다.

무엇이 급팽창 이론을 그렇게 매력적으로 만들었을까? 급팽창 단계는 왜 우주가 전체적으로 모든 방향에서 같게 보이는지를 설명한다. 우리가 보는 모든 것들이 우주의 작은 지역이 팽창해 만들어졌기 때문에 우주 모든 지역이 같은 특성을 가지게 되었다는 것이다. 우리는 이 이론 덕분에 또 다른 우주 모형을 창조해 내지 않아도 되었다. 또 하나 강조해야 할 사실은 급팽창 이론이 검증 가능한 예측을 한다는 것이다. 그것은 우리가 직관적으로 상상할 수 있는 것과 같이 우주 공간이 양이나 음의 곡률이 아니라 0의 곡률을 가지는 평평한 우주라는 것이다.

이 이론에 따르면 우주가 평평한 공간이라는 사실은 급팽창 단계에 있었던 급속한 팽창에 기인한다. 아주 빠르게 팽창하는 풍선의 표면에 있어서 중심이 어느 방향인지 알 수 없는 경우를 상상해 보자. 이런 팽창이 일어난 후에는 우리가 볼 수 있는 풍선 표면의 한 부분이 팬케이크처럼 평평할 것이다. 급팽창 이론이 실제 우주를 나타낸다면 우리는 측정을 통해 그것을 증명해야 한다.

그러나 우주 전체의 질량은 우주를 평평한 우주로 만드는 데 필요한 질량의 4분의 1밖에 안 된다. 1980년대와 1990년대에 급팽창 모형을 근거가 확실한 이론으로 믿고 있던 많은 이론 우주학자들은 새로운 관측 결과가 나와 우주의 곡률을 0으로 만드는 데 필요한 임계 질량과 실제 질량 간 차이를 메워 줄 것으로 기대했다. 이 질량 차이로 인해 우주 공간의 곡률은 음수가 되어야 했다. 관측 우주학자들은 이론적 분석에 대한 이론 우주학자들의 지나친 믿음을 비웃기까지 했지만 이론 물리학자들은 팽창과 평평한 우주에 대해 확고한 믿음을 가지고 있었다. 그러나 더 이상 그들을 비웃을 수 없게 되었다.

+++

1998년에 두 팀의 천문학자들이 0이 아닌 우주 상수가 존재한다는 것을 의미하는 새로운 관측 결과를 발표했다. 이 우주 상수는 우주를 정상 상태에 머물게 하기 위해 필요했던 아인슈타인의 우주 상수와 같은 것은 아니었다. 이 우주 상수는 우주의 팽창 속도가 더욱 빨라져 영원히 팽창할 것이라는 것을 나타내고 있었다.

만약 이론 물리학자들이 이론적 분석을 통해 또 다른 우주 모형을 제안했다면 세상은 그것에 큰 관심을 기울이지도 않았을 것이고 그들의 노력을 오랫동안 기억하지도 않았을 것이다. 그러나 서로의 관측 결과를 그다지 신뢰하지 않고 상대편의 관측 결과를 직접 다시 확인하기를 좋아했던 두 팀의 관측 천문학자들이 서로의 관측 결과를 인정하고 그 결과에 대한 해석에 동의한 것이다. 이 관측 결과에 따르면 우주 상수는

0이 아니면서 평평한 우주를 만드는 값을 가지고 있었다.

이제 이에 대해 무슨 말을 할 수 있을까? 우주 상수가 우주를 공간을 평평하게 만든다? 『이상한 나라의 앨리스(*Alice in Wonderland*)』에 나오는 붉은 여왕처럼 아침 식사 전까지 여러 가지 질문을 해 보는 것은 어떨까?(루이스 캐럴(Lewis Carrol, 1832~1898년)의 동화 『이상한 나라의 앨리스』는 7세 소녀 앨리스가 토끼 굴 속에 빠진 후 겪는 이상한 나라의 이야기를 다루고 있다. 속편으로 『거울 나라의 앨리스(*Throug the Looking-Glass and What Alice Found There*)』가 있다. 『거울 나라의 앨리스』에서 앨리스는 붉은 여왕과 흰 여왕을 만난다. 그들은 앨리스에게 여러 가지 황당한 질문을 한다. 때로는 질문의 해답이 엉뚱하기도 하고 미처 대답을 하기도 전에 다른 질문을 하기도 한다. 이에 앨리스는 "정답이 없는 수수께끼를 하고 있는 것 같아."라고 중얼거린다. ─옮긴이) 더 성숙한 사고를 하는 사람들은 아무것도 없는 공간이 에너지를 가지고 있음을 믿으라고 우리를 설득할 것이다. 이 에너지는 아인슈타인의 방정식 $E = mc^2$을 이용해 질량으로 환산할 수 있다. 에너지 E는 c^2으로 나눈 값만큼의 질량 m을 가지고 있다. 따라서 우주 전체의 총 밀도는 질량에 의한 밀도와 에너지에 의한 밀도의 합이어야 한다.

이 새로운 우주 밀도를 임계 밀도와 비교해 보아야 한다. 만약 이 두 밀도가 같다면 우주는 평평한 우주이다. 이것은 급팽창 이론에서 예측한 평평한 우주를 만족시킬 것이다. 왜냐하면 급팽창 이론에는 전체 밀도가 질량의 의한 것이든 에너지에 의한 것이든, 또는 그 두 가지 모두에 의한 것이든 상관하지 않기 때문이다.

+++

우주 상수가 0이 아니고 따라서 암흑 에너지가 존재한다는 결정적인 증거는 거대한 폭발과 함께 죽어 가는 별인 특정한 형태의 초신성(supernova)을 이용한 관측을 통해서 얻어졌다. Ia형, 또는 SN Ia라고 분류되는 초신성(1930년대 프리츠 츠비키가 초신성이라는 용어를 처음으로 정의했고, 1940년대 루돌프 민코프스키(Rudolph Minkowski, 1895~1976년)가 초신성을 분류했다. 민코프스키는 초신성의 밝기가 최대로 되었을 때의 스펙트럼을 분석해 I형(SN I)과 II형(SB II)으로 분류했다. I형은 수소에 의한 흡수선이나 방출선, 즉 수소선이 전혀 관측되지 않으며, II형은 관측된다. 그리고 I형 중에서 규소선이 보이면 SN Ia로, 규소선이 보이지 않고 헬륨선이 보이면 SN Ib로, 그리고 규소선과 헬륨선 모두 보이지 않으면 SN Ic로 분류한다. 초신성의 이름은 발견된 해와 발견된 순서에 따라 알파벳순으로 붙여지는데, 초신성 SN 1994D는 1994년에 네 번째로 발견된 초신성을 뜻한다. ─옮긴이)은 거대한 별이 핵이 핵융합 반응을 통해 더 이상 에너지를 공급할 수 없게 되었을 때 중력에 의해 붕괴되면서 일어나는 초신성과는 다른 형태의 초신성이다. SN Ia 초신성은 이중성을 이루고 있는 백색 왜성(white dwarf)의 폭발로 일어난다. 우연히 가까운 곳에 형성된 두 별은 일생 동안 공통의 질량 중심을 공전한다. 만약 둘 중 한 별이 다른 별보다 질량이 크면 이 별은 다른 별보다 더 짧은 생을 보내게 될 것이다. 생의 마지막 단계에서 이 별은 외곽 물질들을 공간으로 날려 보내고 크기는 지구 크기보다 크지 않지만 질량은 태양 질량과 비슷한 백색 왜성이라고 부르는 핵을 우주에 드러낼 것이다. 물리학자들은 백색 왜성을 이루는 물질이 축퇴(縮退, degeneracy)되었다고 말한다. 백색 왜성이 축퇴 상태에 있다는 것은 철이나 금의 밀도보다 10만 배나 큰 높은 밀도를 가지고 있지만 양자 역학적 효과가 중력에 의해 자체 붕괴되는 것을 막고 있다는 것을 의미한다.

다른 별과 공통 질량 중심을 돌고 있는 백색 왜성은 늙어 가는 동반성에서 떨어져 나온 기체 상태의 물질을 끌어들인다. 수소가 주성분인 이 물질이 백색 왜성의 표면에 쌓이면 백색 왜성의 밀도와 온도가 점점 높아진다. 마침내 온도가 1000만 도에 이르면 별 전체에서 핵융합 반응이 점화되어 수조 개의 수소 폭탄이 동시에 폭발한 것과 같은 격렬한 폭발이 일어나 백색 왜성 전체를 완전히 산산조각 내 버린다. 이런 초신성이 SN Ia 초신성이다.

SN Ia 초신성은 두 가지 점에서 천문학자들에게 유용하다는 것이 증명되었다. 첫째는 우주에서 가장 밝은 천체인 초신성을 만들어 내기 때문에 수십억 광년 떨어진 곳에서도 관측이 가능하다는 것이다. 두 번째로는 자연이 백색 왜성이 가질 수 있는 질량을 태양 질량의 1.4배로 제한하기 때문에 백색 왜성의 질량이 이 값에 이르기 전까지만 백색 왜성의 표면에 물질이 쌓일 수 있다. 백색 왜성의 질량이 한계에 이르면 핵융합 반응으로 폭발이 일어나 백색 왜성을 날려 보낸다. 이러한 폭발은 우주 여기저기 흩어져 있는 비슷한 질량과 비슷한 조성을 가진 다른 천체에서도 일어날 수 있다. 따라서 이 유형의 초신성은 모두 같은 최대 에너지를 발산하며 최대 밝기에 이른 후에는 비슷한 속도로 어두워진다.

우주 어디에서나 같은 최대 에너지를 내고 밝아서 관측하기 쉬운 특성 때문에 SN Ia 초신성은 천문학자들을 위한 '표준 촛대' 역할을 하게 되었다. 초신성까지의 거리는 우리가 관측하는 초신성의 밝기에 영향을 준다. 멀리 떨어져 있는 은하에서 발견된 2개의 SN Ia 초신성은 이 은하까지의 거리가 같을 때만 같은 최대 밝기를 보일 것이다. 빛의 밝기는 광원으로부터의 거리 제곱에 반비례하기 때문에 어느 초신성이 다른 초신성보다 2배나 더 멀리 떨어져 있다면 그 초신성의 밝기는 다른 초신성 밝기의 4분의 1일 것이다.

1990년대에 하버드 대학교과 캘리포니아 주립 대학교 버클리 캠퍼스에 각각 중심을 둔 두 초신성 연구팀은 SN Ia 초신성의 스펙트럼에서 SN Ia 초신성들 사이에 존재하는 작은 차이를 보상하는 방법을 찾아냈다. 이 새로운 열쇠를 이용해 멀리 있는 초신성까지의 거리를 측정하기 위해서는 멀리 있는 은하를 자세히 관측할 수 있는 망원경이 있어야 했다. 1993년 우주 수리를 통해 잘못된 형태로 연마되었던 1차 거울을 새로운 거울로 대체한 허블 우주 망원경(Hubble space telescope)이 바로 그들이 찾고 있던 망원경이었다. 그들은 우선 지상에 설치된 망원경을 이용해 우리 은하로부터 수십억 광년 떨어져 있는 은하에서 수십 개의 SN Ia 초신성을 발견했다. 그 후 그리 길지 않은 관측 시간만을 할당받을 수 있는 허블 망원경을 이용해 이 초신성들을 자세히 관찰했다.

1990년대가 끝나갈 무렵 이 두 팀의 초신성 관측자들은 은하까지의 거리와 은하의 후퇴 속도 사이의 관계를 나타내는 그래프로, 우주학에서 핵심이 되는 '허블 다이어그램(Hubble diagram)'을 확장하기 위해 열띤 경쟁을 하고 있었다. 천체 물리학자들은 은하가 멀어짐에 따라 은하에서 오는 빛의 색깔이 약간 붉은색 쪽으로 편향되어 보이는 도플러 효과(13장에서 다룰 것이다.)를 측정해 은하의 후퇴 속도를 구했다.

은하까지의 거리와 후퇴 속도는 허블 다이어그램 위에 한 점으로 표시된다. 비교적 가까이 있는 은하들은 종종걸음으로 멀어지지만 2배 멀리 있는 은하들은 2배 더 빠른 속도로 우리로부터 멀어진다. 은하까지의 거리와 후퇴 속도의 비는 우주의 행동을 나타내는 간단한 방정식인 허블 법칙으로 표현할 수 있다. $v = H_0 \times d$. 이 식에서 v는 후퇴 속도이고, d는 은하까지의 거리이다. H_0는 허블 상수라는, 특정 시점의 전체 우주의 특성을 나타내는 상수이다. 우주 여기저기에 흩어져 있을지도 모르는 외계 천문학자들이 우주가 시작된 빅뱅으로부터 140억 년 후까지의 우주를 관측하고 있다면 그들은 모두 우주가 허블 법칙에 따라 멀어지고 있다는 것을 알게 될 것이고, 그들이 다른 이름으로 부르더라도 같은 값의 허블 상수를 찾아낼 것이다. 이러한 우주 민주주의를 생각할 수 있는 것은 현대 우주학 덕분이다. 우리는 전체 우주가 이런 민주주의 원칙을 따르는지를 증명할 수는 없다. 아마도 우리의 시야가 미치는 지평선 너머의 우주는 우리가 보고 있는 우주에서 일어나는 일들과는 매우 다르게 행동할지도 모른다. 그러나 우주학자들은 적어도 관측 가능한 우주에서는 이런 우주 민주주의에 반하는 일은 없을 것이라고 믿고 있다. 그렇다면 $v = H_0 \times d$는 전 우주적인 법칙이다.

그러나 시간이 흘러감에 따라 허블 상수의 값은 변한다. 수십억 광년 떨어져 있는 은하를 포함하도록 확장된 새롭고 향상된 허블 다이어그램에서 은하까지의 거리와 후퇴 속도를 나타내는 점들을 연결하는 선의 기울기로 나타나는 허블 상수 H_0는 오늘날의 우주 팽창률이 10억 년 전 우주 팽창률과 어떻게 다른지를 보여 준다. 10억 년 전의 팽창률은 그래프의 위쪽에 나타나 있는 먼 곳에 있는 은하들의 관측 결과를 나타내는 점들에서 구할 수 있다. 따라서 수십억 광년의 거리를 포함하는 허블 다이어그램은 우주 팽창의 역사를 보여 줄 것이고 팽창률의 변화를 구체적으로 알려 줄 수 있다.

이 목표를 달성하기 위해 노력하는 과정에서 천체 물리학자들은 경쟁적으로 초신성을 관측하는 두 연구팀을 만나는 행운을 갖게 되었다. 1998년 2월에 처음 발표된 초신성 관측 결과가 주는 충격이 아주 컸던 것은, 그들의 관측 결과가 널리 받아들여지던 우주 모형이 파기될 때 자연스럽게 대두되는 그런 의심마저 가질 수 없도록 확실했기 때문이었다. 왜냐하면 두 연구팀은 서로 상대 연구팀의 관측 결과를 의심했고, 다른 팀의 자료나 해석의 오류를 찾아내기 위해 노력했다. 인간적인 편견에도 불구하고 두 팀 모두 경쟁자의 결과가 매우 정당하다고 선언했을 때 우주학계는 조심스러워하면서도 우주 탐험의 선구자들이 보내온 새로운 소식을 받아들이는 것 외에 다른 선택이 없었다.

새로운 소식은 무엇이었는가? 바로 가장 멀리 있는 SN Ia 초신성이 예상했던 것보다 조금 더 희미하다는 것이었다. 이것은 초신성이 알고 있던 것보다 조금 더 멀리 있음을 의미했고 그것은 무엇인가가 우주를 조금 더 빠르게 팽창시키고 있음을 의미했다. 무엇이 이 추가적인 팽창을 야기하고 있을까? 현장 증거와 일치하는 유일한 용의자는 진공 속에 숨어 있는 암흑 에너지였다. 이 에너지의 존재는 0이 아닌 우주 상수와 상응한다. 멀리 있는 초신성이 예상보다 더 희미한 정도를 측정해 두 천문학자 팀은 우주의 모양과 운명을 새로 결정한 것이다.

✦ ✦ ✦

두 초신성 연구팀의 의견이 통일되자 우주는 평평해졌다. 이것을 이해하기 위해 우리는 그리스 문자와 약간의 씨름을 해야 한다. 0이 아닌 우주 상수를 가지는 우주는 우주를 기술하기 위해 또 다른 측정값을 필요로 한다. 현재의 허블 상수 H_0와 우주 상수가 0인 경우에 우주의 곡률을 결정할 물질의 평균 밀도 외에 $E = mc^2$을 이용해 계산한 암흑 에너지(E)의 해당 질량(m)에 의한 밀도를 추가해야 한다. 우주학자들은 물질과 암흑 에너지의 밀도를 각각 Ω_M과 Ω_Λ로 나타낸다. 여기서 그리스 대문자 Ω(오메가)는 밀도와 임계 밀도의 비를 나타낸다. 따라서 Ω_M은 우주에 있는 모든 물질의 평균 밀도와 임계 밀도의 비를 나타내고, Ω_Λ는 암흑 에너지에 의한 밀도와 임계 밀도의 비를 나타낸다. 그리스 대문자 Λ(람다)는 우주 상수를 나타낸다. 0의 곡률을 가지는 평평한 우주에서는 Ω_M과 Ω_Λ의 합이 1이어야 한다. 왜냐하면 이런 우주에서는 실제 물질의 밀도와 암흑 에너지의 해당 질량에 의한 밀도를 합한 총 밀도가 임계 밀도와 정확히 일치하기 때문이다.

SN Ia 초신성을 관측하면 Ω_M과 Ω_Λ의 차이를 알 수 있다. 물질은 다른 물질을 중력으로 잡아당겨 우주의 팽창을 느려지게 만든다. 물질의 밀도가 크면 클수록 더욱 강한 중력이 우주의 팽창 속도를 더 크게 감소시킬 것이다. 그러나 암흑 에너지는 이와는 전혀 다르게 작용한다. 중력 작용으로 우주의 팽창을 느리게 하는 물질과는 달리 암흑 에너지는 우주의 팽창 속도를 가속시키는 이상한 성질을 가지고 있다. 우주가 팽창함에 따라 더 많은 암흑 에너지가 생겨난다. 따라서 팽창하는 우주는 공짜 점심을 먹을 수 있다. 새로운 암흑 에너지는 우주를 더 빠르게 팽창시키기 때문에 시간이 지나면서 공짜 점심은 더욱 많아진다. Ω_Λ의 크기는 우주 상수의 크기를 결정하고 암흑 에너지의 확장 정도를 말해 준다. 천문학자들이 은하까지의 거리와 은하의 후퇴 속도 사이의 관계를 측정해 물질을 서로 잡아당기는 중력과 밀어내는 암흑 에너지 사이의 경쟁이 만들어 낸 결과를 알아냈다. 그들의 관측 결과에 따르면 $\Omega_\Lambda - \Omega_M$ = 0.46 ± 0.03이었다. 천문학자들은 이미 Ω_M이 0.25라는 것을 알고 있었기 때문에 Ω_Λ는 0.71 정도라는 것을 곧 알 수 있었다. 그렇다면 Ω_Λ와 Ω_M의 합은 급팽창 모형이 제시했던 것과 비슷한 값인 0.96 정도가 된다. 좀 더 정밀한 최근 관측 결과는 이 값이 더욱 1에 가까워진다는 것을 보여 주었다.

두 초신성 전문가 팀의 합의에도 불구하고 일부 우주학자들은 조심스러워하고 있다. 과학자들이 오랫동안 믿어 왔던 우주 상수가 0이어야 한다는 믿음을 버리고 암흑 에너지가 모든 공간을 채우고 있다는, 전혀 새로운 생각을 받아들이는 것은 그리 쉬운 일이 아니다. 우주에서의 여러 가지 다른 가능성을 제시하던 대부분의 회의론자들도 우주 배경 복사를 세밀하게 관측하기 위해 제작되고 운영된 탐사 위성의 새로운 관측 결과를 보고는 새로운 이론을 받아들이게 되었다. 3장에서 이미 설명한 WMAP은 2002년부터 우주 배경 복사를 관측하기 시작했고, 2003년 초에는 전체 하늘의 마이크로파 우주 배경 복사 분포 지도를 작성하기에 충분한 자료를 수집했다. 이전의 관측 자료들도 이 지도로부터 유도해 낼 수 있는 것과 같은 결과를 유도해 낼 수 있었지만 이전의 관측 자료는 하늘의 일부분만을 관측한 것이었고 그것도 그리 자세하지 않았다. 우주 배경 복사 지도 제작을 위한 노력의 극치를 보여 주는 WMAP이 작성한 전체 하늘 지도에는 우주 배경 복사의 가장 중요한 특성이 잘 나타나 있었다.

이 지도가 알려 주는 가장 중요하고 놀라운 사실은 기구를 이용해서 관측했을 때나 WMAP보다 앞서 실시되었던 우주 배경 복사 탐사 위성(Cosmic Background Explorer, COBE)의 탐사에서도 이미 밝혀진 바와 같이 우주 배경 복사가 우주에 골고루 분포되어 있다는 것이었다. 1,000분의 1 정도의 차이를 감지할 수 있을 정도로 정밀한 측정을 하기 전까지는 우주의 모든 방향에서 오는 우주 배경 복사의 세기는 같아 보였다. 그럼에도 불구하고 어떤 특정한 방향을 중심으로 우주 배경 복사가 약간 강하게 관측되었고, 이 방향의 반대 방향에서는 우주 배경 복사가 약간 약하게 관측되었다. 이 차이는 우리 은하가 다른 은하들 사이에서 운동하고 있기 때문에 나타난 것이었다. 우리 은하가 진행하고 있는 방향에서는 도플러 효과로 인해 우주 배경 복사가 약간 강하게 관측되었던 것이다. 그 방향의 우주 배경 복사가 실제로 강했던 것이 아니라 우주 배경 복사를 향한 우리의 운동이 관측되는 광자의 에너지를 높게 만들었던 것이다.

은하의 운동에 따른 도플러 효과를 감안하자 우주 배경 복사는 측정 감도를 10만분의 1로 올릴 때까지 완전하게 매끄러워졌다. 그러나 감도를 10만분의 1 수준까지 올리자 전체적으로 매끈한 가운데 작은 차이들이 나타나기 시작했다. 과학자들은 우주 배경 복사가 조금 더 강하게, 또는 더 약하게 도달하는 지역을 추적해 나갔다. 앞에서 언급했듯이 우주 배경 복사의 차이는 빅뱅 38만 년 후 우주에서 그 방향의 물질의 온도와 밀도가 높았거나 낮았다는 것을 나타낸다. COBE가 처음으로 이 차이를 찾아냈고, 기구를 이용해 대기권에 올렸던 관측 장비와 남극에서의 관측으로 측정 결과가 향상되었으며, WMAP은 1도 정도의 각 분해능으로 전체 하늘의 우주 배경 복사 분포 지도를 만들 수 있었다.

COBE와 WMAP의 관측으로 밝혀진 이 작은 차이는 우주학자들에게는 아주 중요한 관측 결과였다. 무엇보다도 이 결과는 우주 배경 복사가 물질과 상호 작용을 정지했을 당시 우주 구조를 보여 주는 것이었다. 평균보다 약간 더 밀도가 높은 것으로 나타난 지역은 더욱 많은 물질을 모을 수 있게 되었고, 중력으로 물질을 끌어 모으는 경쟁에서 승리할 수 있었다. 방향에 따라 우주 배경 복사의 세기가 약간씩 다르다는 것을 나타내는 새로운 우주 배경 복사 지도는 현재 우주에서 볼 수 있는 물질 분포의 엄청난 차이가 우주의 나이가 수십만 년이었던 우주 초기에 존재했던 작은 밀도 차이에 기인한다는 우주학자들의 이론을 증명하는 것이었다.

그러나 우주학자들은 우주 배경 복사에 대한 새로운 관측 자료를 우주에 대한 더 근본적이고 새로운 사실을 알아내는 데 이용하고 있다. 지역에 따라 조금씩 다른 우주 배경 복사의 세기 분포는 공간 자체의 곡률을 나타낸다. 이 놀라운 결과는 공간의 곡률이 전자기파가 공간을 통과하는 데 영향으로 미친다는 사실로부터 얻을 수 있다. 예를 들어 공간이 양의 곡률을 가진다면 우주 배경 복사를 관측할 때는 북극에 서서 적도에서 오는 빛을 관측하기 위해 지평선을 관측하는 관측자와 비슷한 처지에 놓이게 될 것이다. 모든 경도는 극점으로 모이기 때문에 우주가 평평할 때보다 전파원은 더 작은 각도 내에 모여 있는 것처럼 관측될 것이다.

공간의 곡률이 우주 배경 복사의 분포에 따른 구조 사이의 각 거리에 어떤 영향을 미치는지를 이해하기 위해 전자기파가 물질과 상호 작용을 끝내던 시기를 상상해 보자. 우주의 나이가 38만 년이었을 때는 우주 배경 복사의 세기가 다른 두 지점 사이의 최대 거리가 당시의 우주 나이에다가 광속을 곱한 값, 즉 약 38만 광년이었을 것이다. 이것은 입자들이 상호 작용으로 불균일을 만들어 낼 수 있는 최대 거리였다. 이보다 먼 거리에 있는 다른 천체들에서는 '소식'이 아직 도착하지 않았기 때문에 평균과 다른 값을 가지게 된 것을 그런 천체들 탓으로 돌릴 수는 없을 것이다.

이 최대 거리가 현재의 하늘에서는 얼마의 거리로 나타날까? 그것은 Ω_M과 Ω_Λ의 합에 따라 결정되는 공간의 곡률에 따라 달라진다. 이 합이 1에 더 가까이 다가갈수록, 즉 공간의 곡률이 0에 가까워질수록 우주 배경 복사 분포 지도에서 세기가 최대인 점과 최소인 점 사이의 최대 거리는 점점 더 커질 것이다. 두 가지 형태의 밀도가 모두 같은 방법으로 공간의 밀도에 영향을 주기 때문에 공간의 곡률은 두 밀도의 합인 Ω_S에 따라서만 결정된다. 따라서 우주 배경 복사의 관측 결과는 Ω_M과 Ω_Λ 사이의 차이를 나타내는 초신성 관측 결과와는 달리 $\Omega_M + \Omega_\Lambda$에 대한 직접적인 관측 결과가 될 수 있다.

WMAP의 자료들은 우주 배경 복사의 최대 이격이 약 1도라는 것을 보여 주고 있다. 이것은 $\Omega_M + \Omega_\Lambda = 1.02 \pm 0.02$임을 나타낸다. 따라서 실험 오차 한계 내에서 $\Omega_M + \Omega_\Lambda = 1$이며 공간은 평평하다고 할 수 있다. SN Ia 초신성 관측으로부터 우리는 $\Omega_M - \Omega_\Lambda = 0.46$이라는 결과를 얻었다. 이것을 $\Omega_M + \Omega_\Lambda = 1$이라는 결과와 결합하면 몇 퍼센트의 오차 범위에서 $\Omega_M = 0.27$, $\Omega_\Lambda = 0.73$이라는 값을 구할 수 있다. 이미 언급한 바와 같이 이것이 현재 천체 물리학자들이 가지고 있는 우주의 중요한 두 변수에 대한 최선의 예측이다. 이 값들은 보통 물질이 우주의 전체 에너지 밀도의 27퍼센트를 제공하고 있으며, 암흑 에너지가 73퍼센트를 제공하고 있다는 것을 말해 준다. 만약 에너지보다는 질량이라는 말이 더 익숙하다면 암흑 에너지가 75퍼센트의 질량을 제공하고 있다고 말해도 된다.

우주학자들은 오래전부터 만약 우주가 0이 아닌 우주 상수를 가지고 있다면 질량과 암흑 에너지의 상호 작용은 시간이 지나면서 달라져야 한다는 것을 알고 있었다. 평평한 우주는 우주가 시작하던 때부터 우리를 기다리고 있는 미래까지 영원히 평평한 상태로 남아 있게 된다. 평평한 우주에서는 Ω_M과 Ω_Λ의 합은 항상 1이어서 하나의 값이 변하면 다른 값이 그것을 보상하는 방향으로 변하게 된다.

우주가 시작된 빅뱅 직후에는 암흑 에너지가 우주에 어떤 영향도 주지 않았다. 그때는 아주 작은 공간만 존재했기 때문에 Ω_Λ는 겨우 0보다 조금 크고 Ω_M은 1보다 조금 작을 뿐이었다. 이 시기에는 우주가 우주 상수를 가지고 있지 않은 것처럼 행동했다. 그러나 시간이 지나면서 합을 1로 유지한 채 Ω_M은 계속 감소하고 Ω_Λ는 계속 증가했다. 지금으로부터 1000억 년이 지난 미래에는 Ω_M이 거의 0이 될 것이고 Ω_Λ는 1에 가까운 값이 될 것이다. 따라서 0이 아닌 우주 상수를 가지는 평평한 공간의 역사는 Ω_S를 항상 1로 유지하면서 암흑 에너지가 거의 존재하지 않던 초기 우주로부터 Ω_M과 Ω_Λ가 대략 같은 값을 가지는 '현재'를 거쳐 우주의 물질이 아주 엷게 퍼져서 Ω_M이 거의 0의 값을 가지는 먼 미래까지 변화해 갈 것이다.

은하단이 포함하고 있는 질량으로부터 유추한 현재의 Ω_M 값은 약 0.25이고, 우주 배경 복사나 초신성의 관측으로부터 계산된 값은 0.27에 가깝다. 실험 오차 한계 내에서 이 두 값은 일치한다. 우리가 살아가고 있는 우주가 0이 아닌 우주 상수를 가진다면, 그리고 그 상수가 급팽창 모형이 예측한 평평한 우주를 만들도록 한다면 Ω_Λ는 0.7로 Ω_M보다 약 2.5배 커야 한다. 다시 말해 Ω_Λ가 $\Omega_M + \Omega_\Lambda$를 1로 만드는 데 더 크게 기여하고 있다. 이것은 우리 우주가 두 가지 우주 상수가 같은 값인 0.5였던 시기를 이미 지났다는 것을 의미한다.

10년도 안 되는 짧은 기간 동안에 SN Ia 초신성과 우주 배경 복사에 대한 관측 결과가 가져온 큰 충격이 한때 아인슈타인이 제안했던 암흑 에너지에 대한 개념을 바꾸어 놓았다. 관측 결과를 잘못 해석했다거나 관측 자체가 정확하지 않아 전체적으로 잘못되었다는 사실이 새로 밝혀지지 않는 한 우주가 다시 수축하지 않을 것이라는 것과 다시 빅뱅을 경험하지 않을 것이라는 것을 받아들여야 한다. 그렇게 되면 우주의 미래는 매우 황량해 보일 것이다. 지금으로부터 1000억 년이 지나면 모든 별들은 다 타 버리고 가까운 은하를 제외한 모든 은하들은 우리의 시야에서 사라질 것이다.

그때가 되면 우리 은하는 이웃 은하와 합쳐서 거대한 은하를 만들 것이다. 우리의 밤하늘에는 우리 주위에서 우리를 공전하는 별들 외에는 아무것도 없을 것이다. 따라서 미래의 천체 물리학자들은 매우 어려운 처지에 놓이게 될 것이다. 우주의 팽창을 나타내는 은하들도 없을 것이기 때문에 그들은 아인슈타인이 그랬듯이 자신들이 정상 상태의 우주에 살고 있다는 결론을 내릴 것이다. 우주 상수와 암흑 에너지는 우주를 우리가 상상도 할 수 없는 우주로 변모시킬 것이다.

할 수 있을 때 우주학을 즐기자.

6장

하나의 우주인가 다중 우주인가

1998년 초 우주학계는 초신성 관측을 통해 우리가 가속 팽창하는 우주에 살고 있다는 사실에 큰 충격을 받았다. 우주의 가속 팽창은 우주 배경 복사 관측으로도 확인되었다. 여러 해 동안 가속 팽창하는 우주의 의미와 씨름했던 우주학자들은 자신들을 괴롭힐 수도 있고, 자신들의 미래를 밝게 해 줄 수도 있는 두 가지 질문에 직면해야 했다. 무엇이 우주의 팽창을 가속하고 있는가? 왜 우주의 팽창 가속도가 그러한 특정 값을 가지게 되었을까?

첫 번째 질문에 대한 간단한 대답은 가속의 책임을 암흑 에너지, 즉 0이 아닌 우주 상수 탓으로 돌리는 것이다. 가속도는 우주 공간에 포함되어 있는 암흑 에너지의 양에 따라 결정된다. 더 많은 양의 에너지는 더 높은 가속도를 뜻한다. 따라서 우주학자들이 암흑 에너지가 어디에서 오는지를 설명할 수 있다면, 그리고 암흑 에너지의 양이 어떻게 오늘날 존재하는 양이 되었는지는 설명할 수 있다면, 다시 말해 우주를 끊임없이 밀어내고 있는 공간 속 에너지인 우주의 '공짜 점심'을 설명할 수 있다면 우주의 비밀을 풀어냈다고 주장할 수 있을 것이다. 먼 미래에 우주의 크기가 엄청나게 커져 공간에 거의 아무런 물질이 없게 된 후에도 이 에너지는 우주 팽창을 더 빠르게 가속시키고 있을 것이다.

무엇이 암흑 에너지를 만드는가? 입자 물리학의 도움을 받으면 우주학자들은 이 질문의 답을 구할 수 있다. 물질과 에너지에 관한 양자 물리학의 설명을 받아들인다면 암흑 에너지는 텅 빈 공간에서 일어나는 사건으로부터 생겨난다. 입자 물리학은 원자보다 작은 세계에서 일어나는 일들을 설명하는 데 성공해 물리학자 대부분이 사실로 받아들이고 있는 양자 이론을 기반으로 하고 있다. 양자 이론에 따르면 우리가 '텅 빈 공간'이라고 하는 진공이 사실은 '가상 입자'로 가득 차 있다. 이 입자들은 아주 빠르게 나타났다가 사라지기 때문에 우리는 이 입자들을 검출할 수 없고 다만 이들의 영향을 관측할 수 있을 뿐이다. 진공에 에너지를 부여했던, 새로운 물리학 용어를 만들어 내기 좋아하는 과학자들은 이 입자들의 계속적인 출현과 소멸에 '진공의 양자 요동(quantum fluctuations of the vacuum)'이라는 이름을 붙였다. 그뿐만 아니라 입자 물리학자들은 별 어려움 없이 진공 1세제곱센티미터 안에 들어 있는 에너지양을 계산할 수 있다. 진공이라고 부르는 공간에 양자 이론을 직접 적용하면 양자 요동이 암흑 에너지를 만들어 낸다는 것이다. 이 이야기를 듣고 보면 암흑 에너지에 대한 질문은, 입자 물리학자들이 오래전부터 알고 있던 진공 에너지의 존재를, 우주학자들이 알아내는 데 왜 그렇게 오랜 시간이 걸렸는가 하는 것으로 바뀔 수도 있다.

그러나 불행하게도 실제 상황은 이 질문을 입자 물리학자들의 예측이 왜 그렇게 관측 결과와 다른가 하는 질문으로 바꾸어 놓는다. 1세제곱센티미터의 공간에 숨어 있는 암흑 에너지에 대한 입자 물리학자들의 계산 결과는 우주학자들이 우주 배경 복사와 초신성 관측을 통해 얻은 값과 10^{120}배나 차이가 난다. 우주를 다루는 천문학에서는 10배 정도의 차이는 적어도 당분간은 수용 가능한 것으로 보지만, 10^{120}배의 오차는 아무리 낙천주의자라고 해도 무시할 수 없는 수치이다. 만약 진공이 입자 물리학자들이 제안한 정도의 암흑 에너지를 가지고 있다면 우주는 오래전에 아주 큰 공간으로 부풀었을 것이다. 그리고 1초보다 훨씬 짧은 시간 동안에 우주의 물질들은 상상할 수 없을 정도로 희박하게 퍼져 버렸을 것이기 때문에 우리가 머리로 무엇을 생각하든 그런 일들은 단 하나도 일어나지 않았을 것이다. 이론과 관측 결과는 모두 진공이 암흑 에너지를 가져야 한다는 데 동의한다. 하지만 그 에너지의 양에 대해서는 1조의 10제곱 배 정도의 차이를 보이고 있다. 지구에서나 우주에서 얻을 수 있는 어떤 관측 결과에서도 이렇게 큰 차이를 발견할 수 없다. 가장 멀리 있는 은하까지의 거리와 양성자의 지름 비는 10^{40} 정도이다. 이 엄청난 숫자도 우주 상수에 대한 이론과 관측 결과 간 차이의 세제곱근에 지나지 않는다.

　입자 물리학자와 우주학자 모두 양자 이론이 암흑 에너지에 대해 받아들이기 어려운 큰 값을 예측하고 있다는 것을 오래전부터 잘 알고 있었다. 하지만 당시에는 우주 상수가 0인 것으로 받아들여지고 있었기 때문에 양의 항을 소거할 음의 항이 나타나서 이 문제를 없던 것으로 되돌려 주기를 기대하고 있었다. 과거에 이런 방법으로 가상 입자가 얼마나 많은 에너지를 측정 가능한 입자에 제공하는가 하는 문제를 해결했다. 이제 우주 상수가 0이 아니라는 것이 판명되었기 때문에 그런 상쇄가 일어날 가능성은 아주 적어졌다. 물론 그런 상쇄가 존재한다면 우리가 가지고 있는 큰 문제들을 모두 해결할 수 있을 것이다. 우주 상수의 크기를 설명할 수 있는 다른 방법이 없는 현재로서는 어떻게 우주가 현재 우리가 관측한 것과 같은 단위 부피당 암흑 에너지를 가지게 되었는가를 설명하는 이론을 찾아내기 위해 우주학자들이 입자 물리학자들과 협조할 수밖에 없을 것이다.

우주학과 입자 물리학에 관심을 가지고 있는 뛰어난 과학자들이 자신들의 모든 노력을 이 관측 결과를 설명하기 위해 쏟아부었지만 아직 아무런 소득을 얻지 못하고 있다. 자연의 무엇이 공간을 우리가 관측한 형태로 만들었는지를 설명하는 사람에게는, 과학자에게 주어지는 최고의 영예인 노벨상이 기다린다는 것을 알고 있기 때문에 이런 상황은 이 분야를 연구하는 과학자들을 좌절시키고 있다. 그러나 새로운 문제가 설명을 기다리며 토론에 불을 지폈다. 왜 우주에 존재하는 암흑 에너지의 양이 우주에 존재하는 질량의 에너지와 비슷한 값을 갖는가 하는 문제였다.

우리는 물질의 밀도와 암흑 에너지를 질량으로 환산한 것의 밀도를 나타내기 위해 사용했던 두 Ω를 이용해 이 문제를 다시 제기할 수 있다. 왜 하나의 값이 다른 값보다 훨씬 큰 값을 가지지 않고 Ω_M과 Ω_Λ의 값이 비슷하냐는 것이다. 우주 초기 빅뱅 후 첫 10억 년 동안은 Ω_M은 거의 1이었고 Ω_Λ는 거의 0이었다. 이 시기에 Ω_M의 값은 처음에는 Ω_Λ의 값보다 수백만 배, 다음에는 수천 배, 그리고 그다음에는 수백 배 컸다. 오늘날에는 Ω_Λ의 값이 Ω_M의 값보다 크기는 하지만 $\Omega_M = 0.27$, 그리고 $\Omega_\Lambda = 0.73$으로 대체로 비슷한 값을 가지고 있다. 현재로부터 적어도 5000억 년이 지난 먼 미래에는 Ω_Λ의 값이 Ω_M의 값보다 처음에는 수백 배, 다음에는 수천 배, 그리고 그다음에는 수백만 배, 마침내는 수십억 배가 될 것이다. 우주 나이가 30억 년일 때부터 5000억 년일 때까지만 이 두 값은 비슷한 값을 가지고 있을 것이다.

마음 편한 이들은 30억~5000억 년이라면 아주 긴 시간이라고 생각할 것이다. 그래서 무엇이 문제란 말인가? 그러나 천문학적 관점에서 보면 이 정도의 시간은 그다지 긴 시간이 아니다. 천문학자들은 시간의 흐름이 10의 몇 제곱인지를 나타내기 위해 시간에 로그(log)를 취한 값을 사용하기도 한다. 처음에 우주가 어떤 나이였다. 그 후 우주는 10배 더 나이를 먹었다. 그 후에 우주의 나이는 다시 그 10배가 되었다. 그리고 그런 일이 계속되었다. 다시 말해 10배씩 나이를 먹는 일이 영원히 계속되는 것이다. 빅뱅 후 양자 물리학적으로 의미 있는 시간인 10^{-43}초부터 시간을 측정하기 시작했다고 가정하자. 1년은 약 3000만 초이므로 30억 년이라는 우주 나이는 처음(10^{-43}초)의 10^{60}배가 된다. 이와 마찬가지로 Ω_M과 Ω_Λ가 비슷한 값을 가지는 30억~5000억 년의 기간도 10의 거듭 제곱으로 간단하게 나타낼 수 있다. 그 후에는 10의 무한대 제곱 배의 무한한 미래가 열려 있다. 미국의 뛰어난 우주학자인 마이클 터너(Michael Turner, 1949년~)는 왜 우리가 Ω_M과 Ω_Λ의 값이 비슷한 시대에 살고 있는가 하는 질문을, 경쟁자의 남자 친구로부터 폭행을 당하고 "왜 나야? 왜 지금이야?" 하고 물었던 올림픽 피겨 스케이팅 선수 낸시 앤 케리건(Nancy Ann Kerrigan, 1969년~)의 이름을 따서 "케리건 문제"라고 명명했다. (미국 피겨스케이팅 선수 토냐 맥신 하딩(Tonya Maxine Harding, 1970년~)이 1994년 릴레함메르 동계 올림픽 대표 선발전을 앞두고 전 남편 제프 스톤(Jeff Stone)에게 라이벌 낸시 케리건(Nancy Kerrigan, 1969년~)의 무릎에 부상을 입히도록 사주해 미국 피겨스케이팅 협회로부터 영구 제명당한 사건이 있었다. ─ 옮긴이)

관측값과 비슷한 값의 우주 상수를 계산해 내는 것은 가능하지 않았지만 우주학자들은 암시하는 바가 큰 케리건 문제에 대한 답을 제시했다. 그들이 제시한 답에 어떤 사람들은 당황해했고, 어떤 사람들은 마지 못해 이것을 받아들였으며, 어떤 사람들은 이것을 크게 환영했고, 어떤 사람들은 경멸했다. 그들은 우주 상수의 값을 보통 은하에 있는 보통 별을 돌고 있는 행성인 지구에 우리가 살고 있다는 사실과 연결했다. 우주를 나타내는 변수들, 특히 우주 상수가 우리가 존재할 수 있도록 하는 값을 가질 때에만 우리가 존재할 수 있고, 이런 토론을 진행할 수 있다는 것이다.

현재 관측된 값보다 훨씬 큰 우주 상수를 가지면 어떤 일이 일어날지 상상해 보자. 훨씬 더 많은 암흑 에너지는 5000억 년이 아니라 불과 수백만 년 만에 Ω_Λ의 값을 Ω_M의 값보다 훨씬 큰 값으로 만들 것이다. 이렇게 되면 암흑 에너지의 가속 효과가 우주를 지배하기 때문에 물질이 너무 빨리 흩어져 은하도, 별도, 행성도 생길 수 없었을 것이다. 물질의 덩어리가 처음 형성되고부터 생명체가 생겨나기까지 적어도 10억 년이 필요하다고 가정할 때 우리가 존재한다는 사실은 우주 상수의 값이 아주 큰 값을 가질 가능성을 배제하고 0과 실제 값의 몇 배 사이의 값으로 한정한다.

이런 논쟁은 우리가 우주라고 부르는 것이 서로 상호 작용하지 않는 수없이 많은 우주를 포함하는 훨씬 큰 '다중 우주(multiverse)'에 속한다고 가정할 때 더 큰 관심을 끈다. 다중 우주에서는 모든 우주가 다른 차원에 속하기 때문에 우리 우주는 다른 어떤 우주에서도 접근 가능하지 않고 우리 우주에서 다른 우주에 접근하는 것도 가능하지 않다. 이론적으로조차도 상호 작용이 가능하지 않다는 사실로 인해 다중 우주 이론은 어떤 현명한 사람이 다중 우주 모형을 시험할 수 있는 획기적인 방법을 찾아낼 때까지는 증명이 가능하지 않은 가설에 지나지 않을 것이다. 다중 우주에서는 임의의 시간에 새로운 우주가 태어나서 팽창을 통해 거대한 크기로 부풀겠지만 다른 수많은 우주로부터 어떤 방해도 받지 않을 것이다.

다중 우주에서는 각각의 우주는 고유한 우주 상수의 값을 결정하는 변수들과 물리 법칙을 가지고 우주로서의 일생을 시작할 것이다. 우리 우주의 우주 상수보다 훨씬 큰 우주 상수를 가진 많은 우주들이 빠른 시간 안에 밀도가 거의 0인 상태로 팽창할 것이다. 따라서 이런 우주에는 생명체가 존재할 수 없을 것이다. 다중 우주에 존재하는 수많은 우주 중에서 몇 안 되는 우주만이 생명체가 존재할 수 있는 조건을 가지게 될 것이다. 이 우주들은 물리적인 변수들의 상호 작용으로 물질이 은하, 별, 행성을 형성할 수 있고 이런 천체들이 수십억 년 동안 존재할 것이다.

우주학자들은 이런 방법으로 우주 상수를 설명하는 것을 '인간 원리(anthropic principle, 인간 중심 원리, 인류 원리라고도 한다. ─ 옮긴이)'라고 부른다. 인간 원리를 선호하는 사람들은 이런 접근에 아마도 더 좋은 이름을 붙이길 원할 것이다. 우주학의 핵심적인 문제를 이런 방법으로 접근하는 것은 큰 호소력이 있다. 사람들은 이런 접근 방법에 대해 중립적이기보다는 좋아하거나 싫어하는 태도를 취한다. 흥미로운 많은 아이디어와 마찬가지로 인간 중심적 접근은 다양한 신학적 심리 상태로 전환되거나 적어도 전환될 가능성을 가지고 있다. 일부 종교의 원리주의자들은 인간 중심적 접근이 인류의 중심적 역할과 절대자가 우리를 위해 모든 것을 만들었다는 사실을 내포하고 있다고 믿기 때문에 지지한다. 그들은 관측자가 없는 우주는 있을 수 없으며, 있어서도 안 된다고 생각한다. 이런 결론을 반대하는 사람들은 이런 신학적인 수준의 논의는 생명체를 갖는 극소수의 우주를 위해 수없이 많은 우주를 창조해 내는, 상상할 수 없을 정도로 비효율적인 일을 하는 신의 존재를 전제한다고 지적한다. 그들은 인간 중심적 접근이 내포하고 있는 것은 그런 것이 아니라고 주장할 것이다. 인간의 중심적 역할을 강조하는 다른 신화들은 그냥 지나치기로 하자.

다른 한편으로는 스피노자가 그랬던 것처럼 우리가 모든 것에서 신을 볼 수 있도록 선택된 존재라는 것을 믿는다면 우리는 끊임없이 다양한 우주를 꽃피워 내는 다중 우주를 경외의 눈으로 바라보게 될 것이다. 과학의 선구자들이 이루어 낸 대부분의 발견과 마찬가지로 다중 우주의 개념과 인간 중심적 접근도 특정한 믿음 체계를 위해 봉사하는 방향으로 쉽게 방향 전환할 수 있다. 많은 우주학자들은 다중 우주의 개념이 종교적 믿음과는 관계없이 받아들일 만하다는 것을 발견했다. 뉴턴처럼 케임브리지 대학교의 루카스 석좌 교수(Lucasian professor of Mathematics)를 역임했던 스티븐 호킹은 인간 중심적 접근이 케리건 문제의 훌륭한 해답이라고 판정했다. (1663년부터 영국 케임브리지 대학교에서 수학 발전에 중요한 공헌을 한 교수에게 준 교수직으로 헨리 루카스(Henry Lucas, 1610~1663년) 당시 하원 의원이 기증한 기금으로 운영된다. 대부분 종신직이다. 아이작 뉴턴이 2대, 스티븐 호킹은 17대 루카스 석좌 교수이다. — 옮긴이) 입자 물리학 연구 업적으로 노벨상을 받은 스티븐 와인버그(Steven Weinberg, 1933년~)는 이러한 접근을 좋아하지는 않지만 다른 그럴듯한 해답이 나오기 전까지 당분간은 이런 접근을 받아들이기로 했다.

역사가 언젠가는, 현재의 우리가 어떻게 다루어야 할지 아직 충분히 이해하지 못하고 있는 잘못된 문제에 매달려 있었음을 보여 줄지도 모른다. 와인버그는 왜 태양계가 여섯 행성을 가져야 하는가 하는 것과 왜 행성들이 그런 궤도에서 태양을 공전하고 있는가를 설명하려고 했던 요하네스 케플러(Johannes Kepler, 1571~1630년)의 시도를 예로 들기 좋아했다. 케플러 시대로부터 400년이 흘렀지만 천문학자들은 아직도 행성의 정확한 숫자나 그들의 궤도를 설명할 수 있을 정도로 행성들의 기원에 대해서 충분히 알지 못하고 있다. 우리는 태양 주위를 돌고 있는 행성들의 궤도가 5개의 정다면체 중 하나를 서로 인접해 있는 두 행성의 궤도 사이에 끼워 넣을 수 있도록 배열되어 있다는 케플러의 주장이 아무 의미가 없음을 잘 알고 있다. 다섯 가지 정다면체가 궤도 사이에 잘 맞지 않을 뿐만 아니라 행성의 궤도가 그런 법칙에 따라야 하는 이유를 설명할 수 없기 때문이다. 다음 세대는 오늘날의 우주학자들을 우주에 대한 당시의 지식으로는 설명할 수 없는 문제를 설명하려고 헛된 수고를 했던 과거의 케플러처럼 생각할지도 모른다.

모든 사람들이 인간 중심적 접근을 좋아하는 것은 아니다. 일부 우주학자들은 인간 중심적 접근을 패배주의자들의 방법이라고 생각한다. 그들은 이러한 접근이 한때는 신비스럽게 생각했던 현상을 설명해 낸 물리학에서의 수많은 성공 사례에 반한다고 비판한다. 그리고 이런 접근 방법이 지적인 논쟁인 것처럼 위장하고 있기 때문에 위험하다고 주장한다. 많은 우주학자들은 이론상으로는 물론 어떤 방법으로도 상호 작용하지 않는 여러 우주를 포함하는 다중 우주 이론을 우주론의 하나로 받아들일 수 없다고 생각한다.

인간 원리에 대한 논쟁으로, 우주를 이해하기 위한 과학적 접근을 우선시하는 회의론자들이 주목을 받게 되었다. 한 사람의 과학자, 특히 그 이론을 대단하게 생각하는 사람에게는 호소력이 있는 이론이 다른 사람에게는 어리석게 보이고 전혀 틀린 것으로 보일 수도 있다. 그러나 두 부류의 사람들 모두 어떤 이론이 살아남아 번영을 누리기 위해서는 관측 자료를 설명하는 데 그 이론이 유용하다는 것을 인정받아야 한다는 것을 알고 있다. 그러나 한 유명한 과학자가 지적했듯이 관측 자료를 설명하는 데 도움이 된다고 모든 이론을 받아들여도 된다는 뜻은 아니다. 그중의 일부는 나중에 틀렸다는 것이 밝혀질 것이다.

미래에 이 문제의 해답이 그리 빨리 나오지 않을지도 모르지만 우리가 우주에서 보고 있는 것을 설명하려는 시도는 계속될 것이다. 예를 들면 재미있는 이름을 짓는 개인 교습을 받은 것 같은 프린스턴 대학교의 폴 조지프 스타인하트(Paul Joseph Steinhardt, 1952년~)는 케임브리지 대학교의 닐 제프리 튜록(Neil Geoffrey Turok, 1958년~)과 공동으로 "에크피로틱 모형(ekpyrotic model)"을 제안했다. 끈 이론(string theory, 물질을 구성하고 있는 기본 단위가 0차원의 점이 아니라 길이를 가지고 있는 1차원의 끈이라고 설명하는 이론. 끈 이론은 초끈 이론(superstring theory)으로 발전해 물질 사이에 작용하는 힘들을 통합적으로 이해하려고 시도하고 있다. ― 옮긴이)이라는 물리학 이론에 자극을 받은 스타인하트는 우주가 11차원이며 대부분의 차원은 "꼬여 있어서" 아주 작은 공간을 차지하고 있지만 몇 차원은 실제 크기를 가지고 있어서 중요하다고 주장했다. 우리가 여분 차원(extra dimension)을 인식하지 못하는 것은 우리에게 익숙한 4차원에 갇혀 있기 때문이라는 것이다. 우주의 모든 공간이 가까워지고 충돌하는 매우 얇은 종이로 되어 있다고 가정해 보자. 이 모형은 3차원 공간을 2차원으로 줄인 것이다. 평행하게 놓여 있던 종이 2장이 서로 접근해 충돌하는 모습을 상상해 보자. 그러한 충돌은 빅뱅을 만들 것이고, 종이가 서로 튕겨 나감에 따라 각각의 종이에는 은하와 별이 탄생하는 비슷한 역사가 만들어질 것이다. 결국에는 종이 2장이 서로 멀어지는 것을 멈추고 다시 다가오기 시작해 또 다른 충돌과 새로운 빅뱅을 만들어 낼 것이다. 따라서 우주는 수천억 년 간격으로 적어도 큰 그림에서는 같은 사건을 반복하는 주기적인 역사를 가지게 될 것이다. 그리스 어 에크피로시스(*ekpyrosis*)는 '대화재(大火災)'라는 의미를 가지고 있으므로 '에크피로틱 우주'는 사람들에게 우주를 탄생시킨 빅뱅을 떠올리게 할 것이다.

우주의 에크피로틱 모형은 스타인하트의 많은 동료 우주학자들의 마음을 사로잡을 만큼 설득력을 가지고 있지는 않지만 감상적이면서도 지적인 호소력을 가지고 있다. 아직까지는 아니지만 특별히 이 모형이 아니더라도 이와 같이 허무맹랑해 보이는 이론이 언젠가는 우주학자들이 암흑 에너지를 설명하려는 시도에 탈출구를 제공할 것이다. 인간 중심적 접근을 선호하는 사람들도 우리 우주가 수많은 우주들 중에 운이 좋은 우주에 불과하다는 것을 설명하기 위해 다중 우주를 들먹이지 않고도 우주 상수를 설명해 낼 수 있는 새로운 이론이 등장하는 것을 그리 기분 나빠 하지 않을 것이다. 미국 만화가 로버트 데니스 크럼(Robert Dennis Crumb, 1943년~)의 만화 주인공이 다음과 같은 말을 한 적이 있다. "우리는 얼마나 괴상한 우주에 살고 있는가? 우이!"

2부

은하와
우주 구조의 기원

7장

은하의 발견

영국의 천문학자 윌리엄 프레더릭 허셜(William Frederick Herschel, 1738~1822년)이 세계 최초로 그럴듯한 대형 망원경을 제작하기 전인 250년 전 사람들은 우주가 별들, 태양과 달, 행성들, 목성과 토성의 몇몇 위성들, 희미한 천체들, 밤하늘을 가로지르는 은하수로 구성되어 있다고 알고 있었다. '은하(galaxy)'라는 이름은 우유를 뜻하는 그리스 어 갈락토스 (*galaktos*)에서 유래했다. (영어에서는 우리 은하를 '은하수 은하(Milky Way galaxy)'라고 부른다. 그러나 우리말에는 우리 은하를 부르는 고유 명칭이 없다. 은하수는 하늘에 보이는 우리 은하의 모습을 이르는 말이어서 우리 은하의 고유 명칭이라고 볼 수 없다. 따라서 우리 은하는 그냥 '우리 은하'라고 부른다. ─ 옮긴이) 황소자리의 게 성운이나 안드로메다자리의 안드로메다 성운과 같이 모양이 일정하지 않고 희미한 구름

조각처럼 보이는 천체들도 있다. 구름을 뜻하는 라틴 어 네뷸라(*nebula*)에서 이름을 따 이들을 성운(星雲, nebula)이라 부른다. (성운이라고 부르는 천체 중에는 우리 은하와 같이 수많은 별들로 이루어진 은하도 있고, 성간 공간에 흩어져 있는 기체와 먼지로 이루어진 구름도 있다. 최근에는 은하와 구름을 구분해 기체와 먼지로 이루어진 구름만을 성운이라고 부르지만 아직도 외부 은하를 성운이라고 부르는 사람도 있다. ─ 옮긴이)

허셜의 망원경은 반사경 지름이 122센티미터나 되어 1789년 당시 가장 큰 망원경이었다. 망원경을 지지하고 방향을 맞추기 위해 지지대를 복잡하게 얽어매어 흉물스러웠지만 이 망원경을 통해 허셜은 은하수 속에서 수없이 많은 별들을 볼 수 있었다. 이 구경 122센티미터의 망원경과 움직이기 쉬운 작은 망원경을 이용해 허셜과 그의 누이 캐롤라인 허셜(Caroline Herschel, 1751~1848년)은 최초로 북반구에 보이는 성운의 목록을 작성했다. 가족의 전통을 이어받은 윌리엄 허셜의 아들 존 프레더릭 윌리엄 허셜(John Frederick William Herschel, 1792~1871년)은 아프리카 남단 희망봉이 있는 남아프리카공화국 케이프타운 시에 머물면서 아버지와 고모가 작성한 북반구 천체 목록에 남반구에서 볼 수 있는 1,700개의 희미한 천체들을 추가했다. 1864년에는 천체들의 목록들을 통합해 5,000개이상의 천체를 포함하는 『성단과 성운의 일반 목록(*A General Catalog of Nebulae and Clusters of Stars*)』을 출판했다.

이렇게 많은 관측 자료에도 불구하고 성운이 어떤 천체인지, 성운까지의 거리가 얼마나 되는지, 그리고 그들 사이에 어떤 차이가 있는지에 대해서는 아무것도 모르고 있었다. 그러나 1864년에 출판된 『성단과 성운의 일반 목록』은 성운을 모양에 따라 형태학적으로 분류하는 것을 가능하게 했다. 이 책의 출판과 비슷한 시기에 형성된 "본 대로 분다."라는 식의 농구 심판들의 전통과 마찬가지로 천문학자들은 나선 모양의 성운은 '나선 성운(spiral nebula)', 타원 모양으로 보이는 것은 '타원 성운

(elliptical nebula)', 타원형도 아니고 나선형도 아닌 불규칙한 모양을 가진 성운은 '부정형 성운(irregular nebula)'이라고 이름 지었다. 마지막으로 작아서 행성처럼 보이는 성운은 '행성상 성운(planetary nebula, 처음 작은 망원경으로 관측했을 때 별을 돌고 있는 행성처럼 보여 행성상 성운이라고 불렸지만 실제로는 별을 둘러싸고 있는 구름이다. — 옮긴이)'이라고 이름 지어 후세 사람들을 혼동시키기도 했다.

생물학처럼 천문학에서도 대상을 사실적으로 묘사하기를 좋아한다. 별들과 희미한 천체들을 나타내는 긴 이름들을 이용해 천문학자들은 천체들의 형태를 연구하고 분류했다. 매우 그럴듯한 방법이었다. 사람들 대부분은 어린 시절부터 누가 시키지 않아도 물건들을 형태에 따라 정리하기를 좋아한다. 그러나 이런 방법으로는 그리 멀리까지 갈 수는 없었다. 허셜은 밤하늘의 희미한 천체 대부분이 거의 같은 크기로 보였기 때문에 모든 성운이 지구로부터 비슷한 거리에 있다고 가정했다. 따라서 그에게는 모든 성운에 같은 규칙을 적용해서 분류하는 것은 간단하면서도 훌륭한 과학이었다.

문제는 모든 성운이 비슷한 거리에 위치해 있다는 가정이 완전히 틀렸다는 것이다. 자연은 때로 모호하기도 하고 교활하기도 하다. 허셜이 분류한 성운의 일부는 별들보다 멀리 있지 않았다. 만약 10조 킬로미터의 지름을 상대적으로 작다고 할 수 있다면 이들은 상대적으로 작았다. 어떤 천체들은 훨씬 멀리 있다는 것이 밝혀졌다. 따라서 이런 천체들이 상대적으로 우리에게 가까이 있는 천체들과 비슷한 크기로 보이기 위해서는 크기가 대단히 커야 했다.

과학자들이 해야 했던 일은 어떤 시점에 무엇처럼 보이는 대상을 정해서 그것이 무엇이냐고 끝없이 질문하는 것이었다. 다행스럽게도 19세기 말에 있었던 과학과 기술의 발전은 천문학자들이 우주를 이루고 있는 천체들을 분류하는 데 그치는 것이 아니라 그것이 무엇인지를 따져 보는 것이 가능하도록 했다. 이러한 변화가 물리학의 법칙들을 천문학에 적용하는 천체 물리학을 탄생시켰다.

+++

존 허셜이 방대한 성운 목록을 출판하던 시기에 새로운 과학 기기인 분광기가 성운 연구에 사용되기 시작했다. 분광기의 기능은 빛을 색깔별로 분해하는 것이다. 빛 속에 들어 있는 색깔과 스펙트럼의 모양은 빛을 낸 물체의 화학적 조성에 대한 자세한 정보뿐만 아니라 도플러 효과라는 현상을 통해 빛을 낸 물체가 지구를 향해 다가오고 있는지 아니면 멀어지고 있는지에 대한 정보도 가지고 있다.

분광기는 놀라운 것을 보여 주었다. 우리 은하 바깥에 존재하는 거의 모든 나선 성운은 아주 빠른 속도로 지구로부터 멀어지고 있었다. 이와는 대조적으로 모든 행성상 성운과 부정형 성운은 상대적으로 느린 속도로 우리로부터 멀어지거나 가까워지고 있었다. 우리 은하의 중심에서 엄청난 폭발이 일어나 나선 은하만을 튕겨 내고 있는 것일까? 그렇다면 그들 중 일부는 다시 제자리로 떨어져야 하는 것이 아닐까? (지구에서 위쪽으로 던져 올린 물체가 다시 땅으로 떨어지는 것처럼 어떤 힘에 의해 밖으로 튕겨 나간 은하는 다시 제자리로 떨어져야 하는 것이 아닌가 하고 생각한 것이다. — 옮긴이) 우리도 언젠가 그러한 재난을 당하는 것이 아닐까? 빠른 감광 유제의 발명과 같은 사진 기술의 발전에도 불구하고 아주 희미한 성운의 스펙트럼을 측정하는 것은 매우 어려운 일이었다. 때문에 천체들이 우리로부터 멀어지는 탈출은 계속되었지만 그런 일이 일어나는 이유를 알아낼 수는 없었다.

다른 과학 분야와 마찬가지로 천문학 분야에서도 대부분의 발전은 더 나은 기술 도입으로 이루어진다. 1920년대 초에 가장 중요한 관측 장비가 새로 등장했다. 바로 미국 캘리포니아 주 패서디나 시 근처의 윌슨

산 천문대(Mount Wilson Observatory)에 설치된, 구경 254센티미터의 거대한 후커 망원경(Hooker Telescope)이다. 1923년에 미국 천문학자 에드윈 허블은 당시로서는 세계에서 가장 컸던 이 망원경을 이용해 안드로메다 성운에서 특별한 종류의 세페이드 변광성(Cepheid variable, 변광성 중에는 2개의 별이 공전하면서 다른 별을 가려 밝기가 변하는 식(蝕) 변광성과 별 자체의 수축과 팽창에 의해 밝기가 변하는 세페이드 변광성이 있다. 세페이드 변광성의 밝기는 주기와 관계가 있다는 것이 밝혀졌다. ─ 옮긴이)을 발견했다. 변광성의 밝기는 변광성의 종류별로 잘 알려져 있는 패턴에 따라 변한다. 세페우스자리에서 발견해 그 이름을 붙인 세페이드 변광성은 매우 밝아 먼 거리에서도 관측할 수 있다. 이들의 밝기는 잘 알려진 주기에 따라 변하기 때문에 인내와 끈기가 있는 관측자는 더 많은 세페이드 변광성을 찾아낼 수 있다. 허블은 우리 은하에서 세페이드 변광성 몇 개를 찾아내서 그들까지의 거리를 측정했다. 그러나 놀랍게도 안드로메다 성운에서 그가 발견한 세페이드 변광성은 다른 변광성들보다 훨씬 희미했다.

세페이드 변광성이 이렇게 희미한 이유에 대한 가장 그럴듯한 설명은 새로 발견된 세페이드 변광성과 이 변광성을 포함하고 있는 안드로메다 성운이 우리 은하에 있는 세페이드 변광성보다 훨씬 더 먼 곳에 있다는 것이었다. 허블은 이 변광성이 안드로메다자리를 구성하는 별들보다 더 멀리 떨어져 있으며, 우리 은하의 지름보다도 훨씬 더 멀리 떨어져 있다는 것을 알게 되었다. 이것은 신이 우유를 쏟아 은하수를 만드는 것 같은 우리 은하에서 일어나는 어떤 재앙에도 아무런 영향을 받지 않을 거리였다.

문제는 해결되었다. 허블의 발견은 나선 성운이 그 자체로 우리 은하와 같이 수많은 별들로 이루어진 하나의 거대한 세계라는 사실을 보여주었다. 허블은 철학자 임마누엘 칸트(Immanuel Kant, 1724~1804년)가 자신의 시에서 언급했던 "섬 우주(island universe)"가 우리 은하 바깥에 적어도 수십 개 존재한다는 것을 증명했다. 안드로메다자리의 성운은 단지 이처럼 잘 알려진 수많은 나선 은하 명단의 첫 자리를 차지할 뿐이었다. 안드로메다 성운은 사실 안드로메다 '은하'였던 것이다.

✦✦✦

1936년에 충분히 많은 수의 섬 우주가 발견되고 후커 망원경과 다른 망원경들이 이들의 사진을 찍자 허블은 '섬 우주'의 형태를 분류하기 시작했다. 허블은 한 형태의 은하가 다른 형태의 은하로 변화하는 것은 태어나서 죽어 가는 은하의 진화 과정을 나타낸다는, 증명되지 않은 가정에 바탕을 두고 은하들을 형태별로 분류했다. 1936년에 출판된 『성운의 왕국(Realm of the Nebulae)』에서 허블은 형태에 따라 분류한 여러 유형의 은하들을 소리굽쇠처럼 생긴 다이어그램의 다른 위치에 배열했다. 구형에 가까운 타원 은하는 소리굽쇠의 중심에서 멀리 떨어진 손잡이 끝에 배열했고, 납작한 모양의 타원 은하는 소리굽쇠의 가지들과 손잡이가 만나는 곳에 위치시켰다. 소리굽쇠의 한쪽 가지에는 나선 은하들을 배열했는데 손잡이에 가까운 곳에는 나선 팔이 아주 가까이 있는 은하를, 그리고 먼 곳에는 나선 팔이 멀리 떨어져 있는 나선 은하를 배열했다. 소리굽쇠의 나머지 가지에는 은하의 중심부가 곧은 '막대' 모양을 하고 있어서 다른 나선 은하와 구별되는 은하들을 배열했다.

허블은 은하의 일생이 구형의 타원 은하로 시작해서 시간이 지남에 따라 점점 납작해지다가 차츰 풀리기 시작해 나선 구조로 변해 가는 것이라고 생각했다. 뛰어나고 아름답고 우아하기까지 한 생각이었다. 그러나 잘못된 생각이었다. 이 체계에서는 부정형 은하를 모두 빠트렸을 뿐만 아니라 후에 천문학자들이 모든 은하의 가장 오래된 별들의 나이가 서로 거의 비슷하다는 것을 밝혀내 모든 은하들이 같은 시기에 태어났다는 것을 증명했기 때문이다.

　제2차 세계 대전으로 얼마 동안의 연구 기회를 놓친 후 30년 동안 관측된 은하들을 허블의 소리굽쇠 다이어그램에 따라 타원 은하, 나선 은하, 막대 나선 은하로 분류하던 천문학자들은 불규칙한 모양 때문에 목록 어디에도 속할 수 없었던 부정형 은하를 예외적인 소그룹으로 분류했다. 전 미국 대통령 로널드 윌슨 레이건(Ronald Wilson Reagan, 1911~2004년)이 캘리포니아의 레드우드 숲에서 하나의 레드우드를 보면 숲의 다른 나무들을 모두 본 것과 같다고 했던 것처럼 타원 은하도 하나를 보면 모두를 본 것과 같다고 말할 수 있다. 타원 은하는 나선 은하나 막대 나선 은하를 특징짓는 나선 팔을 가지고 있지 않으며 새로운 별들을 형성하는 성간 기체나 먼지로 이루어진 거대한 구름을 가지고 있지 않다. 이런 은하의 별들은 수십억 년 전에 한꺼번에 형성되어 구형이나 타원형 모양으로 그룹을 형성하고 있다. 커다란 타원 은하는 커다란 나선 은하와 마찬가지로 수천억 개 이상의 별을 가지고 있으며 지름은 수십만 광년에 이른다. 전문적인 천문학자를 제외하고는 누구도 나선 은하와는 비교도 안 될 정도로 단순한 모양을 하고 있고, 단순한 별 탄생 역사를 가지고 있는 타원 은하를 보고 탄성을 지르지 않을 것이다. 타원 은하는 모든 기체와 먼지를 거의 같은 시기에 한꺼번에 별로 바꾸어 놓았기 때문에 타원 은하에서는 더 이상 별이 형성되는 것과 같은 역동적인 일들이 일어나지 않는다.

　그러나 나선 은하와 막대 나선 은하는 타원 은하에서는 발견할 수 없는 장관을 제공한다. 모든 은하 사진 중에서 우리를 가장 감동시킬 사진은 우리 은하 밖에 나가 찍은 우리 은하의 사진일 것이다. 그런 사진을 찍기 위해서는 카메라를 우리 은하면의 위쪽이나 아래쪽으로 수십만 광년이나 멀리 보내야 할 것이다. 오늘날 인류가 만든 탐사선 중에서 가장 멀리까지 간 탐사선도 이 거리의 수십억분의 1밖에 날아가지 못했으므로 우리 은하의 전체 모습을 사진으로 찍는다는 것은 이루기 어려운 꿈이다. 탐사선의 속도가 광속에 접근한다고 해도 원하는 결과를 얻기 위해서는 인류의 기록된 역사보다 훨씬 더 오랜 시간을 기다려야 할 것이다. 당분간 천문학자들은 우리 은하 내부에서 별과 성운의 나무를 그려 나감으로써 은하 숲의 지도를 작성하는 수밖에는 없다. 이러한 노력은 우리 은하가 가장 가까운 이웃인 안드로메다자리의 거대 나선 은하를 닮았다는 것을 보여 주었다. 천문학적 크기에서 보면 가까운 거리라고 할 수 있는 240만 광년 정도 떨어진 안드로메다 은하는 나선 은하의 기본 구조에 대한 정보는 물론 다른 유형의 별들과 이들의 진화 과정에 대한 많은 정보를 제공해 주고 있다. 안드로메다 은하의 모든 별들은 불과 수 퍼센트의 오차 내에서 우리로부터 같은 거리에 있기 때문에 이 은하에 속한 별들의 밝기는 그 별이 내는 에너지 세기에 비례한다. 우리 은하 내 별들은 우리로부터의 거리가 모두 달라 이 법칙을 적용할 수 없다. 반면 다른 은하의 별들은 비슷한 거리에 있기 때문에 항상 이 법칙을 적용할 수 있다. 이것은 우리 은하의 별들을 관측할 때보다 더 쉽게 별의 진화에 대한 중요한 정보를 얻을 수 있게 해 준다. 안드로메다 은하의 별들 중 불과 몇 퍼센트에 불과한 적은 수의 별들을 포함하고 있는 2개의 타원 은하도, 타원 은하의 전체적인 구조에 대한 정보와 함께 별의 일생에 대한 중요한 정보를 제공해 주고 있다. 만약 하늘에서 안드로메다 은하의 위치를 정확하게 가늠할 수만 있다면 눈이 좋은 관측자는 맑은 날 저녁 도시의 불빛으로부터 멀리 떨어진 곳에서 맨눈으로 안드로메다 은하의 희미한 윤곽을 찾아낼 수 있을 것이다. (안드로메다 은하는 가을철 별자리인 안드로메다자리에 있다. 가을철 대표적인 별자리인 페가수스자리의 큰 사각형의 왼쪽 위에 있는 별로부터 안드로메다자리의 별들이 서쪽으로 거의 같은 간격으로 늘어서 있는데, 그중 두 번째 별 위쪽에 있는 별 옆을 잘 관찰하면 달이 없고 맑은 날에는 맨눈으로도 안드로메다 은하의 희미한 모습을 찾아낼 수 있다. ─옮긴이) 안드로메다 은하는 맨눈으로 관측 가능한 가장 먼 천체이다. 우리가 현재 관측하고 있는 안드로메다 은하의 별빛은 우리 조상이 아프리카의 골짜기에서 사냥감과 딸기를 찾아 헤매던 시기에 이 은하를 떠난 빛이다.

우리 은하와 마찬가지로 안드로메다 은하도 나선 팔이 아주 가까이 붙어 있지도, 멀리 떨어져 있지도 않기 때문에 허블의 소리굽쇠 다이어그램 한쪽 가지의 중간쯤에 위치한다. 만약 은하가 동물원의 동물들이라면 온순한 타원 은하를 위해서는 하나의 우리만 준비하면 될 것이다. 그러나 나선 은하라는 야수들을 위해서는 여러 개의 우리를 만들어야 할 것이다. 1000만~2000만 광년의 비교적 가까운 거리에서 허블 망원경으로 관측할 수 있는 전형적인 나선 은하들 중 하나를 관측하는 것은 모든 가능성이 있는 세계로 들어간다는 것을 의미한다. 나선 은하의 세계에서는 지구에서 일어나고 일들과는 비교도 할 수 없는 복잡한 일들이 일어나기 때문에 마음의 준비를 하지 않은 사람들은 현기증을 느낄 것이다. 아니면 야수들이 뼈를 부러트리거나 다리를 물지 않도록 하기 위해 주인을 불러내야 할 것이다.

전체 은하의 약 10퍼센트를 차지하는 은하 그룹의 고아, 부정형 은하는 타원 은하보다는 나선 은하에 가깝다. 타원 은하와 달리 부정형 은하는 전형적인 나선 은하보다도 더 많은 먼지와 기체를 포함하고 있어 별들이 형성되는 역동적인 장소를 제공하고 있다. 우리 은하는 2개의 위성 은하를 가지고 있는데 이들은 모두 부정형 은하이다. 1520년에 세계 일주 항해를 하던 마젤란이 처음 발견했을 때, 이 두 은하는 작은 구름 소삭처럼 보였기 때문에 마젤란 성운이라는, 혼동을 주는 이름을 가지게 되었다. 마젤란 성운은 지구 남극의 연장선이 천구와 만나는 지점,

즉 천구의 남극 가까이에 위치해 있어 유럽과 미국을 포함해 많은 인구가 분포되어 있는 북반구의 지평선 위로 올라오는 일이 없다. 그래서 세계 일주 항해를 하던 마젤란이 이들을 발견한 첫 번째 백인이 되었기에 그의 이름이 붙은 것이다. 우리 은하처럼 수천억 개의 별을 포함하는 큰 은하와 달리 마젤란 은하들은 수십 억 개의 별들을 포함하는 작은 은하이다. 하지만 두 은하 중 하나인 대마젤란 은하는 타란툴라 성운과 같이 대규모로 별이 탄생하는 지역도 가지고 있다. 이 은하는 지난 300년 동안 가장 가까이에서, 그리고 가장 밝게 관측된 초신성인 초신성 SN 1987A를 보여 주어 더 유명해졌다. 1987년에 지구에서 관측된 초신성 SN 1987A는 실제로는 기원전 16만 년쯤에 폭발한 초신성이다.

1960년대까지는 거의 모든 은하를 나선 은하, 타원 은하, 막대 나선 은하, 그리고 부정형 은하로 분류하고 만족했다. 은하의 99퍼센트가 이 중 하나의 유형에 해당하므로 그럴 만도 했다. 형태를 정하기 어려운 은하를 싸잡아 '부정형 은하'라고 분류했으니 이런 결과는 당연했다. 그러나 미국의 천문학자 할톤 크리스천 아프(Halton Christian Arp, 1927~2013년)가 은하들을 허블의 소리굽쇠 다이어그램에 속한 은하들과 부정형 은하들로 구분하는 것이 옳지 않다는 것을 밝혀냈다. "힘들고 지친 자들아, 너희들의 무거운 짐을 내게 달라." 하는 심정으로 아프는 미국 캘리포니아 주 샌디에이고 시의 팔로마 산 천문대(Palomar Observatory)에 있는 구경 5미터의 헤일 망원경(Hale Telescope)을 이용해 가장 심하게 일그러져 보이는 338개의 은하 사진을 찍었다. 1966년에 출판된 아프의 『특이 은하 지도(Atals of Peculiar Galaxies)』는 우주에서 일어나는 일들이 얼마나 잘못될 수 있는지를 보여 주는 소중한 보물 상자가 되었다. '부정형 은하'라는 말로는 그 형태를 충분히 나타낼 수 없을 정도로 "특이한 은하"는 전체 은하 중의 극히 일부에 지나지 않지만 은하에서 어떤 일들이 일어날 수 있는지를 보여 주는 많은 정보를 담고 있다. 예를 들면 아프의 지도에서 당황스러울 정도로 특이한 모양을 하고 있는 은하가 있었는데, 한때는 2개의 은하였으나 충돌해 하나로 합쳐지고 있는 과정에 있는 은하였다. 이러한 '특이 은하'는 부서진 차가 새로운 종류의 자동차가 아니듯이 실제로는 전혀 새로운 종류의 은하가 아니었다.

+ + +

은하의 충돌 과정에서는 두 은하 내 모든 별들이 두 은하 내 다른 모든 별들에게 중력을 가하기 때문에 연필과 종이만을 이용해서는 충돌이 어떻게 진행되는지 알아낼 수 없다. 이 일을 하기 위해서는 고성능 컴퓨터가 필수적이다. 은하의 충돌은 시작부터 끝까지 수억 년이 걸리는 대규모 드라마이다. 컴퓨터 시뮬레이션을 이용하면 두 은하의 충돌을 아무 때나 시작하고 원하면 아무 때나 멈출 수 있으며, 1000만 년, 5000만 년, 그리고 1억 년이 되는 시점의 사진을 찍을 수도 있다. 그때마다 모든 것이 달라 보인다. 그리고 아프의 지도로 걸어 들어가 보면 그곳에서는 충돌의 초기 단계와 후기 단계에 있는 은하들을 모두 발견할 수 있다. 여기서는 번쩍이는 타격이 일어나고 있으며, 저기서는 정면 충돌이 일어나고 있다.

1940년대에 스웨덴의 천문학자 에리크 베르틸 홀름베리(Erik Bertil Holmberg, 1908~2000년)가 책상 위에서 중력 대신 빛을 이용해 은하의 충돌을 만들어 내려고 노력하기도 했고, 1960년대 초에는 최초로 컴퓨터 시뮬레이션을 이용해 은하의 충돌을 다루었다. 그러나 1972년이 되어서야 매사추세츠 공과 대학(Massachusetts Institute of Technology, MIT)의 교수였던 알라르 툼레(Alar Toomre, 1937년~)와 유리 툼레(Juri Toomre, 1940년~) 형제가 최초로 "의도적으로 단순화한" 두 나선 은하의 충돌 모형을 만들었다. 툼레의 모형을 이용하면 주기적으로 변동하는 중력이 은하를 찢어 놓을 수 있다는 것을 알 수 있다. 한 은하가 다른 은하에 가까이 가면 충돌하는 부분의 중력이 급속히 증가해 두 은하가 서로 통과하는 동안 서로를 잡아당기고 휘어 놓는다. 그러한 잡아당김과 휘어짐이 아프의 『특이 은하 지도』에 나타나는 특이성의 원인이었다.

그 외 컴퓨터 시뮬레이션을 이용해 은하에 대해 무엇을 알아냈을까? 허블의 소리굽쇠 다이어그램에서는 "보통" 나선 은하와 중심부에 막대 모양의 고밀도 지역을 가지고 있는 막대 나선 은하를 구별했다. 그러나 컴퓨터 시뮬레이션은 막대 나선 은하의 막대 부분이 다른 종류의 은하를 나타내는 것이 아니라 변환 과정을 나타낼 뿐이라는 것을 알려주었다. 현재 막대 나선 은하를 관측하는 사람들은 1억 년 후에는 사라져 보이지 않게 될 중간 과정을 보고 있는 것이다. 그러나 우리가 직접 막대 나선 은하의 막대가 사라지는 것을 관찰하기에는 우리의 수명이 너무 짧기 때문에 수십억 년을 몇 분으로 압축할 수 있는 컴퓨터 시뮬레이션을 통해 막대가 나타나고 사라지는 모습을 볼 수밖에 없다.

+++

1960년대에 아프가 발견한 특이 은하들은 수십 년이 지나서야 천문학자들이 겨우 이해할 수 있었다. 정확하게는 은하라고도 할 수 없는 이상한 세계의 일부분이라는 것을 알게 되었다. 은하 동물원을 제대로 이해하기 위해서는 잠시 떠나 있던 우주의 진화 과정으로 돌아가야 한다. 은하가 어떻게 태어나는지를 이해하고, 거대 나선 은하의 중심으로부터 3만 광년, 가장자리로부터 2만 광년 떨어진 평온한 공간에 우리가 존재하게 된 것이 얼마나 큰 행운인지를 따져 보기 위해서는 정상적인 은하, 거의 정상적인 은하, 부정형 은하, 그리고 깜짝 놀랄 정도로 새로운 은하의 기원을 살펴볼 필요가 있다. 나선 은하 내 물질을 지배하는 물리 법칙에 따라 태양은 나중에 별을 형성하게 될 기체 구름과 함께 은하 중심을 거의 원에 가까운 궤도를 따라 2억 4000만 년을 주기로 돌고 있다. 태양이 은하 중심을 한 바퀴 도는 데 걸리는 시간인 2억 4000만 년을 우주년(cosmic year)이라고 부른다. 태양은 태어난 후 지금까지 20바퀴 정도 돈 셈이고 일생을 마치기 전까지 앞으로도 20바퀴는 더 돌 것이다. 그동안 우리는 은하가 어디에서 어떻게 시작되었는지 알아보기로 하자.

1 얼룩덜룩하게 보이는 이 지도는 미국 항공 우주국(NASA)의 윌킨슨 마이크로파 비등방성 탐사 위성(WMAP)이 작성한 우주 배경 복사 지도이다. 온도가 약간 높은 지역은 붉은색으로, 온도가 약간 낮은 지역은 푸른색으로 나타냈다. 이러한 온도 차이는 초기 우주에서의 밀도 변화를 나타낸다. 이 우주 초기의 지도에서 물질의 밀도가 조금 높았던 부분은 후에 초은하단이 되었다.

2 2004년에 허블 우주 망원경이 찍은 울트라 딥 필드(Ultra Deep Field), 즉 초심우주 사진에는 이전에 관측하지 못했던 희미한 천체들이 나타나 있다. 이 사진에 나타난 작고 희미한 천체들은 모두 우리로부터 20억~100억 광년 떨어져 있는 은하들이다. 이런 은하들에서 오는 빛은 우리에게 도달할 때까지 수십억 년을 여행해야 했기 때문에 이들의 모습들은 은하 형성 초기부터 여러 단계의 모습들을 보여 준다.

3 천문학자들이 A2218이라고 부르는 거대한 이 은하단은 우리 은하로부터 약 30억 광년 떨어져 있다. 이 은하단의 뒤쪽 더 먼 곳에는 또 다른 은하들이 있다. 뒤쪽 은하에서 오는 빛은 A2218 은하단의 거대 은하들과, 이들이 포함하고 있는 암흑 물질의 중력으로 인해 휘어져 진행하게 된다. 허블 우주 망원경이 찍은 이 사진에는 뒤쪽 은하에서 오는 빛이 이 은하단의 중력으로 인해 휘어져 길고 가는 호(弧) 모양으로 나타나 있다.

4 우리로부터 20억 광년 떨어져 있는 또 다른 거대 은하단인 A1689도 뒤에 있는 은하에서 오는 빛을 휘게 해 작고 밝은 호를 만들고 있다. 허블 우주 망원경이 찍은 이 사진에 나타난 호를 자세히 관측하면 은하 질량의 대부분이 우리가 관측할 수 있는 보통 물질이 아니라 암흑 물질이라는 것을 알 수 있다.

5 우리 은하로부터 약 100억 광년 떨어진 곳에 있는 PKS 1127-145 퀘이사. 허블 우주 망원경이 가시광선으로 찍은 위쪽 사진에는 퀘이사가 왼쪽 아래에 밝은 점으로 나타나 있다. 이 천체의 중심 부분을 차지하는 퀘이사는 초거대 블랙홀로 빨려 들어가는 가열된 물질이 내는 엄청난 에너지 때문에 밝게 보인다. 아래쪽 사진은 찬드라 관측 위성이 엑스선을 이용해 같은 지역을 찍은 것이다. 엑스선을 내는 물질의 빠른 흐름이 퀘이사로부터 100만 광년 이상 뻗어 있는 것이 보인다.

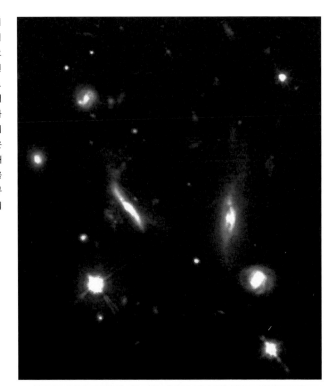

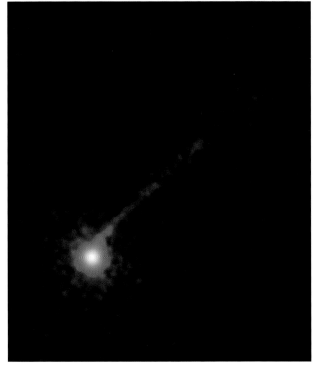

6 머리털자리 은하단을 찍은 이 사진에 나타난 모든 점들은 1000억 개 이상의 별을 포함하고 있는 은하들이다. 우리 은하로 부터 3억 2500만 광년 떨어져 있는 이 은하단은 지름이 수백만 광년이나 되며 수천 개의 은하를 포함하고 있다. 이 은하들은 중력이 안무한 발레를 추면서 서로가 서로를 돌고 있다.

7   우리 은하로부터 약 6000만 광년 떨어져 있는 처녀자리 은하단의 중심부에는 왼쪽 위와 오른쪽 위에 보이는 거대한 타원
은하를 포함해 여러 가지 형태의 은하들이 수십 개 포함되어 있다. 미국 하와이 주에 있는 마우나 케아 천문대(Mauna Kea
Observatories)에 있는 캐나다-프랑스-하와이 망원경(Canada France Hawaii Telescope, CFHT)으로 찍은 이 사진에
는 여러 개의 나선 은하들이 보이고 있다. 처녀자리 은하단은 우리 은하로부터 비교적 가까운 거리 때문에 중력으로 우리
은하의 운동에 영향을 미치고 있다. 우리 은하와 처녀자리 은하단은 모두 처녀자리 초은하단의 일부이다.

8 할톤 아프의 『특이 은하 지도』에 Arp 295라는 목록 번호로 등재되어 있는 이 두 은하는 별과 기체로 이루어진 25만 광년이나 되는 긴 꼬리로 연결되어 상호 작용하고 있다. 우리 은하로부터 약 27만 광년 떨어져 있다.

9 칠레에 있는 유럽 남천문대(European Southern Observatory in the Southern Hemisphere, ESO)의 초거대 망원경(Very Large Telescope, VLT)으로 찍은 이 사진에는 우리 은하와 닮은 거대 나선 은하가 잘 나타나 있다. 우리에게 정면을 보여 주고 있는 이 은하는 우리 은하로부터 약 1억 광년 떨어져 있는 NGC 1232은하이다. 이 은하의 중심부에는 노란색으로 빛 나는 오래된 별들이 많이 분포되어 있고, 나선 팔에는 온도가 높고 젊은 별들이 많이 분포되어 있다. 천체 물리학자들은 나선 팔에서 많은 양의 성간 먼지 입자들을 발견했다. 사진의 왼쪽 아래에 보이는 작은 은하는 이 은하의 동반 은하로 은하 면이 막대 모양인 막대 나선 은하이다.

10　약 1억 광년 떨어져 있는 나선 은하인 NGC 3370은 모양과 크기, 그리고 질량이 우리 은하와 매우 비슷하다. 허블 우주 망원경이 찍은 이 사진에는 밝고 온도가 높은 젊은 별들이 분포되어 있는 나선 팔의 복잡한 구조가 잘 나타나 있다. 이 은하의 지름은 약 10만 광년이다.

11 1994년 천문학자들은 우리 은하로부터 6000만 광년 떨어져 있는 처녀자리 은하단에 있는 NGC 4526 은하에서 초신성 1994D를 발견했다. 허블 우주 망원경이 찍은 이 사진에는 초신성이 빛을 흡수하는 먼지로 이루어진 은하면 왼쪽 아래에 밝은 점으로 나타나 있다. 초신성 1994D는 우주의 팽창이 가속되고 있다는 것을 발견하는 데 사용된 Ia형 초신성이다. 초신성은 별 내부에서 만들어진 생명체에 필요한 화학 물질을 우주 공간에 흩어놓는 역할도 한다.

12 약 2500만 광년 떨어진 곳에 있는 NGC 4631 나선 은하는 그 측면만 볼 수 있도록 놓여 있다. 은하면에 분포한 먼지가 은
하의 별들에서 오는 빛을 차단하고 있어 나선 팔을 볼 수는 없다. 가운데 왼쪽에 보이는 밝은 부분은 별들이 태어나고 있는
지역으로 보인다. NGC 4631 은하의 위쪽에는 이 은하의 위성 은하인 작은 타원 은하가 보인다.

13 약 700만 광년 떨어져 있는 이 작은 부정형 은하는 2500만 년 전에 대규모로 별이 형성되기 시작했고, 아직도 별의 형성
   이 진행 중이다. 이 은하에서 나오는 빛의 대부분은 별이 형성되는 지역에서 나오는 빛이다. 허블 우주 망원경이 찍은 이
   사진의 가운데 왼쪽에는 2개의 커다란 성단이 보인다.

14 우라 은하로부터 약 240만 광년 떨어져 있는 우리의 이웃 은하인 안드로메다 은하는 보름달보다 몇 배 더 크게 보인다. 아
    마추어 천문학자인 로버트 젠더(Robert Gender)가 찍은 이 사진의 중심 왼쪽 아래에는 이 은하의 두 위성 은하 중 하나가
    보인다. 더 희미하게 보이는 또 다른 위성 은하는 오른쪽 위에 있다. 사진에 밝게 보이는 별들은 안드로메다 은하와는 비교
    도 할 수 없을 정도로 가까운 곳에 있는 우리 은하의 별들이다.

15 M33은 안드로메다 은하와 거의 같은 거리(240만 광년)에 있는 작은 나선 은하이다. 허블 우주 망원경이 찍은 이 사진에
    는 M33 은하의 거대한 별 형성 지역이 나타나 있다. 이 지역에서 가장 밝은 별들은 이미 초신성으로 폭발해 주변에 원자
    량이 큰 원소들을 흩어놓았고, 질량이 큰 다른 별들은 강한 자외선을 내 주변에 있는 성간우이 빛나도록 하고 있다.

16 우리 은하는 대마젤란 은하, 소마젤란 은하라고 부르는 2개의 부정형 위성 은하를 가지고 있다. 대마젤란 은하를 찍은 이
　　사진에는 왼쪽에 별들이 분포되어 있는 막대 모양의 지역이 보이고 오른쪽에는 별이 형성되고 있는 지역이 많이 보인다.
　　사진의 오른쪽 가운데 부분에 보이는 밝게 보이는 타란툴라 성운(Tarantula nebula)은 이 은하에서 가장 큰 별 형성 지역
　　이다.

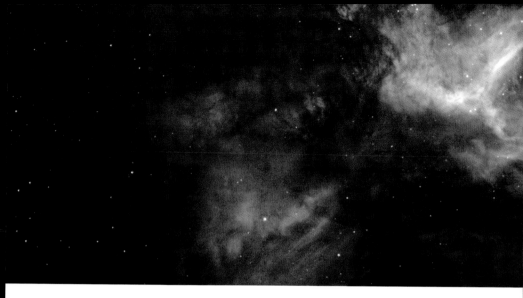

17 허블 우주 망원경이 찍은 이 사진에는 대마젤란 은하에 있는 별 형성 지역으로 나비 모양을 하고 있어 파피용성운 (Papillon nebula)이라고 불리는 성간운이 붉은색으로 보이고 있다. 이 성운이 붉은색으로 보이는 것은 젊은 별들이 내는 빛이 성운을 비추어 수소 원자들을 들뜨게 하고, 들뜬 수소 원자가 특성 스펙트럼인 붉은빛을 내기 때문이다.

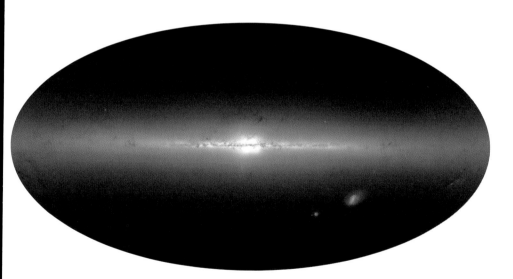

18 적외선을 이용해 관측한 이 하늘 사진을 보면 우리가 나선 은하의 납작한 원반 위에 살고 있다는 것을 알 수 있다. 은하의 중심 부분이 왼쪽에서 오른쪽으로 길게 나타나 있다. 멀리 있는 다른 은하에서의 마찬가지로 먼지 입자들이 이 부분에서 나오는 빛의 일부를 흡수하고 있다. 은하면의 아래쪽에는 우리 은하의 두 위성 은하인 대마젤란 은하와 소마젤란 은하가 보인다.

19 태양계에서 약 3만 광년 떨어져 있는 우리 은하의 중심 부분에서는 많은 먼지 구름이 빛을 차단하기 때문에 가시광선으로는 관측이 어렵다. 그러나 먼지 입자들을 잘 통과하는 적외선을 이용하면 더 나은 사진을 찍을 수 있다. 2 MASS(Two Micron All Sky Survey) 프로젝트에서 적외선으로 우리 은하의 은하핵 부분을 찍은 이 사진의 가운데 밝게 보이는 부분에는 거대한 블랙홀이 있어 주변에 있는 물질을 삼키고 있을 것으로 보인다.

20 우리 태양계로부터 약 7,000광년 떨어진 곳에 있는 게 성운(Crab nebula)은 1054년 7월 4일 관측된 초신성의 잔해이다. 미국 하와이 주의 마우나 케아 천문대의 캐나다-프랑스-하와이 망원경이 찍은 이 사진에 보이는 붉은색 선들은 폭발의 중심으로부터 멀리 팽창한 수소 기체가 내는 빛이다. 흰색으로 밝게 빛나는 부분에서는 전자들이 강한 자기장 속에서 광속에 가까운 속력으로 달리면서 빛을 내고 있다. 이와 같은 초신성 잔해는 우주 공간에 여러 가지 물질을 흩어 놓는다. 이 먼지 구름 속에서는 탄소, 질소, 산소, 철과 같은 무거운 원소들을 많이 포함하는 새로운 별이 탄생할 것이다.

8장

구조의 기원

140억 년의 시간을 거슬러 올라가 우주에 있는 물질의 역사를 살펴보다 보면 설명을 필요로 하는 하나의 경향을 발견할 수 있다. 전 우주 역사를 통해 물질은 스스로 구조를 형성하려는 경향을 계속 보여 주고 있다. 우주 초기에 있었던 빅뱅 직후 거의 완전히 매끄러운 분포로부터 물질은 다양한 크기의 덩어리로 뭉쳐졌다. 이 물질 덩어리들은 은하단이나 초은하단 같은 거대한 구조에서부터 은하단을 이루고 있는 은하들, 수천억 개가 모여 은하를 이루는 별들, 그리고 별들을 돌고 있는 행성들, 위성들, 소행성들, 혜성들 같은 모든 크기의 천체들을 만들었다.

현재 우리 눈에 보이는 우주를 구성하고 있는 천체들의 기원을 이해하기 위해서 우리는 처음에는 엷게 퍼져 있던 물질이 고도의 구조를 가진 물체로 변화한 과정에 초점을 맞추어야 한다. 우주에서 구조가 어떻게 나타나는지를 완전하게 설명하기 위해서는 잘 결합될 '것 같지 않은 실재의 두 가지 양상을 하나로 결합하는 것이 필요하다. 앞 장에서 살펴보았듯이 우주에서 일어나고 있는 일들을 이해하기 위해서는 분자, 원자와 이들을 구성하고 있는 입자들의 행동을 기술하는 양자 물리학과, 아주 큰 물체와 공간이 서로 어떻게 영향을 주는지를 설명하는 일반 상대성 이론을 연결하는 방법을 알아야 한다.

원자보다 작은 세계와 천문학적으로 큰 세계에 대한 지식을 통합해 하나의 이론을 만들어 내는 일을 시작한 사람은 아인슈타인이었다. 성공을 거두지 못하고 있는 가운데서도 그런 노력은 현재까지 계속되고 있다. 그리고 '대통일 이론'이 그 모습을 드러낼 때까지 앞으로도 불확실한 시기를 견뎌 내야 할 것이다. 현대 우주학자들을 괴롭히는 문제들 중 가장 어려운 문제는 양자 역학과 일반 상대성 이론을 성공적으로 통합하는 문제이다. 그럼에도 불구하고 서로 융화될 것 같지 않은 물리학의 두 이론은 우리의 무지를 조금도 개의치 않고 자신들을 통합해 이해하려는 우리를 비웃기라도 하듯이 각자의 영역에서 대단한 성공을 거두고 있다. 1조 개의 별들로 이루어진 은하가 별들 사이 공간에서 기체 구름을 이루는 원자나 분자를 다루는 물리학에 관심을 두지 않는 것은 당연한 일일 것이다. 은하보다 훨씬 더 큰 물질 덩어리로, 수백, 수천 개의 은하를 포함하고 있는 은하단이나 초은하단 역시 이런 물리학에 관심이 없을 것이다. 그러나 우주를 이루고 있는 이런 큰 구조들도 우주 초기에 있었던 측정할 수 없을 정도로 작은 양자 요동 덕분에 존재할 수 있었다. 이런 구조가 어떻게 생겨났는지를 이해하기 위해서는 구조의 기원에 대한 열쇠를 쥐고 있는 양자 물리학이 지배하는 작은 세계로 들어가야 한다. 그리고 너무 커서 양자 물리학이 아무런 역할을 할 수 없는, 일반 상대성 이론이 지배하는 세상까지 나아가야 한다.

그래서 결국에는 빅뱅 직후 어떤 구조도 없었던 우주로부터 현재 우리가 보고 있는 여러 가지 구조로 가득한 우주가 만들어지는 과정을 설명할 수 있어야 한다. 구조의 기원을 설명하는 이론은 현재의 우주가 어떻게 만들어졌는지를 설명할 수 있어야 한다. 천문학자와 우주학자는 수많은 시행착오를 거친 끝에 이제 올바르게 우주를 이해하는 밝은 빛 속으로 걸어가게 되었다.

현대 우주학에서는 우주가 균일성과 등방성을 가지고 있다고 가정하고 있다. 균일한 우주는 마치 잘 섞인 컵 속의 우유처럼 어떤 지점도 다른 지점과 똑같아 보이는 우주이다. 등방성이 있는 우주는 시공간의 어떤 점에서 어느 방향으로 보아도 똑같은 모습의 우주가 보이는 우주이다. 균일성과 등방성은 같은 것처럼 보이지만 그렇지 않다. 예를 들어 지구의 경위선은 어떤 지역에서는 멀리 떨어져 있고 어떤 지역에서는 가까이에 있기 때문에 균일하지 않다. 그러나 모든 경위선이 모이는 남극과 북극에서 경위선은 등방성을 가지고 있다. 만약 우리가 세상의 위나 아래에 서 있다면 머리를 왼쪽이나 오른쪽으로 얼마를 돌리더라도 같은 모양으로 배열된 경위선을 볼 수 있을 것이다. (세상의 위는 북극점을, 아래는 남극점을 가리킨다. ─옮긴이) 만약 우리가 완전한 원뿔 모양의 산 위에 서 있고 이 산이 세상의 유일한 산이라고 가정해 보자. 그러면 산 위에서 보는 지구 표면의 모습은 어느 방향으로 보나 모두 같을 것이다. 만약 우리가 과녁의 한복판에 살고 있거나 완벽하게 짠 거미줄 한가운데 살고 있는 거미라고 가정해도 같은 것을 경험할 것이다. 이런 경우 우리는 등방성을 가지고 있다고 말한다. 그러나 균일하지는 않다.

똑같은 직사각형 벽돌로 겹쳐 쌓은 벽에서는 균일하기는 하지만 비등방적인 형태가 나타난다. 여러 개의 벽돌을 하나로 보는 정도의 큰 규모에서 보면 이 벽은 어디나 똑같아 보인다. 따라서 균일하다고 할 수 있다. 그러나 벽 위에 선을 그어 보면, 방향에 따라 벽돌 사이의 선을 끊으면서 지나가는 방법이 다를 것이기 때문에 이 벽은 등방성을 가지고 있다고 할 수 없다.

흥미로운 수학적 분석에 따르면 등방성을 가질 때에만 균일성을 가질 수 있다. 또 다른 수학 정리 중에는 만약 공간이 3개의 다른 점에서 등방성을 가진다면 모든 다른 점에서도 등방성을 가진다는 것을 보여 주는 것도 있다. 그러나 사람들 중에는 수학이 흥미 없고 생산성이 없다고 생각해 멀리하려는 사람들도 있다.

우주학자들이 심미적인 동기에서 공간의 물질 분포가 균일성과 등방성을 가지고 있다고 가정하기 시작했지만, 그들은 곧 이것이 우주의 기본 원리가 되기에 충분한 가정이라고 믿게 되었다. 우리는 이것을 범용원리(principle of mediocrity)라고 부를 수 있다. 왜 우주의 한 곳이 다른 곳보다 더 흥미로워야 하는가? 작은 규모에서는 이런 주장이 사실이 아니라는 것을 쉽게 증명할 수 있다. 우리는 밀도가 1세제곱센티미터당 5.5그램에 가까운 고체 행성 위에 살고 있다. 보통 별인 우리 태양의 밀도는 1세제곱센티미터당 1.4그램이다. 태양과 지구 사이의 행성간 공간의 밀도는 아주 작아 지구나 태양 밀도를 10조로 나눈 다음 그 값을 다시 10억으로 나눈 정도이다. 우주 공간의 대부분을 차지하고 있는 은하간 공간은 10세제곱센티미터의 부피 속에 하나의 원자가 들어 있는 밀도보다 낮은 밀도를 가지고 있다. 은하간 공간의 평균 밀도는 행성간 공간의 밀도의 10억분의 1밖에 안 되어 복잡한 곳을 싫어하는 사람들이 기분 좋아할 만하다.

천체 물리학자들이 자신들의 지평선을 확장함에 따라 수많은 별들로 이루어진 은하들이 공간을 떠도는 모습을 보게 될 것이다. 은하들 역시 은하단과 같은 그룹을 형성하고 있기 때문에 균일성과 등방성의 가정에 맞지 않는다. 그러나 희망은 아직 남아 있다. 관측 가능한 물질을 가장 큰 규모에서 보면 은하단들의 분포가 균일성과 등방성을 가지고 있음을 알 수 있다. 공간의 특정한 부분에 균일성과 등방성이 존재하기 위해서는 이 공간이 충분히 커서 어떤 구조가 이 공간에서 큰 의미를 갖지 않아야 한다. 균일성과 등방성의 조건은 만약 어떤 지역에서 일정한 크기의 표본을 취했을 때 이 표본의 모든 성질들이 다른 곳에서 떼어 낸 같은 크기의 표본과 똑같은 성질을 가져야 한다는 것이다. 우주의 왼쪽 절반의 성질이 오른쪽 절반의 성질과 다르다면 얼마나 당황스러울 것인가?

그렇다면 균일성과 등방성을 알아보기 위해서는 얼마나 큰 표본을 살펴보아야 할까? 지구의 지름은 0.04광초이다. 해왕성의 궤도 지름은 8광시간이다. (빛이 1초 동안 가는 거리를 광초, 1분 동안 가는 거리를 광분, 1시간 동안 가는 거리를 광시간이라 한다. ─옮긴이) 우리 은하의 별들은 지름이 10만 광년 정도 되는 납작한 원반 모양으로 분포해 있다. 그리고 우리 은하가 속해 있는 처녀자리 초은하단은 6000만 광년이나 되는 공간에 펼쳐져 있다. 따라서 균일성과 등방성의 성질을 가지고 있는 공간은 처녀자리 초은하단의 크기보다 커야 한다. 천체 물리학자들이 공간의 은하 분포를 조사한 바에 따르면 1억 광년이 넘는 크기에서도 우주에는 서로 교차하는 평면과 선을 이루고 있는 은하들로 둘러싸인 비교적 텅 비어 있는 부분을 많이 발견할 수 있다. 이런 크기에서도 은하의 분포는 균일한 모양의 개미집보다는 구멍이 숭숭 뚫린 수세미를 닮았다.

그러나 천체 물리학자들은 이것보다도 더 큰 지도를 그려 내서 자신들이 보물로 생각하는 균일성과 등방성을 마침내 찾아냈다. 3억 광년 정도의 크기를 가지는 공간은 균일성과 등방성의 조건을 만족시킬 정도로 같은 크기의 다른 부분과 닮아 있는 것으로 알려졌다. 그러나 이것보다 작은 규모에서는 다양한 크기의 구조를 포함하고 있어 불균일하며 비등방적이다.

300년 전에 아이작 뉴턴은 물질이 어떻게 구조를 형성해 가는가 하는 문제에 몰두했다. 그는 균일하고 등방적인 우주라는 개념을 생각해 냈지만 곧 그러한 균일성과 등방성이 우리에게는 적용되지 않는다는 것을 알아차렸다. 우주의 모든 물질이 하나로 뭉쳐 커다란 하나의 물질 덩어리를 만들도록 하지 않으면서 어떻게 다양한 형태의 구조가 만들어졌을까? 뉴턴은 우주에서 그런 큰 질량 덩어리를 우리가 관찰할 수 없는 것은 우주가 무한하기 때문이라고 생각했다. 1692년에 뉴턴은 케임브리지 대학교 트리니티 칼리지(Trinity College)의 학장이었던 리처드 벤틀리(Richard Bentley, 1662~1742년)에게 다음과 같은 편지를 썼다.

> 만약 모든 물질이 하늘에 골고루 퍼져 있고, 모든 입자들이 모든 다른 입자들로부터 중력을 받고 있다면 유한한 우주의 바깥쪽에 있는 물질은 안쪽으로 힘을 받게 되므로 결국 우주의 중심으로 떨어져 커다란 공 모양의 물질 덩어리를 만들 것입니다. 그러나 물질이 무한하게 큰 우주에 골고루 분포해 있다면 하나의 질량으로 뭉치지 않을 것입니다. 그러나 일부 물질은 하나의 덩어리로 뭉치고 또 다른 물질은 다른 덩어리로 뭉쳐 무한한 우주에 널리 퍼져 있는 수많은 질량 덩어리들을 만들 수 있을 것입니다.

뉴턴은 무한한 우주가 팽창하거나 수축하지 않는 정지 상태의 우주라고 생각했다. 이 우주 안에서 질량을 가진 모든 물체 사이에 작용하는 힘인 중력에 의해 천체들이 형성된다. 구조를 만드는 데 중력이 중심 역할을 한다는 뉴턴의 결론은 뉴턴보다 훨씬 더 어려운 문제를 다루어야 하는 현대 천문학자들에게도 유효하다. 현대 천문학자들은 정지 상태의 우주가 주는 이점을 즐기기보다는 물질이 한곳으로 모여 큰 덩어리를 가지는 것과는 반대로 최초의 빅뱅 이후 우주가 계속 팽창하고 있다는 것을 사실로 받아들여야 했다. 현대 천문학자들에게 우주가 한곳으로 뭉치는 대신 팽창하고 있다는 사실은 다루기 어려운 문제였다. 그러나 문제를 더 어렵게 만든 것은 구조가 형성되기 시작하던 시기인 빅뱅 직후에는 우주가 더 빠르게 팽창했다는 사실이다. 처음에는 마당에서 삽으로 빈대를 옮기는 것보다 널리 퍼져 있는 물질이 모여 커다란 물체를 형성하는 것을 중력 이론을 이용해 설명하는 것이 더 어려울 것 같아 보였다. 그러나 과학자들은 그 문제를 해결해 냈다.

우주 초기에 우주가 매우 빠르게 팽창해서 모든 규모에서 우주가 균일하고 등방적이었다면 중력은 아무런 성공도 거두지 못했을 것이다. 그렇게 되었다면 현재의 우주는 은하도, 별도, 행성도, 사람도, 그리고 존경을 받을 대상도, 존경하는 사람도 없는 공간에 원자들이 골고루 흩어져 있는 재미없는 우주가 되었을 것이다. 그러나 우주가 시작되고 모든 물질과 에너지의 집중을 일으키는 원인을 제공한 불균일성과 비등방성이 도입되었기 때문에 우리 우주는 흥미로운 일들이 계속 벌어지는 재미난 세상이 될 수 있었다. 이러한 시작이 없었다면 빠르게 팽창하는 우주는 중력이 물질을 모아 오늘날 우리가 관측할 수 있는 천체들을 만들지 못하도록 방해했을 것이다.

무엇이 우주의 모든 구조의 씨앗이 되는 불균일성과 비등방성을 야기한 이런 차이를 만들었을까? 그 해답은 뉴턴으로서는 상상도 하지 못했던, 그러나 우리가 어디에서 왔는지를 이해하기 위해서는 피해 갈 수 없는 양자 역학으로부터 얻을 수 있다. 양자 역학은 가장 작은 규모의 차원에서는 어떤 물질 분포도 균일하거나 등방적일 수 없다는 사실을 말해 준다. 그 대신 물질이 사라지고 다시 태어나는 것을 반복하는 동안 물질 분포의 임의적인 파동이 다른 크기로 나타났다가 사라지고 다시 나타난다. 어떤 특정한 시간에 어떤 공간에는 다른 공간보다 조금 더 많은 입자가 존재해 밀도가 조금 더 높아진다. 쉽게 이해할 수 없는 요정의 마술 같은 이런 환상으로부터 우리는 현재 우주에 존재하는 모든 것을 끌어낼 수 있다. 밀도가 약간 높아진 지역은 중력으로 조금 더 많은 질량을 끌어 모을 수 있었고, 우주가 커지자 밀도가 높은 이런 지역이 은하나 은하단과 같은 커다란 구조로 발전하게 되었다.

빅뱅 직후부터 구조가 발전해 가는 것을 추적하다 보면 우리는 이미 앞에서 언급했던 2번의 중요한 시기를 만나게 된다. 하나는 우주가 놀라울 정도로 빠르게 팽창했던 '급팽창 시기'이고 다른 하나는 우주 배경 복사가 물질과의 상호 작용을 중지하게 되는, 우주 나이 38만 년에 있었던 '분리의 시기(time of decoupling)'이다.

급팽창 시기는 빅뱅 후 10^{-37}초부터 10^{-33}초까지 계속되었다. 이 짧은 순간에 시공간은 빛보다도 빠른 속도로 팽창했다. 10조분의 1초의 10조분의 1의 다시 10억분의 1이라는 짧은 시간에 우주가 양성자 크기의 10억분의 1의 1000억분의 1 크기에서 10센티미터 정도의 크기로 팽창한 것이다. 그렇다. 우리가 관측하고 있는 전 우주는 한때 자몽보다도 작았다. 그렇다면 무엇이 팽창을 일으켰는가? 우주학자들은 우주 배경 복사에 관측 가능한 특별한 흔적을 남긴 상전이를 범인으로 지목하고 있다.

상전이는 우주학에서만 등장하는 현상이 아니다. 상전이는 우리 가정에서도 자주 일어나는 일이다. 우리는 얼음을 만들기 위해 물을 얼리고 수증기를 만들기 위해 물을 끓인다. 설탕물 속에 줄을 넣으면 설탕 알갱이들이 매달려 자란다. 물기가 있어 끈적거리는 반죽을 구우면 빵이 된다. 이 모든 현상들에는 공통점이 있다. 모든 경우에 상전이 전후의 물질 모양이 전혀 다르다는 것이다. 급팽창 모형에서는 우주가 아마도 우주 초기에 여러 번 있었을 상전이 중 하나일지도 모르는 중요한 상전이를 경험했을 것이라고 주장한다. 이 특별한 상전이는 급속한 팽창을 야기했을 뿐만 아니라 높은 밀도와 낮은 밀도의 패턴이 반복되는 파동을 유발했다. 이러한 파동은 팽창하는 우주에 그대로 반영되어 어디에 은하가 탄생할지를 알려 주는 청사진이 되었다.

어떤 사실이 이러한 우리 주장을 지지해 주고 있을까? 근거를 찾는 최선의 방법은 천체 물리학자들이 우주가 시작한 후 0.000000000000 0000000000000000000000001초(10^{-36}초)가 지난 시점을 돌아보는 것이지만 그것은 가능하지 않기 때문에 차선책으로 초기 우주의 상태를 가정하고 이를 과학적 논리를 이용해 관측 가능한 우주와 연결하는 것이다. 급팽창 이론이 정확하다면 최초의 파동은 급팽창 시기에 생겨야 한다. 균일하고 등방적인 유체에 위치에 따른 작은 변화가 항상 일어날 수 있다는 것을 우리에게 알려 주는 양자 역학에 따라, 우주는 지역에 따라 물질과 에너지 밀도가 높거나 낮을 수 있는 가능성을 가지게 되었다. 우리는 장소에 따른 이런 변화의 증거를 우주 배경 복사에서 발견하기를 기대했다. 우주 배경 복사는 현재 우주와 초기 우주를 갈라놓는 경계선이기도 하고 연결 고리이기도 하다. 영국의 극 작가 윌리엄 슈벵크 길버트(William Schwenck Gilbert, 1836~1911년)와 아서 시모어 설리번(Arthur Seymour Sullivan, 1842~1900년)의 오페라 「미카도(The Mikado)」에서 자신의 선조를 "원시 원자 덩어리"까지 추적했던 주인공 푸바(Pooh-Bah)의 정신을 계승해, 우리도 우리의 기원과 우주 구조의 시작을 급팽창 시기에 있었던 원자보다 작은 양자 요동에서 찾을 수 있다.

우리가 이미 살펴보았듯이 우주 배경 복사는 빅뱅 이후 첫 몇 분 동안에 만들어진 광자들이다. 우주 역사의 초기에는 광자들이 물질과 상호 작용했다. 높은 에너지를 가지고 있는 광자는 새로 만들어진 원자와 충돌해 원자를 파괴했기 때문에 원자들은 오랫동안 존재할 수 없었다. 그러나 팽창하는 우주가 광자들의 에너지를 빼앗아 가 버려 분리의 시기에 이르러서는 마침내 광자들의 에너지는 전자들이 수소나 헬륨의 원자핵 주위를 도는 것을 막기에 충분하지 않은 수준이 되었다. 우주 나이가 38만 년이 되는 이 시기 이후 원자들은 그대로 살아남았고, 광자는 아주 낮은 에너지를 가지고 전체적으로 우주 배경 복사를 형성하면서 우주를 달리고 있다. 여기에도 예외는 있어 별 내부에서는 광자와 새로운 원자핵이 만들어지기도 하지만 그 수는 우주 전체에서 보면 무시할 정도로 적다.

따라서 우주 배경 복사는 분리의 시기의 우주가 어떠했는지를 보여 주는 스냅 사진으로 우주 역사의 현장을 우리에게 보여 주고 있다. 천체 물리학자들은 아주 정밀하게 이 스냅 사진을 조사하는 방법을 알아냈다. 첫 번째로 한 일은 우주 배경 복사가 존재한다는 간단한 사실을 알아낸 것이다. 이것은 우주에 대한 그들의 이해가 정확하다는 것을 나타내는 것이다. 그리고 우주 배경 복사를 측정하는 기술이 향상되자 기구나 위성에 탑재된 정밀 측정 장치를 이용해 우주 배경 복사의 작은 변화를 보여 주는 지도를 작성했다. 이러한 지도는 한때는 아주 작았던 파동이 급팽창 시기 이후 우주가 팽창함에 따라 수십만 년 동안 팽창했고, 그 후 수십억 년 동안 더 커져서 우주의 거대한 물질 분포로 바뀌어 가는 과정에 대한 기록을 제공하고 있다.

놀라운 일처럼 보이지만 우주 배경 복사는 모든 방향으로 140억 광년 떨어진 곳에서 오래전에 사라진 초기 우주가 남긴 흔적의 지도를 제공해 준다. 이 지도에서 다른 지점보다 약간 큰 밀도를 가지고 있는 지역은 은하단이나 초은하단이 될 지역이다. 밀도가 평균보다 약간 더 큰 지역은 그렇지 않은 지역보다 약간 더 많은 광자들을 남겼다. 광자들이 에너지를 잃어 새로 만들어진 원자들과 상호 작용할 수 없게 되자 우주가 투명해졌다. 우주가 투명해지자 광자들은 먼 여행을 떠나게 되었다. 우리 근처에 있던 광자들은 모든 방향으로 140억 년 광년이나 멀리 갔을 것이다. 이 광자들의 일부는 140억 광년 떨어져 있는 관측 가능한 우주 가장자리에 살고 있는 외계인에 의해 관측되고 있을지도 모른다. 그리고 그 외계인들이 있는 지점을 출발한 광자들은 이제 막 우리에게 도달해 구조가 겨우 생겨나기 시작하던 시기에 그 지역이 어떠했는지에 대한 정보를 우리에게 전해 주고 있다.

1965년에 최초로 우주 배경 복사를 발견한 이후 천체 물리학자들은 우주 배경 복사의 비등방성을 찾아내기 위해 사반세기가 넘도록 노력했다. 수십만분의 얼마 정도의 비등방성이 우주 배경 복사에서 발견되지 않는다면 구조가 어떻게 나타나게 되었는지를 설명하는 그들의 우주 모형을 증명할 수 없기 때문에 우주 배경 복사의 비등방성 발견은 매우 중요한 일이었다. 구조의 씨앗을 찾아내지 못하면 우리가 어떻게 존재하게 되었는지를 설명할 수 없을 것이다. 천만다행으로 비등방성은 예상했던 대로 나타났다. 우주학자들이 적절한 수준의 비등방성을 관측할 수 있는 장비를 사용하자 그들이 기대했던 것들을 발견할 수 있었다. 1992년에 발사된 COBE가 첫 번째였으며, 후에 3장에서 이미 설명했던 WMAP에는 훨씬 더 정밀한 장비가 장착되었다. WMAP을 이용해 정밀하게 작성한 우주 배경 복사 지도는 우주 최초의 빅뱅으로부터 38만 년이 되는 시기에 형성되었던 우주의 지역적 차이를 나타낸 것이다. 그 차이는 우주 배경 복사의 평균 온도보다 겨우 수십만분의 1 정도 높거나 낮은 정도였다. 따라서 그 차이를 찾아낸다는 것은 물과 기름으로 이루어진 너비 1킬로미터 연못에서 평균보다 약간 기름이 많은 희미한 작은 점을 찾아내는 것이나 마찬가지였다. 아주 작기는 했지만 비등방성은 거기 있었고 이것은 모든 것을 시작하기에 충분했다.

WMAP의 우주 배경 복사 지도에서 온도가 높은 점은 중력이 팽창해 흩어 놓으려는 우주의 성향을 극복하고 초은하단을 만들 수 있을 정도로 질량을 충분히 모은 지역을 나타낸다. 이런 지역은 오늘날 각각 1000억 개의 별들로 이루어진 1,000개 이상의 은하를 포함하는 지역으로 발전했다. 만약 우리가 그러한 초은하단에 포함되어 있는 암흑 물질을 합친다면 총 질량은 태양 질량의 10^{16}배나 될 것이다. 반대로 온도가 낮은 지역은 우주 팽창에 대항할 씨앗이 만들어지지 않았기 때문에 거대한 구조가 없는 지역으로 발전했다. 천체 물리학자들은 이런 지역을 '빈 공간(void, '거시 공동', '태허'라고도 한다. ─ 옮긴이)'이라고 부르는데, 이 이름에는 공간이 무엇인가로 둘러싸여 있다는 의미를 포함하고 있다. 따라서 우리가 하늘에서 발견할 수 있는 은하들로 이루어진 거대한 평면이나 선은 이들이 만나는 지점에 은하단을 형성할 뿐만 아니라 우주의 빈 공간의 모양을 결정하는 벽을 만들기도 한다.

물론 밀도가 평균보다 약간 높은 지역의 물질로부터 은하들이 스스로, 또는 갑자기 나타나는 것은 아니다. 빅뱅 후 38만 년부터 2억 년까지는 물질이 계속 모이기는 했지만 아직 첫 번째 별이 탄생하지 않아 우주에서 밝게 보이는 것은 아무것도 없었다. 이 우주의 암흑 시대에 우주는 처음 몇 분 동안에 만들어진 수소와 헬륨, 그리고 약간의 리튬만을 가지고 있었다. 우주에는 아직 탄소, 질소, 산소, 소듐(나트륨), 칼슘이나 이들보다 더 무거운 원소가 없었기 때문에 최초의 별이 빛나기 시작했을 때는 현재 우리에게는 익숙한 빛을 흡수할 수 있는 분자들이 없었다. 오늘날 우주에는 빛을 흡수할 수 있는 분자가 존재하기 때문에 새로 형성된 별에서 나온 빛이 이들에게 압력을 가해 별로 흡수되어야 할 많은 양의 기체를 밖으로 밀어낸다. 별빛의 압력으로 인한 이러한 물질의 밀어내기는 별의 질량이 태양 질량의 100배를 넘을 수 없도록 한다. 그러나 별빛을 흡수할 분자가 없던 우주에서 별이 처음 형성될 때는 수소와 헬륨으로 이루어진 별의 중력에 이끌려 별로 떨어지고 있는 기체만이 별빛이 나오는 것을 약간 방해할 뿐이었다. 따라서 태양 질량의 수백 배, 때에 따라서는 수천 배의 질량을 가진 큰 별이 탄생하는 것이 가능했다.

질량이 큰 별들은 급행 차선을 달리는 것과 같은 일생을 살아가게 마련이어서 짧은 일생을 산다. 그런 별들은 놀랍도록 빠르게 진행되는 핵융합을 통해 무거운 원소를 만들어 내면서 에너지를 방출하고 아직 젊은 나이에 폭발해 죽는다. 그들의 수명은 태양 수명의 1,000분의 1도 안 되는 평균 수백만 년에 불과하다. 초기에 만들어졌던 거대한 별들은 오래전에 이미 폭발해 모두 사라졌기 때문에 그때 별이 남아 있기를 기대할 수는 없다. 그리고 무거운 원소들이 우주에 널리 퍼져 있는 오늘날에는 예전에 만들어졌던 것과 같은 거대한 별은 더 이상 만들어질 수 없다. 실제로 거대한 질량을 가진 큰 별들은 전혀 발견되지 않고 있다. 그러나 오늘날 흔하게 발견되는 탄소, 산소, 질소, 규소, 그리고 철과 같은 무거운 원소를 우주에 처음으로 도입한 것은 초기에 형성된 거대한 별들이었다. 그것을 우주 구성 원소의 다양화라고 불러도 좋고 우주 구성 원소 가족의 인구 증가라고 해도 좋다. 그러나 생명의 씨앗은 오래전에 사라진 첫 세대의 거대한 별들 내부에서 탄생했다.

✦✦✦

분리의 시기 이후 첫 수십억 년 동안에 질량이 거의 모든 규모에서 물질을 끌어당기자 중력에 의한 붕괴가 먼저 일어났다. 중력이 작용한 첫 번째 결과는 태양 질량의 수백만 배부터 수십억 배에 이르는 큰 질량을 가진 거대한 블랙홀이 만들어진 것이었다. 그 정도 질량을 가진 블랙홀의 반지름은 해왕성의 궤도 반지름과 같은 크기로 주변 환경에 커다란 재앙을 불러왔다. 블랙홀로 끌려 들어가는 기체는 블랙홀의 강한 중력으로 속도를 높이려고 했지만 너무 많은 물질이 길을 막아 충분히 속도를 높일 수 없었다. 그 대신 그들은 주인을 향해 달려가면서 길에서 마주치는 모든 물질과 부딪치고 비벼 댔다. 높은 밀도로 밀집되고 높은 온도로 가열된 이런 기체 구름은 영원히 블랙홀 안으로 사라지기 직전에 태양계 정도의 좁은 영역 안에서 태양이 내는 에너지의 수십억 배나 되는 엄청난 에너지를 방출했다. 이 에너지가 좁은 통로를 통해 밖으로 빠져 나오면서 기체 소용돌이 위아래로 수십만 광년의 거리까지 물질이나 빛의 흐름을 뿜어냈다. 하나의 구름이 블랙홀로 떨어지는 동안 다른 구름이 궤도를 돌면서 기다렸기 때문에 이 계의 밝기는 때로는 몇 시간, 때로는 며칠, 몇 주의 간격으로 밝아졌다 어두워졌다 했다. 만약 이런 계에서 나오는 기체의 흐름이 우리가 있는 방향으로 향하고 있다면 다른 방향을 향하고 있을 때보다 더 밝아 보일 것이고, 밝기의 변화도 더욱 심할 것이다. 먼 거리에서 바라본다면 블랙홀과 블랙홀로 떨어지는 물질로 이루어진 이 계는 아주 작아 보일 것이고 그 밝기는 우리가 현재 관측하고 있는 은하 정도로 밝아 보일 것이다. 이러한 탄생의 역사를 가지고 있는 천체가 바로 퀘이사(quasar)이다.

퀘이사는 1960년대 초 천문학자들이 전파나 엑스선과 같이 눈에 보이지 않는 전자기파를 감지할 수 있는 검출기를 장착한 망원경을 사용하면서 발견한 천체이다. 이런 망원경으로 찍은 은하 사진에는 가시광선으로는 볼 수 없었던 은하의 정보가 포함되어 있다. 가시광선 이외의 전자기파를 관측하는 새로운 기술과 더 발전된 사진 감광 기술의 결합으로 공간의 바닥으로부터 더 많은 종류의 은하 동물원 구성원들이 모습을 드러내게 되었다. 그중에 가장 놀라운 천체는 사진에서는 보통의 별처럼 보이지만 별들과는 매우 다르게 강한 전파를 내는 천체였다. 처음 천문학자들은 이 천체를 별과 유사한 천체라는 의미로 '별과 유사한 전파원(quasistellar radio source, 준성 전파원)'이라고 불렀지만 곧 퀘이사라고 줄여 부르게 되었다. 이 천체에서 나오는 전파보다도 더 놀라운 것은 이 천체까지의 거리였다. 이 천체는 그때까지 알려진 천체 중 가장 먼 곳에 있었다. 크기가 작은데도 불구하고 그렇게 먼 거리에서 관측이 가능하다는 것은 이 천체가 다른 천체들과는 전혀 다른 종류라는 의미였다. 퀘이사의 크기는 얼마나 될까? 태양계보다 작다. 퀘이사는 얼마나 많은 에너지를 내고 있을까? 희미한 퀘이사도 보통의 은하보다 더 많은 에너지를 방출한다.

1970년대 초에 천체 물리학자들 중에는 강한 중력으로 모든 것들을 먹어 치우는 블랙홀을 퀘이사의 엔진으로 지목하는 사람들이 늘어났다. 블랙홀 모형은 퀘이사의 크기가 작다는 것과 매우 밝다는 것을 설명할 수 있지만 블랙홀의 먹이가 어디에서 공급되는지는 설명할 수 없었다. 1980년대가 되어서야 퀘이사의 중심 부분이 너무 밝기 때문에 드러나지 않았던 주위의 덜 밝은 부분이 천문학자들의 주목을 받기 시작했다. 중심부에서 오는 빛을 차단하는 새로운 기술을 도입한 결과 희미한 퀘이사 주위를 둘러싼 보풀들을 관측하는 것이 가능해졌다. 관측 기술이 더 향상되자 모든 퀘이사가 보풀들을 보여 주었고 어떤 것들은 나선 구조를 보여 주기도 했다. 퀘이사는 새로운 종류의 별이 아니라 새로운 종류의 은하핵이었던 것이다.

✦ ✦ ✦

1990년 4월 미국 항공 우주국(National Aeronautics and Space Administration, NASA)은 그때까지 만들어졌던 관측 장비 중에서 가장 비싼 장비인 허블 우주 망원경을 지구 궤도에 올려놓았다. 그레이하운드 버스 정도 크기의 허블 망원경은 지구에서 보내는 명령에 따라 작동했다. 허블 망원경은 관측을 방해하는 대기 밖에 나가 우주를 관찰할 수 있는 장점을 가지고 있었다. 한때 우주 왕복선 우주인들이 1차 거울을 만들 때의 실수를 보완하기 위해 새로운 렌즈를 장착하는 우주 수리를 하기도 했다. 허블 망원경은 전에는 관측 불가능했던 은하핵을 포함한 여러 지역들을 관측할 수 있게 했다. 은하핵을 관찰한 결과 이 지역의 별들이 놀라울 정도로 빠르게 돌고 있다는 것을 발견했다. 또한 주변의 별들이 내는 빛으로부터 추정한 바에 따르면 은하핵의 중력은 매우 강했다. 음, 강한 중력과 좁은 지역이라……. 그렇다면 블랙홀이 틀림없었다. 지금까지 관측한 다른 수십 개의 은하들도 은하핵 부근에 아주 빠르게 움직이는 별들을 가지고 있었다. 실제로 허블 망원경이 선명한 은하핵 사진을 찍을 때마다 항상 빠르게 도는 별들이 발견되었다.

모든 거대 은하들은 은하 중심부에 은하 형성 초기에 강한 중력을 이용해 주변의 질량을 한곳으로 모으는 핵 역할을 했거나 아니면 은하가 형성된 후에 은하의 바깥쪽으로부터 물질이 모여들어 만들어졌을 거대한 블랙홀을 가지고 있는 것으로 보인다. 그러나 모든 은하가 젊은 시절에 퀘이사였던 것은 아니다.

+++

중심에 거대 블랙홀을 가지고 있는 은하 명단이 길어지자 학자들은 이상하다는 생각을 하게 되었다. 퀘이사가 아닌 초거대 블랙홀? 은하로 둘러싸인 블랙홀? 학자들은 은하에서 어떤 일들이 벌어지고 있는지를 설명하는 다른 이론을 찾아내야 했다. 새로운 그림에서는 일부 은하들이 퀘이사로 일생을 시작하는 것으로 되어 있다. 보통 은하핵이 아주 밝게 빛나는 퀘이사가 되기 위해서는 거대한 질량을 포함하고 있는 블랙홀을 가지고 있어야 할 뿐만 아니라 주위에 이 블랙홀로 떨어질 충분한 양의 기체가 분포해 있어야 한다. 일단 이 거대 블랙홀이 주변의 물질을 다 먹어 치우고 나면 주변에는 안전한 궤도에서 은하핵을 돌고 있는 별들과 멀리 떨어져 있는 기체 구름만 남게 된다. 그렇게 되면 퀘이사를 밝게 빛나게 했던 블랙홀 엔진은 꺼져 버린다. 그리고 밝게 빛나던 퀘이사는 중심부에서 코를 골면서 동면하고 있는 블랙홀을 가진 유순한 은하가 된다.

천문학자들은 거대 블랙홀의 난폭한 성격에 따라 달라지는 보통 은하와 퀘이사의 중간 성질을 가지는 새로운 형태의 은하들을 발견했다. 때로는 블랙홀의 중심부로 빨려 들어가는 물질의 흐름이 느리고 계속적으로 진행되는 경우도 있고, 그런 흐름이 일시적인 경우도 있다. 그런 은하핵의 블랙홀은 활동적이기는 하지만 그렇게 난폭하지는 않다. 수 년 동안 여러 가지 형태의 은하에 저이온화 원자핵 복사선 지역(low-ionization nuclear emission-line regions, LINERs), 세이퍼트(Seyfert) 은하, N 은하, 블레이저(blazar)와 같은 여러 가지 이름들이 붙여졌다. 이러한 천체들을 일반적으로 '활동 은하핵(Active Galactic Nucleuses, AGN)'이라고 부른다. 아주 먼 곳에서만 발견되는 퀘이사와 달리 AGN은 먼 곳과 가까운 곳 모두에서 발견된다. 이것은 AGN이 행실이 나쁜 여러 종류의 은하들을 총망라하고 있다는 것을 뜻한다. 음식을 빠르게 먹어 치우는 퀘이사들은 아주 먼 거리에 있어서 빛이 우리에게 오는 데 시간이 많이 걸려 우리가 오래전 과거를 볼 수 있을 때만 관측이 가능하다. 이와는 대조적으로 AGN은 적당한 식욕을 가지고 있기 때문에 수십억 년이 흐른 현재도 먹을 음식이 남아 있는 은하들이다.

AGN을 겉모양에 따라서만 분류하면 이들에 대한 이야기를 완성할 수 없다. 따라서 천체 물리학자들은 AGN을 그들이 내는 모든 파장 대역의 전자기파 분포를 이용해 분류하고 있다. 1990년대 연구자들은 블랙홀 모형을 개선해 블랙홀의 질량, 먹어 치우는 물질의 양, 그리고 은하면과 제트 흐름을 보는 시선 각도와 같은 몇 가지 변수들을 측정해 AGN 동물원에 있는 모든 야수들의 특성을 규정했다. 만약 우리가 초거대 블랙홀 근처에서 뿜어져 나오는 에너지 흐름을 바로 위에서 내려다본다면 다른 각도에서 이 흐름의 옆모습을 보고 있을 때보다 훨씬 더 밝게 관측할 것이다. 이 세 가지 변수는 천체 물리학자들이 관측한 거의 모든 다양한 은하들을 설명할 수 있게 해 주었고, 은하의 형성과 진화 과정을 더 잘 이해할 수 있도록 했다. 몇 개의 변수로 모양, 크기, 밝기, 그리고 색깔의 차이를 설명할 수 있다는 사실은 20세기 천체 물리학의 승리라고 할 수 있다. 수많은 연구자들이 관계되었으며, 오랜 세월 동안 여러 종류의 망원경을 이용해 얻어 낸 성과이기 때문에 어느 날 저녁 뉴스에 나올 만큼 깜짝 놀랄 만한 새로운 사건은 아닐지 몰라도 이것이 위대한 성취임은 틀림없다.

+++

그러나 초거대 블랙홀이 모든 것을 설명할 수 있다는 결론을 내리지는 말자. 초거대 블랙홀이 태양 질량의 수백만 배, 또는 수십억 배의 질량을 포함하고 있지만 수천억 개의 별들로 이루어진 은하 전체 질량에 비하면 아주 작다. 은하 전체 질량의 1퍼센트 미만에 불과하다. 암흑 물질과 같이 중력은 작용하지만 관측은 가능하지 않은 물질들까지 포함한다면 전체 은하에서 블랙홀의 질량은 무시할 수 있을 정도로 작다. 그러나 블랙홀의 형성 과정에서 방출하는 에너지의 양은 전체 은하가 형성될 때 내는 에너지의 양보다 훨씬 많다. 은하를 구성하고 있는 모든 별들과 기체 구름이 내는 에너지를 다 합해도 블랙홀을 형성하는 데 필요한 에너지보다 훨씬 낮다. 중심부에 숨어 있는 초거대 블랙홀이 없었다면 은하가 만들어지지도 못했을 것이다. 한때는 밝았지만 현재는 보이지 않게 된 은하 중심부의 블랙홀들은 물질이 모여 공통의 중심을 도는 수천억 개의 별들로 이루어진 은하라는 복잡한 체계를 이루는 것이 가능하도록 한 숨은 공로자들이다.

은하가 형성되는 과정에서는 초거대 블랙홀의 강한 중력뿐만 아니라 우리에게 익숙한 보통의 중력도 중요한 역할을 한다. 수천억 개나 되는 은하의 별들은 어떻게 만들어졌을까? 그것 역시 중력이 한 일이다. 중력은 하나의 거대한 기체 구름으로부터 수백, 또는 수천의 별들을 만들어 냈다. 은하 내 별들 대부분은 비교적 느슨한 '집단'을 이루면서 태어난다. 비교적 좁은 지역에서 많은 별들이 탄생하면 '성단'이라고 부르는 별들의 집단이 만들어지는데, 성단에 속하는 별들은 모두 성단의 중심을 돌고 있다. 성단 내 다른 모든 별로부터 중력을 받으며 운동하는 성단 내 별들의 운동을 보고 있으면 마치 우주 발레를 보는 것과 같다. 성단은 은하 중심에 있는 블랙홀로부터 안전한 거리에서 아주 큰 궤도를 따라 은하 중심을 돌고 있다.

성단 내에서 별들은 다양한 속도로 운동한다. 어떤 별들은 너무 빨리 움직이고 있어 성단을 떠날 것처럼 보이기도 한다. 실제로 그런 일이 가끔 벌어지기도 한다. 빠른 속도를 가진 별들 중에는 성단 중력의 구속에서 벗어나 은하를 통과해 자유로운 우주 여행을 즐기는 별들도 있다. 중력의 구속에서 해방된 이런 별들과 수십만 개의 별을 포함하고 있는 '구상 성단'들이 은하를 둘러싼 구형의 헤일로를 형성하고 있다. 처음에는 밝았지만 이제는 짧은 일생을 사는 밝은 별들이 사라진 은하의 헤일로는 은하의 형성과 함께 생겨난 우주에서 가장 오래된 구조이다.

은하면에 집중된 먼지와 기체는 한곳에 모여 별이 된다. 타원 은하에서는 먼지와 기체가 오래전에 모두 별로 바뀌었기 때문에 은하면이 없다. 그러나 나선 은하는 젊고 밝은 별들이 많이 분포해 있는 납작한 은하면과 은하면에서 나선 모양으로 뻗어 나온 나선 팔을 가지고 있다. 나선 팔에는 밝고 젊은 별들이 많이 분포해 있다. 밀도가 높은 부분과 낮은 부분이 교대로 나타나는 나선 은하의 이런 형태는 은하 중심을 돌고 있는 거대한 파동이 있었다는 것을 말해 준다. 뜨거운 젤리가 접촉하면서로 달라붙듯이 별 형성에 참여하지 않는 나선 은하의 모든 기체는 은하면을 향해 떨어져 은하면에 붙게 되어 서서히 별들을 만들어 내는 물질의 원반을 형성한다. 과학자들은 이런 원반을 강착 원반(accretion disc)이라고 부른다. 과거 수십억 년 동안 그래 왔듯이 미래의 수십억 년 동안에도 나선 은하에서는 세대가 지남에 따라 무거운 원소를 더 많이 포함하는 별들이 계속 태어날 것이다. 이 무거운 원소들(천체 물리학자들은 헬륨보다 무거우면 모두 중원소(重原素)로 분류한다.)은 늙은 별에서 공간으로 내뿜어졌거나 거대한 별의 마지막 단계 있던 초신성 폭발의 잔해 속에 포함되어 있던 것들이다. 무거운 원소의 존재로 인해 은하와 우주는 생명체를 연구하는 생물학자와 화학자에게 흥미로운 장소가 되었다.

+++

지금까지 우리는 전형적인 나선 은하의 형성 과정을 살펴보았다. 우주의 진화 과정에서는 이런 과정이 수없이 반복되어 은하단을 이루는 다양한 형태의 은하들을 탄생시켰다. 은하단을 이루는 은하들은 긴 줄로 늘어서 있기도 하고, 평면 위에 분포해 있기도 한다.

우주를 바라보는 것은 우주의 과거를 보는 것이기 때문에 우리는 현재 은하들뿐만 아니라 수십억 년 전 은하의 모습도 관측할 수 있다. 이론적으로는 성능이 좋은 망원경만 있으면 아주 먼 곳에 있는 은하를 관측하는 것도 가능하지만 실제로는 수십억 광년 떨어져 있는 은하는 너무 작고 희미하게 보여 가장 성능이 좋은 망원경으로도 그들의 모습을 자세히 볼 수 없다. 여러 가지 어려움에도 불구하고 천체 물리학자들은 지난 몇 년 동안에 멀리 있는 은하를 관측하는 데 많은 진전을 이루었다. 존스 홉킨스 대학교의 우주 망원경 과학 연구소(Space Telescope Science Institute)의 책임자인 로버트 윌리엄스(Robert Williams, 1940년~)가 1995년에 허블 우주 망원경을 큰곰자리의 북두칠성 부근의 한 점에 고정하고 10일 정도 노출시키자 먼 우주가 우리 앞에 모습을 드러냈다. 이 사건으로 멀리 있는 은하를 관측하는 데 따르는 어려움을 해결할 수 있는 새로운 길이 열리게 되었다. 이 관측을 윌리엄스의 공로라고 강조하는 것은 허블 망원경의 사용 시간을 배정해 주는 허블 망원경 시간 배정 위원회가 처음에는 윌리엄스의 관측 요구를 수용하지 않기로 결정했기 때문이다. 윌리엄스는 흥미를 끌 만한 것이 아무것도 없어 보이는 하늘의 한 부분을 오랜 시간 동안 관측하기를 원했다. 허블 우주 망원경을 사용하려고 많은 사람들이 줄을 서 있는 상황에서 망원경을 장시간 사용해 아무것도 보이지 않는 하늘의 사진을 찍는 것은 어떤 연구에도 도움이 될 것 같아 보이지 않았다. 그러나 다행스럽게도 우주 망원경 과학 연구소의 책임자였던 윌리엄스는 허블 우주 망원경 전체 사용 시간의 몇 퍼센트를 "연구 책임자 임의 사용 시간"으로 배정받을 수 있는 권리를 가지고 있었다. 그는 자신에게 배정되는 시간을 '허블 딥 필드(Hubble Deep Field)'라고 불리는 심우주(深宇宙)의 사진을 찍는 데 모두 사용했다. (허블 딥 필드를 우리말로는 심우주, 또는 먼우주라고 한다. ― 옮긴이) 이 사진은 지금까지 찍은 천체 사진 중에서 가장 유명한 사진이 되었다.

1995년에 있었던 10일 동안의 노출을 통해 천문학의 역사에서 가장 많이 연구된 심우주의 사진을 찍을 수 있었다. 은하와 은하 비슷한 천체로 가득한 이 사진은 우리 은하로부터 다른 거리에 있는 천체들이 서로 다른 시기에 방출한 빛으로 우주의 역사를 기록한 양피지였다. 이 심우주 사진에는 13억 년 전, 36억 년 전, 57억 년 전, 82억 년 전 은하들이 찍혀 있었다. 천문학자 수백 명이 은하가 어떤 과정을 거쳐 진화하는지, 그리고 은하가 형성 초기에는 어떤 모습이었는지에 대한 새로운 정보를 얻기 위해 이 사진을 분석했다. 1998년에 허블 망원경은 처음 심우주의 사진을 찍은 지점 반대편의 남반구 하늘에 다시 10일간 노출시켜 처음 심우주 사진의 짝이 되는 남반구 심우주 사진을 찍었다. 두 사진을 비교한 천문학자들은 첫 번째 심우주 사진이 어떤 이례적인 내용도 포함하고 있지 않다는 것을 확인할 수 있었다. 만약 두 사진이 모든 면에서 동일하다거나 여러 가지 면에서 두 사진의 통계적인 자료가 같지 않다면 이 사진들에 무언가 잘못된 점이 있다고 결론을 내려야 했을 것이다. 이 사진을 분석한 천문학자들은 얼마나 다양한 형태의 은하가 형성될 수 있는지에 대한 자신들의 결론을 정리할 수 있었다. 성공적인 관측에 힘입어 허블 우주 망원경은 더 정밀한 검출기를 장착하게 되었고, 우주 망원경 과학 연구소는 2004년에 더 먼 곳에 있는 우주 모습을 보여 줄 허블 울트라 딥 필드(Hubble Ultra Deep Field, 허블 초심우주)의 사진을 찍기 위한 시간을 할당받았다.

그러나 불행하게도 먼 곳에 있는 천체들이 우리에게 그 모습을 드러내기는 했지만 허블 망원경의 최고 성능으로도 은하 형성 초기 단계를 모두 알아내기는 쉽지 않다. 우주가 팽창함에 따라 은하 형성 초기의 빛이 대부분 망원경의 기기들이 검출할 수 없는 파장이 긴 적외선 대역의 전자기파로 변했기 때문이다. 가장 멀리 있는 이런 은하들을 관찰하기 위해 천문학자들은 아폴로 시대에 NASA의 책임자였던 제임스 에드윈 웹(James Edwin Webb, 1906~1992년)의 이름을 딴 허블 우주 망원경의 후속 우주 망원경, 제임스 웹 우주 망원경(James Webb Space Telescope, JWST)이 지구 궤도에서 임무를 수행하기를 기다리고 있다. 냉소적인 사람들은 유명한 과학자 이름 대신 이 이름을 선택한 것이 이 망원경 계획의 예산이

삭감되지 않도록 한 것이라고 주장했다.

JWST는 허블 망원경보다 더 큰 반사경을 가지고 있다. 복잡한 기계로 작동하는 이 반사경은 우주 공간에서 꽃처럼 펼쳐질 수 있도록 설계되어 있어 넓은 반사 면적을 가지면서도 좁은 로켓 안에 실을 수 있다. 이 새로운 우주 망원경은 허블 우주 망원경보다 훨씬 더 성능이 좋은 장비들로 무장하게 될 것이다. 1960년대에 최초로 설계되었고, 1970년대에 제작되었으며, 1991년에 발사된 후 1990년대에 중요한 업그레이드가 있었던 허블 우주 망원경은 아직 적외선 탐사와 같은 기본적인 능력이 부족하다. 이런 능력의 일부는 2003년에 발사되어 지구에서 나오는 적외선의 영향을 피하기 위해 허블 망원경보다 훨씬 멀리 떨어진 태양 궤도를 돌고 있는 스피처 적외선 망원경 설비(Spitzer InfraRed Telescope Facility, SIRFT)가 가지고 있다. 이런 연구 목적을 달성하기 위해 JWST도 허블 망원경보다 훨씬 더 멀리 떨어진 궤도를 돌아야 하기 때문에 한번 발사되면 수리를 하기 위해 접근하는 것이 불가능할 것이다. 따라서 NASA는 처음부터 모든 것이 제대로 작동하도록 만들기 위해 노력하고 있다. 이 새로운 망원경이 계획대로 2011년에 작동을 시작하면 100억 광년보다 더 멀리 떨어진 은하를 포함하는 우주에 대한 새로운 모습을 보여 주게 될 것이다. (JWST의 발사는 2021년으로 연기되었다. ─ 옮긴이) 그것은 우리가 심우주보다 우주 초기 모습에 훨씬 더 가까이 접근할 수 있다는 것을 의미한다. 지상에 설치된 새로운 거대한 망원경들도 다음 세대의 우주 망원경이 자세한 내용을 밝혀 줄 천체들에 대해 조사하고 있다.

✦✦✦

미래의 더 큰 가능성으로 인해 과거 30년 동안 우주를 관측하는 새로운 장비들을 발전시켜 온 천체 물리학자들이 이룩한 성과를 간과해서는 안 될 것이다. 칼 에드워드 세이건(Carl Edward Sagan, 1934~1996년)은 우주를 바라보면서 감탄만 하고 있지 않기 위해서는 나무를 깎아 무엇인가를 만들어야 한다고 말한 적이 있다. 관측 기술의 발전 덕분에 우리는 우리를 존재하게 만든 일련의 놀라운 사건들에 대해 칼 세이건보다 더 많은 것을 알게 되었다. 양성자보다 작은 크기의 물질과 에너지의 양자 요동이 지름이 3000만 광년이나 되는 거대한 초은하단으로 진화했다. 혼돈에서 우주로 진화하는 동안에 크기는 10^{38}배 커졌고 시간은 10^{42}배 길어졌다. 미세한 DNA 사슬이 개인의 성격과 그 구성원의 고유한 성질을 결정하듯이 우리가 보고 있는 현재의 우주는 초기 우주 속에 있던 씨앗들이 긴 시간과 공간의 역사를 통해 실현된 것이다. 우리는 올려다볼 때 그것을 느낀다. 우리는 내려다볼 때도 그것을 느낀다. 우리는 안에서 볼 때도 그것을 느낀다.

3부

별의 기원

9장

먼지에서 먼지로

　날씨가 맑은 날 밤에 도시의 불빛으로부터 멀리 떨어진 곳에서 하늘을 바라보면 하늘을 가로지르는 희미한 우윳빛 띠를 발견할 수 있을 것이다. 이 띠는 여기저기 검은 부분으로 인해 끊어질 듯하다가 다시 이어지면서 이쪽 지평선에서 저쪽 지평선까지 연결되어 있다. 우리가 오랫동안 '은하수'라고 불러 온 우윳빛 안개처럼 보이는 이 띠는 수많은 별들과 기체 구름이 내는 빛이 만들어 낸 것이다. 쌍안경이나 가정용 망원경으로 은하수를 관찰하면 밝은 부분을 이루는 희미한 점들이 수많은 별들과 성운이라는 것을 알 수 있다. 그러나 검게 보이는 부분은 망원경으로 보아도 아무것도 보이지 않는다.

　갈릴레오 갈릴레이는 1610년에 이탈리아 베네치아에서 『별 세계의 보고(*Sidereus Nuncius*)』라는 작은 책을 출판해 은하수를 비롯해서 자신이 처음 망원경으로 관측한 하늘에 대해 소개했다. '멀리 보는 것'이라는 의미의 그리스 어에서 유래한 '망원경(telescope)'이라는 말이 아직 사용되기 전이어서 갈릴레이는 자신이 만든 망원경을 "스파이글라스(spyglass)"라고 불렀다.

> 스파이글라스로 보면 은하수를 아주 잘 관찰할 수 있어서 여러 세대를 걸쳐 철학자들을 난처하게 했던 논쟁을 확실한 관측 결과를 이용해 종식시키고 우리는 말 많은 토론으로부터 해방될 수 있다. 은하수는 집단을 이루어 분포하고 있는 수많은 별무리이다. 스파이글라스를 어느 방향으로 향하든 수많은 별들이 자신들의 모습을 보여 줄 것이다. 이중 많은 별들은 크고 뚜렷하게 보이지만 대부분은 아주 작고 희미해 측정이 어려울 정도이다.[2]

갈릴레이가 "수많은 별들"이라고 묘사한 부분은 은하수에서 가장 별들의 밀도가 높은 지역으로 이 지역에서는 모종의 우주적인 사건이 벌어지고 있다. 그런데 왜 우리는 이 지역의 중간에 끼어 있는, 별들이 보이지 않고 검게만 보이는 부분에도 관심을 가져야 할까? 겉으로 보기에는 이 검은 부분은 영원한 빈 공간으로 향하는 통로같이 보인다.

은하수의 검은 부분이 무엇인지를 알아내는 데는 300년이 넘는 세월이 걸렸다. 그것은 기체와 먼지가 높은 밀도로 모여 있는 구름으로 뒤에 있는 별들의 빛을 가려 검게 보이도록 했던 것이다. 따라서 이것은 구멍이나 통로와는 거리가 먼 것이었다. 이런 구름들은 내부에 별들의 요람을 숨기고 있었다. 미국 천문학자 조지 케리 콤스톡(George Cary Comstock,

---

2. G. Galilei, *Siderius Nuncius*, Albert van Helden, Chicago University Press (1989), p. 62.

1855~1934년)은 멀리 있는 별에서 오는 빛이 먼 거리 때문에 어느 정도 어둡게 보일 것이라고 예측했지만 실제로는 더 어둡게 보여 이를 이상하게 생각했다. 콤스톡의 제안에 따라 네덜란드 천문학자 야코뷔스 코르넬리위스 캅테인(Jacobus Cornelius Kapteyn, 1851~1922년)은 1909년에 별빛을 어둡게 하는 원인을 찾아냈다. 「공간에서의 빛의 흡수에 대하여(On the absorption of light in space)」[3]라는 같은 제목의 연구 논문 두 편을 통해 캅테인은 "성간 물질"로 이루어진 검은 구름이 별빛을 차단할 뿐만 아니라 별빛의 색깔도 바꾸어 놓는다는 증거를 제시했다. 성간 물질은 가시광선의 붉은색보다 보라색에 가까운 빛들을 더 효과적으로 흡수하거나 산란해 세기를 약화시킨다. 이러한 선택적 흡수는 붉은빛보다는 보랏빛을 더 많이 제거해 멀리 있는 별들이 가까이 있는 별들보다 더 붉게 보이도록 한다. 성간 물질에 의한 이런 적색화 정도는 빛이 우리에게까지 여행하는 동안 만나게 되는 성간 물질의 양에 비례한다.

성간 구름을 형성하는 주성분인 보통의 수소와 헬륨은 빛을 붉게 하지 않는다. 그러나 여러 개의 원자, 특히 탄소와 규소 원자로 이루어진 분자는 별빛을 붉게 만든다. 성간 물질의 입자들이 수백, 수천, 또는 수백만 개의 원자로 구성되어 분자라고 부르기에는 너무 큰 입자로 자라게 되면 우리는 이것을 먼지(dust, 티끌)라고 부른다. 집안에 있는 먼지에 관심을 가지는 사람들은 그리 많지 않지만 대부분의 사람들은 집안의 먼지가 매우 다양하다는 것은 잘 알고 있다. 폐쇄된 공간인 집안의 먼지는 대부분 사람이나 애완동물의 손상된 피부에서 떨어져 나간 죽은 세포들이다. 우리가 알고 있는 한 성간 먼지는 동물의 피부 단백질을 포함

---

3. J. C. Kapteyn, "On the absorption of light in space", *Astrophysical Journal*, vol. 29, 46 (1909); vol. 30, 284 (1909).

하고 있지는 않다. 성간 공간의 먼지는 적외선 대역의 전자기파를 내는 복잡한 구조를 가진 분자들로 이루어져 있다. 1960년대까지는 천체 물리학자들이 성능이 좋은 마이크로파 관측용 전파 망원경을 가지고 있지 않았고 1970년대까지는 좋은 적외선 망원경이 없었다. 이런 관측 기기들이 발명된 후에야 과학자들은 성간 공간에 흩어져 있는 다양한 물질에 대해 조사할 수 있게 되었다. 이러한 기술적 진보가 이루어진 후 10년 동안에 별들이 형성되는 과정을 보여 주는 놀랍고 복잡한 사진을 찍을 수 있었다.

모든 기체 구름이 언제나 별을 형성하는 것은 아니다. 구름들 대부분은 다음에 무엇을 해야 할지 모르고 당황해하고 있다. 천체 물리학자들 역시 여기서 어리둥절해진다. 성간 구름들은 중력에 의해 합쳐져 하나, 또는 그 이상의 별을 형성하기를 원하고 있을 것이다. 그러나 빠르게 움직이는 기체의 운동과 함께 구름의 회전 운동은 별의 형성을 방해한다. 그리고 우리가 고등학교 화학 시간에 배운 기체의 압력 역시 별의 형성을 방해한다. 압력은 자유롭게 움직이고 있는 전하를 띤 입자들의 운동을 제한해 입자들이 중력에 의해 한곳으로 모이지 못하도록 한다. 만약 별이 존재한다는 사실을 알지 못하고 별이 형성될 가능성을 알아보기 위한 예비 실험을 한다면 별이 절대로 형성될 수 없는 수많은 이유를 찾아낼 수 있을 것이다.

밤하늘을 가로지르는 우윳빛 강물처럼 보이는 희뿌연 빛 때문에 은하수라고도 불리는 우리 은하에 포함되어 있는 수천억 개의 별들과 마찬가지로 거대한 기체 구름들도 은하 중심을 공전하고 있다. 텅 빈 거대한 공간의 바다에 떠 있는 별들은 크기가 몇 광초 정도인 아주 작은 점에 지나지 않는다. 그러나 기체 구름은 대단히 크다. 일반적으로 지름이 수백 광년이 넘고 전체 질량은 태양 질량의 수백만 배가 넘는다. 이 기체 구름이 은하를 떠돌다 다른 구름과 충돌하면 두 구름의 기체와 먼지가 뒤엉키게 된다. 구름 간 상대 속도와 충돌 각도에 따라 두 구름이 하나로 합쳐지기도 한다. 때로는 충돌의 충격으로 두 구름이 상처를 입고 여러 조각으로 갈라지기도 한다.

높은 온도에서 원자들이 충돌하면 서로 반발해 밀어내는 것과는 달리 100켈빈 이하의 낮은 온도에서는 구름을 형성하는 원자들이 충돌하면 서로 달라붙는다. 이러한 화학적 변환은 모든 것을 변화시킨다. 원자들이 달라붙어 원자 수십 개 크기로 커진 입자들은 가시광선을 앞뒤로 산란시켜 구름 뒤에 있는 별에서 오는 빛을 상당히 약하게 만든다. 이 입자들이 수십억 개의 원자를 포함할 수 있을 정도로 충분히 커지면 먼지 알갱이가 된다. 나이가 많은 별들은 이와 비슷한 먼지들을 만들어서 적색 거성(red giant) 단계에서 서서히 우주 공간으로 방출한다. 작은 입자들과 달리 수십억 개의 원자로 이루어진 먼지들은 자신들 뒤에 있는 별빛을 더 이상 산란시키지 않고 대신 흡수한 후에 그 에너지를 적외선으로 방출하는데, 적외선은 쉽게 구름을 빠져 나갈 수 있다. 이런 일이 일어나면 빛을 흡수한 분자에 압력이 전달되어 구름을 광원의 반대 방향으로 밀어낸다. 별빛을 흡수하는 먼지들을 포함한 구름은 이제 별빛과 밀접한 관계를 갖게 된 것이다.

별빛의 압력이 구름을 밀어내 구름의 밀도를 높여 중력에 의해 뭉칠 수 있게 되면 별의 탄생이 시작된다. 이때가 되면 구름의 모든 부분은 다른 부분을 끌어당겨 훨씬 더 가까이 오도록 한다. 뜨거운 기체는 차가운 기체보다 압축에 더 효과적으로 저항하기 때문에 뜨거운 기체는 처음부터 별을 형성하기 어려운 상황에 직면한다. 따라서 별이 형성되어 스스로 빛을 내 뜨거운 기체가 되기 전에 우선 기체가 차갑게 식어야 한다. 다시 말해 핵의 온도가 1000만 도나 되어 핵융합 반응이 가능한 별을 만들어 내려면 별을 형성할 구름은 먼저 가능한 한 낮은 온도로 식어야 한다. 수십 켈빈의 극도로 낮은 온도에서만 구름의 물질이 중력 작용으로 뭉쳐 별을 형성하는 것이 가능해진다.

무엇이 이 물질 덩어리를 새로운 별로 바꿀까? 천체 물리학자들은 컴퓨터 시뮬레이션을 통해 그 답을 찾아낼 수 있다. 그들은 물리 법칙과 구름에 미치는 내외적인 영향을 고려하고, 그 안에서 일어날 수 있는 화학 변화를 포함하는 컴퓨터 프로그램 모형을 만들어 기체 구름 내에서 일어나는 일들을 추적했다. 하지만 모든 것을 고려한 모형을 만드는 것은 아직 우리 능력 밖의 일이다. 또 다른 어려움은 별을 탄생시킬 기체 구름이 탄생될 별보다 수천억 배나 큰 크기를 가지고 있다는 단순한 사실에 있다. 그것은 별의 밀도가 기체 구름의 평균 밀도보다 10^{23}배나 높다는 것을 나타낸다. 하나의 크기에서는 전혀 문제가 되지 않는 것이 다른 크기에서는 큰 문제가 될 수도 있다.

그럼에도 불구하고 우리는 관측 결과를 바탕으로 자신 있게 온도가 10켈빈 정도로 내려간 성간 구름 내 가장 깊고, 어둡고, 밀도가 높은 부분에서 자기장과 같은 장애물들의 저항을 극복하고 중력에 의해 기체 덩어리가 형성될 것이라고 믿고 있다. 질량이 수축하면서 구름 덩어리가 가지고 있던 중력에 의한 위치 에너지가 열로 바뀔 것이다. 새로 탄생하는 별의 핵이 되는 중심 부분의 온도는 빠른 속도로 상승해 모든 먼지 알갱이들을 파괴할 것이다. 결국 수축하는 구름 중심부의 온도가 별 형성 과정의 성패를 가름하게 될 1000만 켈빈을 넘게 될 것이다.

이 마술 온도에서는 전자를 빼앗긴 수소 원자핵인 양성자의 일부가 자신들 사이에 작용하는 전기적 반발력을 이기고 충분히 가까이 접근할 수 있을 정도로 빠르게 운동하게 된다. 빠른 속도는 양성자들이 강한 핵력의 작용으로 하나로 합쳐질 수 있는 거리까지 다가가는 것을 가능하게 할 것이다. (강한 핵력은 입자들 사이 거리가 원자핵의 크기인 10^{-13}미터보다 가까울 때만 작용한다. ―옮긴이) 아주 가까이 있을 때만 작용하는 이 힘은 원자핵 속에서 양성자와 양성자, 그리고 양성자와 중성자를 하나로 묶는 힘이다. 양성자의 열핵융합 반응은 헬륨 원자핵을 합성한다. 열핵융합 반응이라는 말에서 열은 이 반응이 높은 온도에서 일어난다는 것을 뜻하며, 핵융합이라는 말은 이 반응이 수소 원자핵들이 융합해 헬륨 원자핵을 형성하는 핵 반응이라는 뜻이다. 새로 형성된 헬륨의 질량은 핵융합에 참가한 물질의 질량의 합보다 약간 작다. 핵융합 반응 동안에 사라진 이 질량이 아인슈타인의 유명한 에너지-질량 등가 공식 $E = mc^2$에 따라 에너지로 바뀌게 된다. 사라진 질량에 광속의 제곱을 곱해 그 값을 구할 수 있는 에너지는 핵융합 반응이 계속되기 위해 필요한 입자들의 운동 에너지나 열과 같은 여러 가지 다른 형태의 에너지로 전환된다.

핵융합 반응으로 발생한 에너지가 기체를 가열해 빛을 내기 시작한다. 그렇게 되면 원자핵 속에 들어 있던 에너지는 수천 도로 가열된 기체가 내는 빛의 형태로 별 표면에서 공간으로 방출된다. 뜨거운 기체로 이루어진 이런 천체가 아직 거대한 성간 구름으로 이루어진 우주 자궁 안에 있더라도 우리는 전 은하에 새로운 별이 탄생했다는 소식을 전할 수 있다.

천문학자들은 별이 태양 질량의 10분의 1과 100배 사이 범위의 질량을 가질 수 있다는 것을 알고 있다. 그 이유가 잘 알려지지는 않았지만 전형적인 거대한 기체 구름은 차가운 물질 덩어리를 여러 개 동시에 만들 수 있고 이들은 동시에 크고 작은 여러 개의 별로 진화한다. 작은 별이 형성될 가능성이 더 커서 질량이 큰 거대한 별 하나에 작은 별 수천 개꼴로 작은 별이 더 많이 형성된다. 별을 탄생시킨 기체 구름의 불과 수 퍼센트만 별 형성에 참여한다는 사실은 별 형성 과정에 대한 고전적인 물음을 제시한다. 별로 바뀌지 않는 거대한 성간 구름이 강아지라면 별로 형성되는 구름은 작은 꼬리에 불과하다. 그렇다면 무엇이 이 강아지의 작은 꼬리를 흔들어 별을 탄생시키는가? 아마도 별이 더 이상 형성되지 않도록 방해하는, 새로 태어난 별이 내는 빛에 그 답이 있을 것이다.

별이 될 수 있는 질량의 최솟값이 있다는 것은 쉽게 설명할 수 있다. 태양 질량의 10분의 1이 안 되는 질량을 가지는 작은 질량 덩어리는 중력 에너지가 낮아 내부 물질을 수소 핵융합 반응이 가능한 온도인 1000만 도까지 가열할 수 없다. 그런 경우에는 핵융합 반응을 하는 새로운 별을 탄생시킬 수 없다. 이런 작은 천체는 스스로 빛을 내는 별이 될 수 없다. 대신 갈색 왜성(brown dwarf)이라는, 별이 되다 만 천체가 된다. 자체 내에 아무런 에너지원을 가지지 않은 갈색 왜성은 초기의 수축 단계에서 얻은 에너지로 빛을 내다가 차츰 어두워져 간다. 갈색 왜성의 바깥쪽 기체 층은 온도가 낮아 대부분의 커다란 분자들이 온도가 높은 별에서처럼 파괴되지 않고 그대로 남아 있다. 갈색 왜성은 어두워서 관측하는 것이 매우 어렵다. 따라서 천문학자들은 이런 천체가 내는 약한 적외선을 찾아내기 위해 외계 행성을 찾아낼 때 사용하는 것과 비슷한 복잡한 방법을 사용해야 한다. 최근에 와서야 천문학자들은 충분히 많은 갈색 왜성을 발견해 하나 이상의 유형으로 그들을 분류할 수 있게 되었다.

별을 형성할 수 있는 질량의 최댓값이 있다는 것도 역시 쉽게 설명할 수 있다. 태양 질량의 100배가 넘는 질량을 가지는 별이 방출하는 엄청나게 강한 가시광선, 적외선, 자외선의 압력으로 인해 원래 중력에 의해 별 쪽으로 끌려와야 할 기체들이 오히려 별에서 밀려난다. 별빛의 광자는 구름 속 먼지 알갱이에 흡수되면서 이 알갱이들을 밀어내고 결과적으로 구름을 이루고 있는 질량을 밀어낸다. 이러한 복사 압력은 대단히 효과적으로 작용해 어두운 거대 성간 구름 속에 있는 질량이 큰 별 몇 개가 성간 물질 대부분을 흩어 놓을 수 있다. 성간 물질에 작용하는 성간 물질의 압력이 없다면 수백 개의 새로운 별들이 은하에 자신들을 드러낼 수 있겠지만 빛의 압력으로 불과 수십 개의 별만 형성되는 것이다.

✦✦✦

오리온자리의 삼태성 아래쪽에 희미하게 보이는 '사냥꾼의 칼'의 중앙 부분에 위치한 오리온 대성운을 바라볼 때마다 우리는 별들의 요람을 보고 있는 것이다.(오리온자리가 사냥꾼을 나타내므로 오리온자리 주위에 나란히 배열되어 있는 삼태성은 사냥꾼의 벨트에 해당되고 삼태성 아래쪽으로 배열되어 있는 소삼태성은 사냥꾼의 칼에 해당한다. 오리온 성운은 소삼태성을 이루는 별들 중 가운데 있는 별 주위에서 관측된다. ─ 옮긴이) 수천 개의 별들이 탄생했고 수천 개의 별들이 탄생을 기다리고 있는 이 성운에서는 별빛을 가리고 있는 성간 구름이 흩어짐에 따라 많은 별들로 이루어진 성단이 그 모습을 드러낼 것이다. 오리온자리의 사다리꼴 성단(Trapezium Cluster)을 형성하고 있는, 가장 질량이 큰 새로운 별들은 자신들이 탄생한 구름을 흩어 놓느라고 분주하다. 허블 우주 망원경이 찍은 이 사진은 이 지역에서만 수백 개의 새로운 별들이 형성되었다는 것을 보여 주고 있다. 새로 태어난 별들은 원래의 구름에서 끌어들인 먼지와 분자로 이루어진 원행성면으로 둘러싸여 있다. 이런 원행성면에서는 별 주위를 도는 행성계가 형성될 것이다.

우리 은하가 형성되고 난 후 100억 년이 흐른 오늘날에도 우리 은하의 여러 곳에서 별 형성이 진행되고 있다. 대부분의 거대 은하에서는 별 형성 과정이 오래전에 끝나 버렸다. 하지만 다행스럽게도 우리 은하에서는 아직도 새로운 별이 계속 탄생하고 있고 앞으로도 수십억 년 동안 새로운 별이 계속 탄생할 것이다. 차가운 기체와 먼지 구름이 밝게 빛나는 별로 발전해 가는 전체 과정을 이해할 수 있게 해 줄 별 형성 과정과 이과정에서 탄생한 젊은 별을 계속 관측할 수 있다는 것은 큰 행운이 아닐 수 없다.

별의 나이는 얼마나 될까? 어떤 별도 자신의 나이를 나타내는 표시를 달고 있지 않다. 그러나 어떤 별은 스펙트럼을 통해 나이를 보여 주고 있다. 천체 물리학자들은 별의 나이를 추정하는 여러 가지 방법을 알고 있다. 그런 방법들 중에는 별빛의 스펙트럼을 이용하는 방법이 가장 믿을 만하다. 우리가 관측하는 빛의 파장과 진동수는 물질이 그 빛을 어떻게 만들었는지, 빛이 별을 떠날 때 영향을 준 물질이 무엇인지, 그리고 빛이 지나온 별과 우리 사이의 공간에 어떤 물질이 있는지에 대한 정보를 가지고 있다. 실험실에서 스펙트럼을 자세히 연구한 물리학자들은 여러 종류의 원자와 분자가 가시광선의 스펙트럼에 어떤 영향을 끼치는지 자세히 알게 되었다. 스펙트럼에 대한 이런 지식을 이용해 별빛의 스펙트럼을 분석하면 특정한 별에서 오는 빛에 영향을 준 원자나 분자의 종류, 온도, 압력, 그리고 이런 입자들의 밀도까지 알아낼 수 있다. 오랫동안 별빛의 스펙트럼과 실험실에서 여러 가지 원자와 분자의 스펙트럼을 연구해서 얻은 결과를 종합한 천체 물리학자들은 별에서 오는 빛의 스펙트럼 분석을 통해 별 표면의 물리적 상태를 손금처럼 읽어 낼 수 있게 되었다. 그뿐만 아니라 천체 물리학자들은 성간 공간에 낮은 온도 상태로 떠다니는 원자나 분자가 어떻게 별빛에 영향을 주는지에 대해서도 알게 되었다. 따라서 천체 물리학자들은 별빛을 분석해 성간 물질의 화학 성분, 온도, 밀도, 압력을 추정할 수 있게 되었다.

별빛의 스펙트럼을 분석하면 여러 종류의 원자들이나 분자들이 들려주는 우주 이야기를 들을 수 있다. 예를 들어 스펙트럼의 특정한 색깔에 고유한 영향을 주는 어떤 분자가 존재한다는 사실은 별 표면의 온도가 섭씨 3,000도 이하라는 것을 나타낸다. 더 높은 온도에서는 이런 분자들이 빠르게 운동하는 분자들과 충돌해 원자로 분리되기 때문이다.

이런 종류의 분석을 여러 가지 물질에 확장해 적용하면 천체 물리학자들은 별을 둘러싼 대기 상태를 거의 완벽하게 추정해 낼 수 있다. 어떤 천체 물리학자들은 별의 스펙트럼을 자신들의 가족보다 더 잘 알고 있다고 말하기도 한다. 이것은 그들의 노력이 우주에 대한 인간의 이해를 증진시키는 데는 공헌하겠지만 개인적인 인간 관계에는 좋지 않을 수도 있다는 것을 나타낸다.

천체 물리학자들은 별빛의 스펙트럼을 형성할 수 있는, 자연에 존재하는 모든 종류의 원소들 중에서 하나의 특정한 원소를 젊은 별의 나이를 결정하는 데 이용하고 있다. 그 원소는 주기율표에서 세 번째 자리를 차지하고 있고, 세 번째로 가벼우며, 세 번째로 간단한 원소인 리튬이다. 지구인들에게 리튬은 항우울제로 사용되는 약품의 주요 성분으로 잘 알려져 있다. 주기율표에서 리튬은 우주에 아주 풍부하게 존재해서 잘 알려져 있는 수소와 헬륨 바로 다음 자리를 차지하고 있다. 최초 몇 분 동안에 우주는 수소를 융합해 많은 양의 헬륨 원자핵과, 아주 적은 양의 리튬 원자핵을 만들었다. 따라서 리튬은 매우 희귀한 원소이다. 천체 물리학자들은 별 내부에서는 리튬을 만들어 내지 못하고 파괴만 한다는 것을 알게 되었다. 따라서 우주에 있는 리튬의 양은 계속적으로 감소해 왔고 앞으로도 감소할 것이다. 만약 리튬을 원한다면 우주에 리튬이 더 줄어들기 전에 지금 사 두는 것이 좋을 것이다.

천체 물리학자들은 리튬에 관한 이러한 사실을 별의 나이를 측정하는 데 이용하고 있다. 모든 별은 우주 최초 3분 동안에 이루어진 핵융합 반응으로 만들어진 리튬을 같은 비율로 가지고 일생을 시작한다. 그렇다면 그 비율은 얼마나 될까? 리튬은 우주에 존재하는 원자핵 1조 개마다 1개의 비율로 존재한다. 모든 새로운 별은 이 정도 비율의 리튬을 가지고 별로서의 새로운 일생을 시작하지만 핵융합 반응이 리튬을 소모하기 때문에 시간이 지나면서 리튬의 양이 줄어든다. 별의 내부 물질과 외부 물질이 연속적으로, 때로는 일시적 사건으로 인해 혼합되면서 수천 년이 지나면 별의 외부 물질 일부도 내부와 마찬가지로 적은 양의 리튬을 포함하게 된다.

천체 물리학자가 젊은 별을 찾기 위해서는 리튬을 가장 많이 포함하고 있는 별을 찾으면 된다. 별의 스펙트럼 분석으로 수소 원자핵과 리튬 원자핵의 비율을 알아내면, 별의 나이와 별 표면층에 포함된 리튬의 양 사이 관계를 나타내는 그래프에서 이 별이 어떤 위치에 놓이는지 알 수 있다. 이 방법을 이용하면 성단에서 가장 젊은 별들을 찾아낼 수 있고 확신을 가지고 이들에게 리튬의 양에 근거한 나이를 부여할 수 있다. 별들은 효과적으로 리튬을 파괴하기 때문에 늙은 별들은 리튬을 거의 가지고 있지 않다. 따라서 이 방법은 수억 년보다 젊은 별들의 나이를 결정할 때만 사용할 수 있다. 젊은 별들의 나이를 리튬을 이용해 결정하는 이 나이 측정법은 놀라운 결과를 가져다주었다. 태양과 비슷한 질량을 가지고 있는, 오리온 성운에 새롭게 형성된 20여 개의 별에 대한 최근 연구에서 이들의 나이가 100만 년과 1000만 년 사이라는 것을 알아냈다. 언젠가 천체 물리학자들은 더 젊은 별들을 찾아내겠지만 현재로서는 100만 년이 우리가 식별해 낼 수 있는 별의 가장 젊은 나이이다.

+++

새로 태어난 별들은 자신들이 태어난 기체 보금자리를 공간으로 날려 보내는 것을 제외하면 오랫동안 누구도 괴롭히지 않고 자신들의 핵에서 수소를 융합해 헬륨을 만들어 내고 리튬 원자핵을 파괴하면서 조용히 지낸다. 그러나 세상에 영원한 것은 없다. 수백만 년 동안 부근에 있는 거대한 구름으로부터 중력의 간섭을 받으면서 함께 태어난 별들을 은하 속으로 흩어 버려 대부분의 성단 후보들은 '증발'해 사라지고 여기저기 별들이 외롭게 빛나게 된다.

태양이 형성되고 거의 50억 년이 흐른 지금 아직 살아 있는지 죽어 버렸는지 모르지만 함께 태어났던 태양의 형제들은 모두 어디론가 사라져 버렸다. 우리 은하와 다른 은하 내의 질량이 작은 별들은 핵융합 반응을 아주 천천히 진행하기 때문에 오랫동안 살 수 있다. 태양과 같은 중간 크기의 별들은 마지막에는 외곽 기체층을 거의 100배나 팽창시켜 적색 거성으로 변한다. 이렇게 팽창된 외곽층은 변가 야하게 연결되어 있기 때문에 결국은 공간으로 퍼져 나가고, 이 별에 100억 년 동안이나 빛날 수 있도록 에너지를 공급했던 핵 반응의 생성물로 이루어진 핵만 남게 된다. 공간으로 퍼져 나간 기체는 지나가는 구름에 섞여 다음 세대의 별을 탄생시킬 준비를 할 것이다.

그리 흔하게 발견되지는 않지만 질량이 매우 큰 별들은 진화 과정의 모든 단계를 밟게 된다. 이런 별들은 큰 질량으로 인해 질량이 작은 별들보다 훨씬 빠른 속도로 핵 연료를 소모하고 많은 에너지를 방출하기 때문에 수백만 년보다도 짧은 일생을 산다. 이런 별들 중 일부는 태양의 100만 배가 넘는 에너지를 방출한다. 질량이 큰 별의 핵에서 진행되는 계속적인 열핵융합 반응은 수소를 사용해 헬륨을 만들어 내는 것을 시작으로 탄소, 질소, 산소, 네온, 마그네슘, 규소, 칼슘 등 수십 가지 새로운 원소들을 생산한다. 이 별 용광로는 잠시 동안 전체 은하보다도 더 밝게 빛나는 마지막 대폭발의 불꽃으로 더 많은 원소를 생산해 낸다. 천체 물리학자들은 이런 불꽃을 초신성이라고 부른다. 이런 초신성은 겉보기에는 5장에서 설명한 SN Ia 초신성과 비슷해 보인다. 초신성 폭발 시에 나오는 에너지는 핵융합 반응을 통해 이미 만들어졌던 원소들과 초신성 폭발 시에 새로 만들어진 원소들을 포함하는 강한 별 바람을 일으킨다. 이 별 바람은 은하 공간에 여러 가지 원소들을 흩어 놓아 부근에 있는 성간 구름의 성분을 더욱 다양하게 해 새로운 먼지 알갱이가 만들어 질 수 있도록 한다. 이때 만들어진 강한 별 바람은 성간 구름 속을 초음속으로 통과하며 압력을 가해 별을 형성하는 데 필요한 고밀도의 질량 덩어리를 만들기도 한다.

초신성이 우주에 주는 가장 큰 선물은 행성과 생명체, 그리고 인간을 만드는 데 사용될 수소와 헬륨 이외의 무거운 원소를 제공하는 것이다. 지구상에 살고 있는 우리는 은하의 긴 역사 속에서 태양계가 형성되기 수십억 년 전에 폭발한 수없이 많은 별의 생산물로 만들어졌다. 태양과 행성을 포함한 태양계는 어둡고 먼지투성이인 성간 구름 깊숙한 곳에서 전 세대의 질량이 큰 별이 제공한 풍부한 화학 성분을 농축해 만들어졌다.

+++

우리는 어떻게 헬륨보다 무거운 원소들이 별 내부에서 만들어졌다는 사실을 알게 되었을까? 20세기 과학적 발견 중에 그 가치를 제대로 인정받지 않은 발견에 주는 상이 있다면, 그 상은 질량이 큰 별이 죽어갈 때 폭발로 인해 밝게 빛나는 초신성이 우주에 존재하는 무거운 원소의 근원이라는 것을 밝혀낸 연구에 주어져야 할 것이다. 그 가치를 제대로 평가받지 못한 이 발견은 1957년 미국의 과학 학술지《리뷰 오브 모던 피직스(*Review of Modern Physics*)》에 실린 「별 내부에서의 원소의 합성(The synthesis of the elements in stars)」이라는 제목의 연구 논문에 포함되어 있다. 이 논문은 엘리너 마거릿 버비지(Eleanor Margaret Burbidge, 1919년~), 제프리 로널드 버비지(Geoffrey Ronald Burbidge, 1925~2010년), 윌리엄 앨프리드 파울러(William Alfred Fowler, 1911~1995년), 그리고 프레드 호일이 공동으로 작성한 것이었다. 이 논문에서 4명의 저자들은 40년 동안이나 과학자들이 고민해 온 별의 에너지원이 무엇인가 하는 것과 핵융합 반응이 어떻게 일어나는가 하는 두 가지 핵심적인 과제를 새롭게 이해하고 하나의 과제로 합칠 수 있는 이론적이고 수학적인 체계를 제시했다.

원자핵 반응이 어떻게 원자핵을 파괴하고 만들어 내는지를 다루는 우주 핵화학(cosmic nuclear chemistry)은 항상 어려운 문제였다. 우주 핵화학이 해결해야 할 핵심 과제에는 다음과 같은 핵심적인 질문들이 포함되어 있었다. 여러 가지 원소가 여러 가지 다른 온도와 압력 하에서 어떻게 행동하는가? 원소들은 융합하는가 아니면 분열하는가? 그런 일은 얼마나 자주 일어나는가? 이런 과정은 새로운 에너지를 공급하는가, 아니면 흡수하는가? 그리고 그런 과정은 주기율표에 있는 다른 원소들에 어떻게 다르게 일어나는가?

주기율표가 우리에게는 어떤 의미를 가지고 있는가? 우리는 과학반 벽에 걸려 있던 커다란 도표를 기억할 것이다. 여러 개의 사각형으로 이루어진 이 도표에는 사춘기 학생들이 별로 관심을 기울이지 않는 먼지투성이의 화학 실험 이야기를 전해 주는 비밀스러운 문자와 기호가 포함되어 있다. 그러나 이들이 가지고 있는 비밀을 아는 사람들에게는 주기율표가 이 도표 속 원소들을 있게 한 격렬했던 우주 이야기를 들려준다. 주기율표에는 우주에 존재한다고 알려진 모든 원소들이 원자 번호가 증가하는 순서로 배열되어 있다. 원자 번호는 원자핵 속에 들어 있는 양성자의 수를 나타낸다. 양성자 1개를 가진 수소와 양성자 2개를 가진 헬륨이 가장 가벼운 두 가지 원소이다. 앞서 말한 1957년 논문의 저자들은 적당한 온도와 압력, 그리고 밀도에서는 별들이 수소와 헬륨을 사용해 주기율표에 포함된 다른 모든 원소들을 만들어 낼 수 있다는 것을 알아냈다.

원자핵들은 상호 작용을 통해 새로운 원소를 만들어 내기도 하고, 원자핵을 파괴하기도 한다. 이런 현상들을 이해하기 위해서 우주 핵화학자들은 원자핵들의 '충돌 단면적(collision cross section)'을 계산하고 측정하는 문제를 다루어야 한다. 충돌 단면적은 하나의 입자가 다른 입자와 상호 작용하기 위해서 얼마나 가까이 다가가야 하는가를 나타낸다. 물리학자들은 길 위를 달리고 있는 레미콘 트럭과 그 위에 실려 가는, 트럭 2배 길이의 이동식 주택의 충돌 단면적을 쉽게 계산할 수 있다. 그러나 원자보다 작아 보이지 않는 입자들의 충돌 단면적을 계산할 때는 여러 가지 어려움에 부딪히게 된다. 충돌 단면적에 대한 자세한 이해는 핵 반응의 비율을 계산할 수 있도록 했다. 때로는 충돌 단면적에 대한 작은 불확실성으로 인해 크게 잘못된 결론에 도달하기도 한다. 그들이 겪는 어려움은 한 도시의 지하철에서 다른 도시의 지하철 지도를 가지고 길을 찾아갈 때 겪는 어려움과 비슷하다고 할 수 있다. 기초 이론이 정확하더라도 충돌 단면적에 대한 자세한 내용이 틀렸다면 잘못된 결과에 도달하고말 것이다.

충돌 단면적에 대한 정확한 지식이 없었음에도 불구하고 20세기 전반의 과학자들은 우주 어딘가에서 새로운 원자핵이 만들어지고 있다면 그것은 별의 내부일 것이라고 생각했다. 1920년에 이론 천체 물리학자 아서 스탠리 에딩턴(Arthur Stanley Eddington, 1882~1944년)은 「별 내부의 구조(The internal constitution of the stars)」라는 논문을 발표했다. 이 논문에서 그는 원자와 원자핵 물리학 연구의 중심지였던 영국의 캐번디시 연구소(Cavendish Laboratory)가 우주에서 한 원자핵을 다른 원자핵으로 바꿀 수 있는 유일한 장소가 아니라고 주장했다.

그러나 그러한 변환이 일어난다는 것을 받아들이는 것이 가능할까? 그러한 일이 일어나고 있다고 주장하기가 쉽지는 않지만 그런 일이 일어나지 않는다고 주장하기는 더욱 어렵다. 캐번디시 연구소에서 가능한 일이 태양에서는 어렵지 않게 일어날 수 있을 것이다. 나는 별들이 성운 속에 흔하게 포함되어 있는 가벼운 원소들을 더 복잡한 원소들로 합성하고 있다는 의심을 떨쳐 버릴 수가 없다.

버비지 부부(마거릿 버비지와 제프리 버비지), 파울러, 그리고 호일의 자세한 연구의 선구가 되었던 에딩턴의 논문은 원자와 원자핵의 물리적 성질을 이해하게 해 주는 양자 물리학이 성립하기 몇 년 전에 출판되었다. 놀라운 통찰력으로 에딩턴은 수소와 헬륨, 그리고 다른 원자핵들의 열핵융합 반응을 통해 생산되는 별의 에너지에 대한 시나리오를 만들기 시작했다.

원소를 만들어 내는 다른 단계들이 에너지를 방출하기도 하고 때로는 에너지를 흡수하기도 하지만 우리는 별의 에너지원을 수소에서 헬륨으로 바뀌는 핵융합으로만 한정할 필요는 없다. 전체 상황은 다음과 같이 요약할 수 있을 것이다. 모는 원자들은 수소 원자들이 합성되어 만들어진다. 아니면 적어도 한때는 수소에서 형성되었을 것이다. 그리고 별의 내부는 이러한 진화가 일어나는 장소일 가능성이 크다.

원소의 변환을 다루는 모형은 지구와 우주에서 발견되는 다양한 원소들의 존재를 설명할 수 있어야 한다. 이것을 위해 물리학자들은 별 내부에서 한 종류의 원소가 다른 종류의 원소로 바뀌면서 에너지를 생산하는 기초적인 과정을 찾아내야 했다. 아직 중성자가 발견되지 않았던 1931년에 영국의 천체 물리학자 로버트 데스코트 앳킨슨(Robert d'Escourt Atkinson, 1898~1982년)은 잘 정리된 양자 물리학 이론을 이용해 중요한 논문을 발표했다. 이 논문에서 그는 "별 에너지와 원소의 기원을 설명하기 위해 별 내부에서 가벼운 원소에 양성자와 전자가 한 번에 하나씩 계속 적으로 더해져서 여러 가지 원소들을 차례차례 만들어 낸다."라고 설명 했다.

같은 해에 미국의 핵화학자 윌리엄 드레이퍼 하킨스(William Draper Harkins, 1873~1951년)는 "원자핵 내에 포함된 양성자와 중성자의 수를 나타내는 원자량이 작은 원소들은 원자량이 큰 원소들보다 종류가 풍부하며, 원자핵 속에 들어 있는 양성자의 수를 나타내는 원자 번호가 짝수인 원소는 홀수 원자 번호를 가지는 비슷한 크기의 원소보다 종류가 평균적으로 10배나 더 많다."라고 주장하는 논문을 발표했다. 하킨스는 상대적으로 풍부하게 존재하는 원소의 종류는 연소와 같은 화학 반응이 아니라 핵융합 반응으로 결정된다고 추정했으며 무거운 원소는 가벼운 원소로부터 합성된다고 주장했다.

별의 내부에서 일어나고 있는 핵융합 반응의 자세한 과정을 이해하게 되면 결국 우주에 존재하는 여러 가지 원소, 특히 이미 존재하던 원소에 양성자 2개와 중성자 2개로 이루어진 헬륨 원자핵을 더해 만들 수 있는 원소들이 어떻게 존재할 수 있게 되었는지를 설명할 수 있을 것이다. 이런 원소들이 하킨스가 언급한 "원자 번호가 짝수인" 풍부한 원소들이었다. 그러나 원소들의 존재와 상대적 존재 비율은 아직 잘 설명되지 못하고 있었다. 우주에는 또 다른 원소 제조 방법이 있는 것이 틀림없어 보였다.

1932년에 캐번디시 연구소에서 일하던 영국의 물리학자 제임스 채드윅(James Chadwick, 1891~1974년)이 발견한 중성자는 원자핵 융합에서 에딩턴이 생각하지 못했던 중요한 역할을 한다. 같은 종류의 전하를 띠는 모든 입자들이 그렇듯이 양성자도 전기적으로 서로 반발하기 때문에 양성자를 합치는 것은 매우 어려운 일이다. 양성자가 융합하기 위해서는 높은 온도와 압력, 그리고 밀도를 이용해 전기적 반발력을 극복하고 강한 핵력이 작용할 수 있는 거리까지 양성자들을 충분히 가까이 접근시켜야 한다. 그러나 전하를 띠지 않은 중성자는 다른 입자들을 밀어내지 않기 때문에 쉽게 원자핵에 접근해 양성자들 사이에 작용하는 것과 같은 핵력으로 다른 입자들과 합칠 수 있다. 그러나 이런 과정만으로는 새로운 원소가 만들어지지는 않는다. 원소의 종류는 원자핵 속에 들어 있는 양성자 수에 따라 결정되기 때문이다. 원자핵에 중성자가 더해지면 원자핵이 가지는 전체 전하량은 같으면서 세부적인 면에서 조금 다른 처음 원소의 동위 원소가 만들어진다. 어떤 원자핵들은 자유롭게 움직이던 중성자를 원자핵에 받아들이면 불안정해진다. 그런 경우에 중성자는 원자핵에 머물러 있는 양성자와, 즉시 원자핵을 떠나는 전자로 변환된다. (원자핵 속에 들어 있는 양성자 수와 중성자 수가 일정한 비율을 이룰 때만 원자핵이 안정한 상태가 된다. 중성자의 침투로 이런 비율이 깨지면 원자핵이 불안정해진다. 그러면 중성자가 붕괴되고 양성자, 전자, 중성미자가 만들어지면 안정한 원자핵으로 바뀐다. 이런 반응을 베타 붕괴라고 한다. ─ 옮긴이) 이런 방법으로 목마를 타고 트로이에 침입했던 그리스 병사들처럼 양성자가 중성자로 가장해 원자핵에 침투할 수 있다.

중성자의 흐름이 높게 유지되면 각각의 원자핵들은 첫 번째 중성자가 붕괴하기 전에 여러 개의 중성자를 흡수할 수 있다. 이렇게 급속하게 원자핵에 흡수된 중성자들은 '급속한 중성자 포획 과정'에 따라 만들어진 원소들로 이루어진 원소 집단을 형성한다. 이들은 하나의 중성자가 포획된 후 다음 중성자가 포획되기 전에 처음 중성자가 양성자와 전자로 붕괴되는 '느린 중성자 포획 과정'으로 만들어진 원소들과는 다른 종류의 원소들이다.

급속한 중성자 포획 과정과 느린 중성자 포획 과정은 모두 열핵융합 과정으로 만들어지지 않는 새로운 원자들을 만들어 낸다. 자연에 존재하는 나머지 원소들은 몇 가지 다른 방법으로 만들어진다. 그중에는 높은 에너지를 가지는 감마선 광자가 큰 원자핵에 충돌해 작은 원자핵으로 조각내 버리는 방법도 있다.

 질량이 큰 별의 일생을 너무 단순화하는 위험은 있지만 별들은 내부에서 에너지를 생산하고 방출하면서 중력으로 인한 붕괴로부터 자신을 지키며 살아가고 있다고 말할 수 있다. 핵융합을 통한 에너지 생산 없이는 별을 이루는 기체는 스스로의 중력으로 붕괴해 버릴 것이다. 이런 운명은 핵에 있는 수소를 모두 소모한 별들에게 닥쳐온다. 이미 언급했듯이 수소를 헬륨으로 변환시킨 다음에는 큰 별의 핵에서는 헬륨을 탄소로, 탄소를 산소로, 산소를 네온으로, 그래서 결국은 철로 변환시키는 다음 단계의 핵융합 반응이 진행된다. 이런 일련의 핵융합 과정이 성공적으로 진행되기 위해서는 더욱 강해지는 전기적 반발력을 극복하기 위해 점점 더 높은 온도가 필요하다. (원자핵이 커지면 원자핵 속에 포함되어 있는 양성자 수도 많아져 원자핵 사이의 전기적 반발력도 커지기 때문에 핵융합 반응이 일어나기 위해서는 온도가 더 높아야 한다. ─ 옮긴이) 다행스럽게도 이런 조건은 별 스스로 만들어 낼 수 있다. 각 단계의 핵융합 반응이 끝나 별의 에너지원이 일시적으로 작동을 중지하게 되면 중력으로 인한 수축이 진행된다. 이런 수축으로 온도가 더 높이 올라가 다음 단계의 핵융합 반응이 시작된다. 그러나 세상에 영원히 계속되는 것은 없는 법이기 때문에 별들은 결국 엄청난 문제에 직면하게 된다. 철 원자핵의 핵융합은 에너지를 방출하지 않고 오히려 에너지를 흡수한다. 이것은 별들이 더 이상 핵융합을 통해 에너지를 공급받아 중력에 대항할 수 없게 된다는 것을 뜻한다. 이 시점에서 별은 갑자기 붕괴하면서 엄청난 에너지를 방출해 내부 온도를 급속하게 상승시켜 별을 이루고 있던 물질 대부분을 공간으로 날려 보내는 엄청난 폭발이 일어난다.

이러한 초신성 폭발 과정에서 양성자, 중성자, 그리고 에너지를 이용해 여러 가지 다른 방법으로 새로운 원소들이 만들어진다. 1957년에 버비지 부부, 파울러, 그리고 호일은 ① 잘 증명된 양자 물리학의 법칙 ② 폭발에 관한 물리학 ③ 최근에 측정한 충돌 단면적 ④ 원자를 다른 원자로 변환하는 여러 가지 과정 ⑤ 별의 진화 과정에 관한 이론 등을 결합해 초신성 폭발이 우주에 존재하는 수소와 헬륨보다 무거운 원소들의 중요한 공급원이라고 주장했다.

질량이 큰 별이 무거운 원소의 공급원이라면 초신성은 원소들을 흩어 버리는 총이라고 할 수 있다. 네 과학자는 남은 또 하나의 어려운 문제에 대한 해답을 덤으로 구할 수 있게 된 것이다. 별 내부에서 수소와 헬륨보다 무거운 원소들이 만들어지더라도 이 원소들이 우주 공간에 퍼져 다음 세대의 별을 형성하는 데 참여할 수 없다면 나머지 우주에게는 아무 소용이 없는 일이다. 버비지 부부, 파울러, 그리고 호일은 별 내부에서 새로운 원소를 만들어 내면서 일어나고 있는 핵융합 반응에 대한 우리의 이해와 우주에서 우리가 관찰하고 있는 원소들을 성공적으로 연결했다. 그들의 결론은 수십 년 동안의 검증 과정을 거쳐 살아남았다. 따라서 그들의 논문은 우주가 어떤 일을 하는지에 대한 우리의 이해의 전환점이었다고 할 수 있다.

그렇다. 지구와 지구 생명체는 모두 별 먼지에서 왔다. 물론 우리가 우주 화학의 모든 문제를 해결한 것은 아니다. 한 가지 흥미로운 사실은 1937년에 처음으로 지구에 있는 실험실에서 인공적으로 만들어 낸 원소 테크네튬과 관계된 것이다. 테크네튬이라는 이름은 '인공'이라는 뜻을 가진 그리스 어 테크네토스(technetos)에서 유래했다. 우리는 아직 지구의 자연 상태에서 테크네튬을 발견하지 못했다. 그러나 천문학자들은 우리 은하에 있는 적색 거성의 대기에서 이 원소를 소량 찾아냈다. 만약 테크네튬의 반감기가 200만 년으로 테크네튬이 발견된 별의 수명보다 훨씬 짧지 않았다면 적색 거성에서 테크네튬을 발견한 것은 그리 놀라운 뉴스가 되지 못했을 것이다. 테크네튬의 수수께끼는 아직 천체 물리학자들이 의견 일치를 보지 못한 새로운 이론을 내놓게 했다.

이 희귀한 원소를 포함하고 있는 적색 거성은 그리 흔하지 않다. 하지만 이 문제에 관심을 가지고 있는 일부 천체 물리학자들, 특히 분광학자들이《화학적으로 특이한 적색 거성에 관한 정보지(*Newsletter of Chemically Peculiar Red Giant Stars*)》라는 신문을 발행해 배포할 수 있는 정도로는 많이 발견된다. 길거리의 신문 가판대에서는 구입할 수 없는 이 신문은 학회 소식이나 현재 진행되고 있는 연구 내용을 주로 싣고 있다. 아직도 풀리지 않은 이 문제에 관심이 있는 과학자들에게는 이 문제가 블랙홀, 퀘이사, 그리고 초기 우주와 관계된 문제들만큼이나 중요해 보인다. 그러나 우리는 이와 관련된 뉴스를 절대로 들을 수 없을 것이다. 왜 그럴까? 늘 그렇듯이 뉴스 매체들이 무엇을 다룰 것인지, 그리고 무엇을 다루지 않을 것인지를 결정하기 때문이다. 우리 행성과 우리 자신을 구성하고 있는 원소들의 기원에 대한 뉴스는 그들의 잣대로 볼 때는 뉴스 가치가 없는 소식임이 틀림없다.

이제 현대 사회가 당신에게 가한 잘못을 시정할 기회가 왔다. 주기율표를 여행하면서 여기저기에 멈추어 여러 가지 원소들의 흥미로운 사실들을 기록해 보자. 그리고 우주가 어떻게 우주 초기 빅뱅으로 인해 만들어진 수소와 헬륨으로부터 이 많은 원소들을 만들어 냈는지를 생각해 보자.

10장

원소 동물원

지난 2세기 동안 물리학자와 화학자 들이 만들어 낸 원소 주기율표는 우주에서 현재 알고 있고 앞으로 발견하게 될지도 모르는 모든 원소들의 화학적 성질을 체계적으로 정리해 보여 주는 표이다. 이 때문에 주기율표는 문명의 상징이며 지식을 체계화하는 우리의 능력을 보여 주는 사례라고 할 수 있다. 주기율표는 과학이 실험실에서만 아니라 입자 가속기에서, 그리고 우주 시공간의 개척지에서 이루어 낸 인류의 놀라운 탐험 정신을 증명하고 있다.

이러한 찬사에도 불구하고 주기율표를 대할 때마다 미국의 만화가 닥터 수스(Dr. Seuss, Theodore Seuss Geisel, 1904~1991년, 1900년대 활동했던 미국의 극작가이며 소설가. 대표 작품으로는 『모자 쓴 고양이(*Cat in the Hat*)』, 『초록색 계란과 햄

(*Green Eggs and Ham*)』 등이 있다. ─ 옮긴이)가 상상 속에서 만들어 낸 괴상한 야수들을 만날 때처럼 어른들도 충격을 받는다. 버터 칼로 자를 수 있을 정도로 활성이 큰 금속인 소듐과 지독한 악취를 내는 유독성 기체인 염소를 결합하면 소금이 만들어진다는 것이 쉽게 이해될 수 있을까? 소금은 전혀 해롭지 않을 뿐만 아니라 우리 생활에 없어서는 안 될 물질이다. 지구와 우주에서 가장 흔한 원소들인 수소와 산소는 어떤가? 하나는 폭발성이 있는 기체인 반면 하나는 급속한 연소를 돕는 기체이다. 그러나 이 두 원소가 만나면 불을 끄는 액체인 물이 된다.

주기율표 가게에서 가능한 몇 가지 화학 반응을 통해서 우주에서 가장 중요한 몇 가지 원소들을 가려낼 수 있다. 이 원소들은 천체 물리학자들의 렌즈를 통해 주기율표가 가지고 있는 또 다른 면을 찾아낼 수 있도록 할 것이다. 우리는 이런 기회를 놓치지 않고, 즐거운 마음으로 주기율표를 여행하면서 중요한 원소들과 인사를 나누고, 이들이 그리 괴상하게 생기지 않은 것을 다행스럽게 생각해 보자.

주기율표를 보면 원자핵 속에 포함되어 있는 양성자의 수를 나타내는 '원자 번호'에 따라 원자들의 종류가 결정된다는 것을 알 수 있다. 완전한 원자에서는 항상 음전하를 띠며 원자 번호와 같은 수만큼 존재하는 전자가 원자핵 주위의 궤도를 돌고 있다. 따라서 원자 전체의 전하는 0이 된다. 동위 원소는 가지고 있는 양성자 수는 같지만 중성자 수가 다른 원소이다.

수소. 하나의 양성자로 이루어진 원자핵을 가지고 있는 수소는 빅뱅 후 몇 분 동안에 만들어진 가장 간단한 원소이다. 그리고 자연에 존재하는 94가지 원소 중에서 우주에 가장 많이 존재하는 원소이다. 인간의 몸을 구성하는 원자의 3분의 2, 그리고 태양과 큰 행성들을 포함한 우주를 구성하는 원소들의 90퍼센트가 수소이다. 태양계에서 가장 질량이 큰 행성인 목성의 내부에 있는 수소는 큰 압력 때문에 기체가 아니라 전도성을 띠는 고체처럼 행동해 목성이 강한 자기장을 띠도록 하고 있다. 영국의 화학자 헨리 캐번디시(Henry Cavendish, 1731~1810년)는 1766년에 물을 가지고 실험하다가 수소를 발견했다. 수소를 뜻하는 영어 단어 'hydrogen'은 물을 의미하는 그리스 어 하이드로(hydro)와 창조를 뜻하는 그리스 어 제네스(genes)를 결합해 만든 단어로 '물을 만드는 원소'라는 의미를 가지고 있다. 천문학자들에게는 캐번디시가 뉴턴의 중력 방정식에 들어 있는 중력 상수 G를 정확히 측정해 지구 질량을 최초로 정밀하게 구한 사람으로 더 잘 알려져 있다. 1500만 도가 넘는 태양의 핵에서는 빠른 수소 원자핵(양성자)들이 충돌해 헬륨 원자핵을 합성하는 핵융합 반응을 통해 매초 4500만 톤의 수소가 헬륨 원자핵으로 바뀌고 있다. 이때 질량의 약 1퍼센트는 에너지로 바뀌고 나머지 99퍼센트는 헬륨 원자핵을 만든다.

헬륨. 우주에 두 번째로 풍부한 원소인 헬륨은 지구의 지하 광물 속에서 발견된다. 많은 사람들은 헬륨의 이상한 성질에 대해서 잘 알고 있으며 그것을 실험하기 위해 매장에서 헬륨을 사고 있다. 공기보다 밀도가 낮은 헬륨 기체를 들이마시면 기관지 내의 진동수를 증가시켜 목소리를 미키 마우스처럼 바꾼다. 우주에는 수소를 제외한 다른 원소를 모두 합한 것보다 4배나 많은 헬륨이 존재한다. 전 우주에 존재하는 헬륨 양에 대한 예측은 빅뱅 우주론의 중요한 부분을 차지한다. 이 이론에 따르면 빅뱅 직후의 뜨거운 불길 속에서 만들어진 헬륨의 양은 우주를 구성하는 모든 원소의 8퍼센트 정도로 전 우주에 골고루 퍼져 있다. 별 내부에서 일어나고 있는 수소의 열핵융합 반응에 의해 추가로 헬륨이 만들어지고 있기 때문에 장소에 따라서는 최초의 헬륨 비율인 8퍼센트보다 더 많은 헬륨이 포함되어 있을 수 있다. 그러나 빅뱅 우주론이 예상했던 대로 우리 은하와 다른 은하에서 이 비율보다 적은 양의 헬륨을 포함하고 있는 지역은 발견되지 않았다.

지구에서 헬륨을 발견하기 약 30년 전인 1868년에 있었던 개기일식 때 태양의 스펙트럼을 조사하던 천체 물리학자들이 태양에서 먼저 헬륨을 발견했다. 그들은 전에는 알려지지 않았던 이 원소에 그리스 어로 태양을 뜻하는 헬리오스(*helios*)라는 단어를 따라 헬륨이라는 이름을 붙였다. 헬륨은 공기 중에서 수소의 92퍼센트나 되는 부력을 가지고 있으면서도, 비행선 힌덴부르크(Hindenburg) 호를 폭발시켰던 수소와 달리 폭발성은 없는 것이 특징이다. 헬륨은 뉴욕의 메이시(Macy) 백화점 추수감사절 행진에 사용되는 대형 풍선 주인공들을 채울 기체로 사용되고 있다. 이로 인해 메이시는 전 세계에서 미국 육군 다음으로 헬륨을 많이 사용하는 고객이 되었다.

리튬. 세 번째로 간단한 원소인 리튬은 원자핵에 양성자 3개를 가지고 있다. 수소나 헬륨과 같이 리튬도 빅뱅 직후에 만들어졌다. 그러나 핵융합 반응으로 별 내부에서 계속적으로 만들어지는 헬륨과는 달리 리튬은 별 내부에서 핵융합 반응이 일어나는 동안 파괴된다. 따라서 이 이론이 옳다면 리튬이 우주 초기에 생산된 적은 양(전체 원자의 0.0001퍼센트 이하)보다 많이 발견되는 천체나 지역이 없어야 한다. 우주 초기 몇 분 동안에 있었던 원소 형성 과정을 설명하는 이론이 예측한 대로 아직 아무도 이보다 더 많은 양의 리튬을 포함하고 있는 은하를 발견하지 못했다. 헬륨 양의 최소 한도와 리튬 양의 최대 한도를 결합하면 빅뱅 우주론의 진위를 확인해 볼 수 있는 방법을 찾아낼 수 있을 것이다. 빅뱅 우주론을 확인해 볼 수 있는 이와 비슷한 또 다른 실험으로는 양성자 하나와 중성자 하나가 결합되어 만들어진 중수소의 양을 보통의 수소의 양과 비교해 보는 것이 있다. 처음 수 분 동안의 핵융합은 수소의 두 가지 동위 원소를 모두 만들었지만 하나의 양성자로 이루어진 보통의 수소를 훨씬 더 많이 만들었다.

베릴륨, 붕소. 주기율표에서 리튬 다음에 있으면서 원자핵에 양성자를 각각 4개, 5개 가지고 있는 베릴륨과 붕소는 대부분 우주 초기의 핵융합 반응으로 만들어졌다. 이 원소들은 우주에 비교적 적은 양만 존재한다. 수소와 헬륨 다음으로 가벼운 세 원소들(리튬, 베릴륨, 붕소)은 지구에서 매우 희귀하다. 지구 생명체들이 진화 과정에서 이 원소들을 경험했을 가능성이 없기 때문에 실수로 이 원소들을 섭취하면 무슨 일이 일어날지 알 수 없다. 흥미로운 사실은 리튬을 적당량 복용하면 어떤 종류의 정신병을 완화한다는 것이다.

탄소. 원자 번호가 6인 탄소로 인해 주기율표는 전성기를 맞이하게 된다. 원자핵에 양성자 6개를 가지고 있는 탄소 원자를 포함하는 분자는 그렇지 않은 모든 분자보다 종류가 더 다양하다. 우주에는 별 내부의 용광로에서 만들어져 우주 공간에 흩어진 탄소가 상대적으로 많이 존재하고 있다. 풍부한 양과 다른 원소와 화학 결합을 잘 하는 성질로 인해 탄소는 생명체를 이루는 기본적인 원소가 되었다. 우주에 탄소보다 조금 더 많은 **산소** 역시 매우 활성도가 큰 원소이다. 산소는 양성자 8개를 가지고 있다. 탄소와 마찬가지로 산소도 별 내부에서 만들어져 늙은 별로부터 방출되었거나 초신성 폭발을 통해 우주에 더해진 원소이다. 우리가 잘 알다시피 탄소와 산소는 생명체를 이루는 기본적인 원소이다. 같은 과정을 통해 만들어진 일곱 번째 원소인 **질소**도 우주 전체에 다량 분포되어 있다.

우리가 알지 못하는 생명체는 어떤 원소로 이루어져 있을까? 다른 형태의 생명체가 가지고 있는 복잡한 모양의 심장은 탄소나 산소가 아닌 다른 원소로 만들어져 있지는 않을까? 원자 번호가 14인 **규소**로 생명체를 만들면 어떨까? 규소는 주기율표에서 탄소 바로 아래에 위치한다. 그것은 탄소를 포함하고 있는 화학 물질에 탄소 대신 규소를 넣으면 탄소 화합물과 비슷한 종류의 화합물을 만들 수 있다는 것을 의미한다. 주기율표의 비밀을 아는 사람들은 쉽게 이런 사실을 짐작할 수 있을 것이다. 하지만 결국에는 탄소가 규소보다 쓸모가 많다는 것을 알게 될 것이다. 탄소가 우주에 규소보다 더 많이 분포하고 있다는 사실 외에도 규소가 탄소보다 매우 강하거나 약한 화학 결합을 한다는 사실 때문이다. 특히 규소와 산소의 결합은 매우 강해 단단한 바위를 형성하는 반면에 규소를 기초로 하는 복잡한 분자들은 결합이 약해 탄소를 기초로 하는 분자들처럼 생태계의 시련을 견뎌 내지 못할 것이다. 그러나 이런 사실이 SF 소설가들이 규소를 주인공으로 선택하는 것을 막지 못할 것이다. 이런 사실은 외계 생명체에 대한 우리의 상상력을 자극해 우리가 만나게 될 첫 번째 외계 생명체가 어떤 형태일지 더욱 궁금하게 만들고 있다.

소듐. 원자핵에 양성자 11개를 가지고 있는 소듐은 식탁 위에서 항상 발견되는 소금의 중요한 성분일 뿐만 아니라 도시의 가로등 속에서 길을 밝게 비춰 주는 기체이기도 하다. 소듐 기체를 사용한 가로등은 기존의 백열 전구보다 더 밝게 빛나면서도 수명이 더 길고, 에너지 소모량은 더 적다. 소듐을 사용하는 램프에는 두 가지가 있다. 하나는 일반적으로 사용되는 노란빛이 섞인 흰빛을 내는 고압 소듐 램프이고 다른 하나는 드물게 사용되고 있는 오렌지빛을 내는 저압 소듐 램프이다. 모든 종류의 빛이 천문학자들에게는 방해가 되지만 아주 좁은 범위의 빛만을 내는 저압 소듐 램프의 빛은 쉽게 망원경 자료로부터 제거할 수 있기 때문에 천문학자들의 작업을 덜 방해한다. 지역 사회가 망원경을 이용한 천체 관측을 돕기 위해 미국 애리조나 주의 키트 피크 국립 천문대(Peak National Observatory)에서 가장 가까이 위치한 대도시 투손 시는 전 도시의 가로등을 모두 저압 소듐 램프로 교체했다. 이는 천문학자들의 관측을 방해하지 않을 뿐만 아니라 도시의 에너지 사용량도 줄일 수 있어 경제적으로도 효과적이라는 것이 밝혀졌다.

알루미늄. 원자핵에 양성자 13개를 가지고 있는 알루미늄은 지각 구성물의 10퍼센트를 차지하고 있지만 다른 원소와 강하게 결합되어 있기 때문에 우리 할아버지 세대에게도 낯선 원소였다. 1827년에 와서야 알루미늄이 발견되어 분리되었지만 주석 캔과 주석 호일이 알루미늄 캔과 알루미늄 호일을 대체했던 1960년대까지는 일상 생활에서 거의 사용되지 않았다. 연마한 알루미늄은 거의 완전한 가시광선 반사체이기 때문에 천문학자들은 모든 반사경에 얇은 알루미늄 막을 입혀서 사용하고 있다.

타이타늄. 원자핵에 양성자를 22개 가지고 있는 타이타늄(티타늄)은 밀도가 알루미늄보다 70퍼센트 정도 더 큰 데 비해 강도는 2배나 더 크다. 지구에 아홉 번째로 풍부하고, 가벼우면서도 강한 성질로 인해 타이타늄은 군용 비행기의 부품과 같이 가벼우면서도 강한 금속이 요구되는 곳에 널리 사용되고 있다.

우주 대부분의 지역에서 산소 원자의 수는 탄소 원자의 수보다 많다. 별 내부에서 만들어진 탄소는 산소와 결합해 이산화탄소와 일산화탄소 분자를 만든다. 그러고도 아직 남아 있는 산소 원자들은 타이타늄과 같은 다른 원소와 결합한다. 적색 거성에서 오는 스펙트럼에는 지구인들이 좋아하는 보석에서 자주 발견할 수 있는 산화타이타늄의 붉은 빛이 포함되어 있다. 지구인들의 목에 걸려 있는 사파이어나 루비로 만든 별이 아름다운 색깔로 빛나는 것은 이들을 이루는 결정 속에도 산화타이타늄이 불순물로 포함되어 있기 때문이다. 여기에 산화알루미늄 불순물이 첨가되면 더욱 다양한 색깔을 낸다. 그뿐만 아니라 망원경 돔에 사용되는 흰색 페인트에도 적외선을 방출해 낮 동안 내부 온도가 높아지는 것을 방지하기 위해 산화타이타늄이 첨가되어 있다. 이런 페인트는 밤에 돔을 열 때 망원경 주위 온도를 외부 공기 온도로 빠르게 떨어지게 해 별에서 오는 빛이 공기로 인해 굴절되는 것을 줄여 선명한 상을 맺을 수 있도록 한다. 타이타늄이라는 이름은 토성의 가장 큰 위성인 타이탄과 마찬가지로 그리스 신화에 등장하는 거인 타이탄(Titan)에서 유래했다.

철. 탄소가 생명체에게 가장 소중한 원소라면 원자 번호가 26인 철은 우주의 진화 과정에서 가장 중요한 역할을 하는 원소 중 하나이다. 큰 질량을 포함하고 있는 거대한 별의 핵에서는 핵융합 반응을 통해 원자핵에 포함된 양성자 수를 증가시켜 헬륨으로부터 탄소, 산소, 네온을 거쳐 철에 이르는 모든 원소를 생산해 낸다. 양성자와 중성자의 상호 작용을 설명하는 양자 물리학에 따르면 양성자 26개와 중성자 26개 이상을 가지고 있는 철 원자핵(철 원소는 양성자 26개와 중성자 26개를 가지는 원소가 가장 흔하지만 이보다 많은 중성자를 가지는 동위 원소도 있다. ─옮긴이)은 다른 원자핵들과는 다른 성질을 가지고 있다. 철 원자핵은 모든 원자핵들 중에서 가장 큰 핵자당 결합 에너지(원자핵을 구성하고 있는 양성자와 중성자를 모두 떼어 내어 흩어놓는 데 필요한 총 에너지를 양성자와 중성자의 수로 나눈 값. ─옮긴이)를 가지고 있다. 핵자당 결합 에너지가 크다는 것은 철의 원자핵을 구성 입자들로 분리하기 위해서는 다른 원자핵을 분리할 때보다 더 많은 에너지가 필요하다는 뜻이다. 그리고 이것은 철 원자핵이 핵융합해 더 무거운 원자핵을 만들면 에너지를 방출하는 것이 아니라 에너지를 흡수한다는 뜻이다. 결합 에너지가 가장 큰 철 원자핵은 더 큰 원자핵으로 융합할 때도, 더 작은 원자핵으로 분열할 때도 에너지가 필요하다. 모든 다른 원소들은 두 가지 핵 반응 중 한 가지에서만 외부 에너지를 필요로 하고 다른 반응에서는 에너지를 방출한다.

별들은 $E = mc^2$에 따라 질량을 에너지로 바꾸어 중력으로 인해 스스로 붕괴되는 것을 방지하고 있다. 별 내부에서 핵융합이 진행되는 동안에는 별이 중력 붕괴에 대항하는 데 필요한 충분한 에너지가 핵융합을 통해 공급된다. 그러나 여러 단계의 핵융합 과정을 거치는 동안에 별 내부에는 철 원자핵이 쌓이게 된다. 철 원자핵이 융합해 더 큰 원자핵이 되는 핵융합 반응에서는 에너지를 방출하는 것이 아니라 오히려 흡수하기 때문에 철 원자핵이 쌓이면 핵융합 반응을 통해 더 이상의 에너지를 공급받을 수 없게 된다. 핵융합 반응이라는 에너지원을 잃게 된 별의 핵은 중력에 의해 급속히 수축하다가 결국은 초신성 폭발이라고 하는 거대한 폭발로 일생을 마감하게 된다. 초신성은 약 일주일 동안 수십억 개의 별로 이루어진 은하보다 더 밝게 빛난다. 초신성 폭발은 철 원자핵의 특성, 즉 융합해 더 큰 원자핵이 될 때나 분열해 더 작은 원자핵이 될 때 모두 외부에서 공급해 주는 에너지를 필요로 하는 성질 때문에 일어난다.

지금까지 우리는 우주와 지구의 생명체를 구성하고 있는 중요한 원소들인 수소, 헬륨, 리튬, 베릴륨, 붕소, 탄소, 질소, 산소, 알루미늄, 타이타늄, 그리고 철을 살펴보았다.

이제부터는 주기율표에서 그다지 중요하지 않은 몇몇 원소들에 대해 간단히 살펴보기로 하자. 이 원소들은 우리 주위에서 자주 발견되는 원소들은 아니지만 흥미로운 자연의 작품일 뿐만 아니라 특별한 경우에는 매우 쓸모 있는 원소이기도 하다. 예를 들어 원자핵에 양성자 31개를 가지고 있는 아주 연한 금속 **갈륨**은 녹는점이 낮아 손에 쥐고 체온으로도 녹일 수 있다. 따라서 순수한 상태의 갈륨은 손으로 금속을 녹이는 재미있는 실험에 사용될 수 있다. 갈륨과 염소로 이루어진 염화갈륨은 천체 물리학자들에게 매우 중요한 화합물이다. 염화소듐(소금)의 변종이라고 할 수 있는 염화갈륨은 태양의 핵에서 오는 중성미자를 검출하는 데 사용되는 물질이다. 천체 물리학자들은 중성미자를 검출하기 위해 100톤 가량의 액체 염화갈륨을 지하 탱크에 저장한 후 갈륨 원자핵이 우주에서 날아온 중성미자와 반응해 양성자 32개를 가지고 있는 저마늄(게르마늄) 원자핵으로 바뀌는 반응이 일어나기를 기다린다. 천체 물리학자들은 갈륨이 저마늄으로 바뀔 때 내는 엑스선을 측정해 이런 핵 반응이 일어났다는 것을 알아낸다. 염화갈륨을 이용한 '중성미자 망원경'으로 태양에서 오는 중성미자를 관측한 천체 물리학자들은 '태양 중성미자 문제'라고 불리는 문제를 해결했다. 이 문제는 초기 중성미자 검출기들이 태양 내부 핵융합으로 만들어질 것이라고 예측한 양보다 적은 양의 중성미자밖에 검출하지 못했던 문제이다.

테크네튬. 원자 번호가 43번인 테크네튬 동위 원소의 원자핵들은 불과 수초에서 수백만 년에 이르는 반감기를 가지는 방사성 원자핵들이다. 따라서 지구의 오랜 역사를 견디지 못하고 모두 붕괴해 버렸기 때문에 지구에서는 테크네튬을 생산하는 입자 가속기 외에는 테크네튬을 발견할 장소가 없다. 일부 적색 거성의 대기 중에서 테크네튬이 발견되고 있는데 아직 그 이유를 밝혀내지는 못했다. 앞 장에서 이미 설명한 바와 같이 테크네튬의 반감기는 테크네튬이 발견된 별의 일생에 비해 아주 짧기 때문에 이런 별들이 처음 형성될 때부터 테크네튬을 가지고 있었다면 모든 테크네튬이 오래전에 붕괴되어 버렸어야 한다. 따라서 이런 테크네튬은 별이 처음부터 가지고 있던 것이 아닐 것이다. 천체 물리학자들은 별 내부에서 테크네튬을 만들어 내는 반응이나 내부에서 만들어진 테크네튬이 표면으로 올라오는 과정을 아직 설명하지 못하고 있다. 이것을 설명하기 위해 여러 가지 이론들이 제안되었지만 천체 물리학계에서는 아직 의견 일치를 보지 못하고 있다.

이리듐. 오스뮴, 백금과 함께 이리듐은 주기율표에서 가장 무거운 세 가지 원소 중 하나이다. 원자 번호가 77인 이리듐 0.056세제곱미터에 해당하는 무게는 대략 대형 승용차 한 대와 맞먹는다. 따라서 이리듐으로 종이를 만든다면 창에서 들어오는 바람과 모든 선풍기 바람에도 끄떡없는, 세상에서 가장 무거운 종이가 될 것이다. 이리듐은 과학자들에게 지구 역사상 가장 큰 사건의 현장 증거인, 아직 화약 냄새가 가시지 않은 스모킹건을 선사했다. 세계 곳곳에서는 이리듐을 다량 포함하고 있는, 6500만 년 전 형성된 백악기 제3기 경계층이 발견되고 있다. 생물학자 대부분은 이 지층이 형성된 시기가 공룡을 포함해 작은 상자보다 큰 지상 동물이 모두 멸종된 시기와 일치한다고 믿고 있다. 이리듐은 지구에서는 희귀하지만 금속 성분의 소행성에는 10배나 더 많이 포함되어 있다. 공룡의 멸종 원인을 설명하는 이론 중 어떤 것을 선호하든, 너비 16킬로미터의 소행성이 지구에 충돌해 전 지구를 뒤덮을 만한 구름을 만들었고 이 구름이 빗물로 인해 없어질 때까지 수 개월 동안 태양에서 오는 빛을 차단했다는 주장은 설득력이 있어 보인다.

1952년 11월 태평양에서 최초로 핵폭탄 실험을 하고 난 후 과학자들은 그 잔해 속에서 새로운 원소를 발견했다. 아인슈타인이 어떻게 생각할지 모르겠지만 그들은 이 원소에 **아인슈타이늄**이라는 이름을 붙였다. 아인슈타이늄보다는 아마겟듐(armageddium)이 더 적합한 이름이 아니었을까?

헬륨이라는 이름이 태양에서 유래한 것과 같이 주기율표에 있는 다른 10가지 원소들도 태양을 돌고 있는 천체들에서 이름을 따왔다.

인. 그리스 어로 '빛을 포함하는'이란 뜻을 가진 인은 새벽에 태양이 떠오르기 전에 나타나는 금성의 옛 이름에서 따온 이름이다.

셀레늄. 셀레늄은 그리스 어로 달을 뜻하는 셀레네(*selene*)라는 말에서 유래했다. 셀레늄이 이런 이름을 가지게 된 것은 지구를 뜻하는 라틴 어 텔루스(*tellus*)를 따라 이미 이름 붙여진 원소 텔러륨과 항상 함께 발견되었기 때문이다.

19세기의 첫날이었던 1801년 1월 1일에 이탈리아의 천문학자 주세페 피아치(Giuseppe Piazzi, 1746~1826년)는 화성과 목성 사이의 넓은 공간에서 태양을 돌고 있는 새로운 행성을 발견했다. 로마 신들의 이름을 따서 행성 이름을 지었던 전통에 따라 피아치는 이 행성을 풍요의 신 세레스(Ceres)의 이름을 따서 세레스라고 불렀다. 세레스라는 단어는 우리가 자주 먹는 '시리얼(cereal)'이라는 단어 속에도 아직 남아 있다. 피아치의 발견에 고무되었던 과학계는 피아치의 공로를 인정해 그 후에 발견된 원소를 **세륨**이라고 부르기로 했다. 2년 후에 세레스와 비슷한 궤도를 돌고 있는 또 다른 행성이 발견되었고 지혜를 상징하는 로마의 여신의 이름을 따서 팔라스(Palas)라고 명명되었다. 그 후에 발견된 원소는 이것을 기념해 **팔라듐**이라고 명명되었다. 이러한 이름 짓기는 비슷한 궤도에서 수십 개의 다른 천체가 발견되었던 수십 년 동안 계속되었다. 후에 자세한 관측을 통해 새로 발견된 천체들이 가장 작은 행성보다도 아주 작은 천체들이라는 것이 밝혀졌다. 작고 상처투성이인 바위와 금속 덩어리로 이루어진 소행성들이 태양계 내의 한 자리를 차지하게 된 것이다. 세레스와 팔라스도 행성이 아니라 수백 킬로미터 크기의 소행성이라는 것이 밝혀졌다. 수백만 개에 이르는 소행성들은 대부분 소행성대에서 태양을 돌고 있다. 1만 5000개 정도의 소행성들에 이름이 붙여졌고, 목록에 정리되었다. 이들의 숫자는 주기율표상의 원소의 숫자보다 훨씬 많다.

상온에서 매우 유독한 액체 상태로 존재하는 **수은**은 로마의 빠른 심부름꾼 신의 이름을 따라 명명되었다. 태양계에서 가장 빠르게 운동하고 있는 수성(Mercury)에도 이 이름이 사용되었다.

토륨의 이름은 로마 신화에서 천둥과 번개를 다스리는 제우스와 비슷한 역할을 하는 스칸디나비아의 신 토르(Thor)에서 유래했다. 로마 이름인 주피터(Jupiter)는 목성의 이름이 되었다. 놀랍게도 최근 과학자들은 허블 망원경을 이용해 목성의 극 지방 아래에서 소용돌이치고 있는 구름층에서 대규모 전기 방전이 일어나고 있는 것을 발견했다.

모든 사람들이 가장 좋아하는 토성은 같은 이름을 가진 원소가 없다. 그러나 1789년에 발견된 **우라늄**은 이보다 8년 먼저 허셜이 발견한 천왕성(Uranus)을 기념해 명명되었다. 우라늄의 모든 동위 원소들은 불안정하기 때문에 자발적으로, 그러나 서서히 붕괴하면서 에너지를 방출하고 가벼운 원자핵으로 바뀐다. 연쇄 반응을 통해 이러한 반응이 빠르게 일어나도록 하면 폭발을 일으킬 수 있는 에너지를 얻을 수 있다. 1945년 미국은 첫 번째 우라늄 폭탄을 사용해 일본 히로시마를 잿더미로 만들어 버렸다. 원자핵 속에 양성자 92개가 들어 있는 우라늄은 자연에서 발견되는 가장 크고 무거운 원소라는 영예를 차지하고 있다. 그러나 우라늄 광석에서 더 크고 무거운 원소가 소량 발견되기도 한다.

천왕성과 마찬가지로 해왕성도 자신의 원소를 가지고 있다. 프랑스 수학자 조제프 르베리에(Joseph Leverrier, 1811~1877년)는 천왕성의 운동을 조사하다가 특정 위치에 또 다른 행성이 있을 것이라고 예측했다. 후에 독일 천문학자 욘 갈레(John Galle, 1812~1910년)가 그 위치에서 새로운 행성을 발견했는데, 이것이 바로 해왕성이다. 천왕성이 발견된 후 오래지 않아 우라늄이 발견되었던 것과는 달리 해왕성(Neptune)의 원소 **넵투늄**은 해왕성이 발견되고 97년이 지난 1940년에야 미국 캘리포니아 주립 대학교 캠퍼스의 입자 가속기 사이클로트론을 통해 발견되었다. 해왕성이 태양계에서 천왕성 바로 다음에 있는 것과 마찬가지로 넵투늄은 주기율표에서 우라늄 바로 다음에 있다.

캘리포니아 주립 대학교 캠퍼스에서 사이클로트론을 이용해 연구하던 입자 물리학자들은 자연 상태에서 발견되지 않는 여러 원소들을 발견했다. 그중에는 **플루토늄**도 포함되어 있다. 주기율표에서 넵투늄 바로 다음에 오는 플루토늄은 젊은 천문학자 클라이드 윌리엄 톰보(Clyde William Tombaugh, 1906~1997년)가 미국 애리조나 주의 로웰 천문대(Lowell Observatory)에서 찍은 사진을 분석해 1930년에 발견한 명왕성(Pluto)과 같은 이름을 가지고 있다. 129년 전에 세레스를 발견하고 많은 사람들이 흥분했던 것처럼 미국인이 처음 발견한 명왕성은 많은 미국인들을 흥분시켰다. 명왕성에 대한 자세한 관측 자료가 없었던 당시 사람들은 명왕성이 당연히 천왕성이나 해왕성과 같이 크기와 질량이 큰 행성일 것이라고 생각했다. 그러나 명왕성에 대한 관측 자료가 늘어남에 따라 명왕성의 크기는 점점 작아졌다. 1970년대 후반에 보이저(Voyager) 탐사선이 외부 행성계를 탐사하기 전까지는 명왕성의 크기를 알 수 있는 확실한 관측 자료가 없었다. 우리는 현재 명왕성이 다른 행성들보다 작을 뿐만 아니라 태양계의 커다란 여섯 위성들보다도 작은 천체라는 것을 알게 되었다. 후에 천문학자들은 명왕성의 궤도와 비슷한 궤도에서 수백 개의 다른 천체들을 발견했다. 이러한 천체들의 발견은 아직 발견되지 않은 수많은 작은 얼음 천체들로 가득한 저장고가 있을 것이라는 것을 의미하게 되었다. 오늘날 우리는 그것을 카이퍼 벨트(Kuiper belt)라고 부른다. 정통주의자들은 소행성인 세레스나 팔라스와 마찬가지로 명왕성도 행성인 것처럼 신분을 위장해 주기율표에 살그머니 끼어든 것이 아니냐는 논쟁을 벌이고 있다.

우라늄 원자핵과 마찬가지로 플루토늄 원자핵도 방사능을 가지고 있다. 플루토늄으로 만든 원자 폭탄은 히로시마에 우라늄 원자 폭탄이 투하되고 3일 후에 나가사키에 투하되어 제2차 세계 대전을 조기에 종식시켰다. 과학자들은 태양 빛이 매우 약해 태양 전지를 사용할 수 없는 외부 행성계를 여행하는 우주 탐사선에 에너지를 공급하는 방사성 동위 원소 열전 발전기(radioisotope thermoelectric generators, RTG)의 연료로 소량의 플루토늄을 사용하고 있다. 플루토늄 0.45킬로그램은 가정용 전구를 1만 1000년 동안 켤 수 있고, 한 사람이 비슷한 기간 동안 사용할 수 있는 1000만 킬로와트시(kWh)의 에너지를 생산할 수 있다. 1977년에 발사되어 현재 명왕성보다 훨씬 멀리 떨어진 곳을 여행하고 있는 보이저 우주 탐사선은 아직도 플루토늄 에너지를 이용해 지구에 메시지를 보내오고 있다. 태양과 지구 사이 거리의 거의 100배나 되는 곳까지 간 보이저 탐사선은 태양에서 불어온 하전 입자들로 이루어진 거품 층을 지나 성간 공간으로 뛰어들기 시작했다.

이제 태양계의 경계에서 주기율표의 원소들을 따라 진행한 우주 여행을 끝내야겠다. 알 수 없는 이유로 대부분의 사람들은 화학 물질을 싫어한다. 아마 길고 난해한 화학 물질의 이름이 위험해 보이기 때문일지도 모른다. 그러나 그런 경우에도 우리는 화학 물질이 아니라 그런 이름을 붙인 화학자를 탓해야 한다. 별들과 마찬가지로 우리도 모두 화학 물질로 이루어졌다.

4부

행성의 기원

11장

세상이 아직 젊었을 때

　우주, 우주를 밝혀 주는 별들, 그리고 우주에서 가장 큰 구조인 은하와 은하단은 어떻게 생겨나게 되었을까? 우주의 역사를 밝혀내려고 하는 사람들은 이 의문이 신비의 심연 속에 감추어진 가장 중요한 의문이라고 생각하고 있다. 아무 형체도 없었던 우주에서 어떻게 이런 복잡한 형태의 천체들이 만들어질 수 있었을까? 어떻게, 그리고 왜 빅뱅으로부터 140억 년이 흐른 지금 지구 위에 우리가 존재해서 이런 질문을 하게 되었는지를 설명하기 위해서는 이런 의문들에 먼저 답해야 한다.

　이러한 질문의 답을 찾기 위해서는 아직 최초의 별이 형성되지 않아 우수 전체가 암흑 속에 묻혀 있던 우주 '암흑 시대(dark age, 우주 초기에 만들어졌던 빛이 식어서 가시광선보다 에너지가 작아졌고, 아직 빛을 내는 별들은 형성되지 않아 우주가 온통 어둡던 시기. — 옮긴이)'의 어느 시점부터 물질이 은하나 별과 같은 독립적인 단위로 조직화되기 시작했을까 하는 것에서부터 시작해야 한다. 암흑 시대에 우주를 이루고 있던 물질들은 우리가 감지할 수 있는 빛을 아주 조금만 방출했거나 전혀 방출하지 않았다. 아직 충분히 연구된 것은 아니지만 암흑 시대 동안 구조를 형성하기 시작했던 물질의 흔적을 관측할 가능성은 아주 적다. 이것은 이론이 얼마나 관측 결과와 잘 맞는지를 점검할 수 있는 얼마 되지 않는 기회를 최대한 이용해야 한다는 것을 의미한다. 그리고 그것은 암흑 시대에 물질이 어떻게 행동했는지를 설명하기 위해서는 관측 결과가 아니라 이론에 대부분 의지할 수밖에 없다는 것을 의미한다.

행성의 기원으로 눈을 돌리면 문제는 더 어려워진다. 행성 형성 초기 단계에 대한 중요한 관측 자료가 거의 없을 뿐만 아니라 어떻게 행성이 형성되었는지를 설명해 줄 성공적인 이론도 가지고 있지 않기 때문이다. 최근 몇 년 동안에 행성들이 어떻게 만들어졌는가 하는 질문은 더 넓은 의미를 가지게 되었다. 20세기에는 이 질문이 태양계 행성들에게 집중되어 있었다. 그러나 지난 10년 동안 비교적 가까이 있는 별 주위에서 100개가 넘는 '외계 행성'을 발견해 천체 물리학자들은 행성의 역사를 추론할 수 있는 중요한 자료를 많이 수집할 수 있었다. 이런 자료들은 특히 작고, 어둡고, 밀도가 높은 행성들이 어떻게 빛과 생명을 주는 별과 함께 만들어질 수 있었는지를 알아내는 실마리를 제공할 것이다.

+++

천체 물리학자들이 전보다 더 많은 자료를 가지게 되기는 했지만 아직 예전보다 더 나은 해답을 찾아내지는 못했다. 실제로 우리 태양계의 행성들과는 많이 다른 궤도를 가진 외계 행성들의 발견은 이 문제를 더욱 어렵게 만들어 버렸다. 따라서 행성 형성 과정에 대한 이해에 별다른 진전이 이루어지지 못했다. 어느 정도 크기의 물질 덩어리들이 만들어진 다음 비교적 짧은 시간 동안에 이들이 모여 큰 천체를 형성하게 되는 과정에 대해서는 어느 정도 이해할 수 있게 되었다. 하지만 우주 공간에 흩어져 있던 기체와 먼지로부터 어떻게 물질 덩어리들이 만들어지기 시작했는지에 대해서는 그럴듯한 설명을 아직 찾아내지 못하고 있다.

이 문제의 세계적인 전문가인 프린스턴 대학교의 스콧 덩컨 트레마인(Scott Duncan Tremaine, 1950년~)은 반농담조로 "행성 형성에 관한 트레마인 법칙(Tremine's laws of planet formation)"이라는 것을 제시했다. 이를 통해 그는 행성 형성의 시작을 설명하는 일이 얼마나 다루기 어려운지를 지적했다. 트레마인 제1법칙은 "외계 행성계에 관한 모든 이론적인 예측은 틀렸다."이고, 제2법칙은 "행성 형성에 관한 가장 안전한 예측은 행성 형성이 불가능하다는 예측이다."이다. 행성 형성이 불가능하다는 예측이 틀렸기 때문에 행성이 존재한다는 트레마인의 유머는 우리가 행성 형성에 관한 수수께끼를 풀지 못하더라도 행성들이 존재하고 있다는 엄연한 사실을 강조하고 있다.

태양과 태양계 행성들의 형성 과정을 설명하기 위해 2세기 전에 임마누엘 칸트는 '성운설'을 제안했다. 성운설에서는 이제 막 형성되고 있는 태양 주위를 돌고 있던 기체와 먼지가 덩어리를 이루어 행성을 형성했다고 설명했다. 큰 틀에서 칸트의 성운설은 20세기 초반에 제안되었던 이론, 즉 태양 근처를 지나간 다른 별의 중력 작용으로 태양계 행성들이 형성되었다는 이론을 이기고 행성 형성을 다루는 현대 천문학의 기본 가정으로 받아들여지고 있다. 다른 별이 행성 형성에 관계했다는 시나리오에 따르면 근접한 두 별 사이에 작용하는 중력이 두 별에서 기체를 끌어냈고, 이 기체가 식어서 행성을 형성하게 되었다는 것이다. 영국의 유명한 천체 물리학자 제임스 호프우드 진스(James Hopwood Jeans,

1877~1946년)가 제안한 이 가설에 따르면 행성계는 아주 드물게 형성되어야 한다. 별들이 충분히 가까이 접근하는 일은 전 은하의 일생을 통해 겨우 몇 번밖에 일어나지 않는 드문 사건이기 때문이다. 따라서 이 시나리오는 태양계가 우주에서 특별한 장소라고 생각하는 사람들에게는 호소력을 가지고 있었다. 그러나 천문학자들 중에는 별들에서 끌어낸 기체가 뭉치기보다는 흩어져 사라질 것이라는 것을 계산을 통해 보여 준 사람들도 있었다. 그들은 진스의 가설을 버리고 대부분의 별들이 행성계를 가지고 있을 것이라고 예측하는 칸트의 성운설로 돌아왔다.

천체 물리학자들은 별들이 하나하나 따로 형성되는 것이 아니라 수백만 개의 별을 만들어 낼 수 있는 기체와 먼지로 이루어진 거대한 구름 속에서 수천 개, 또는 수만 개의 별들이 한꺼번에 형성된다는 것을 나타내는 증거를 가지고 있다. 이러한 거대한 별들의 요람 중 하나가 우리 태양계에서 가장 가까이에 있는 별 탄생 지역인 오리온 성운이다. 수백만 년 안에 이 지역은 수십만 개의 새로운 별들로 빛나게 될 것이다. 새롭게 형성된 별들은 주위에 남아 있는 기체와 먼지를 공간 속으로 멀리 날려 보낼 것이다. 따라서 수십만 세대 후의 천문학자들은 별들을 탄생시켰던 기체와 먼지 구름으로 둘러싸이지 않은 젊은 별들을 관측할 수 있게 될 것이다.

천체 물리학자들은 전파 망원경을 이용해 젊은 별 주위의 차가운 기체와 먼지 구름의 분포를 나타내는 지도를 만들고 있다. 이런 지도는 젊은 별들 주변이 아무것도 없는 빈 공간이 아니라 기체와 먼지로 이루어졌고 태양계와 크기가 비슷한 물질 원반을 가지고 있다는 것을 보여 주었다. 수백만 개의 원자를 포함하고 있는 '먼지 알갱이' 하나의 실제 크기는 문장 마지막에 찍는 마침표보다 훨씬 작다. 많은 먼지 알갱이들은 기본적으로 탄소 원자들이 결합한 것으로, 연필심을 만드는 데 사용하는 흑연으로 이루어져 있다. 먼지들 중 일부는 규소와 산소로 이루어진 작은 암석 둘레를 얼음이 둘러싸고 있는 것이다.

밀도가 극히 낮은 성간 공간에서 이런 먼지 알갱이들이 형성되는 것은 매우 흥미로운 일이어서 먼지 알갱이의 형성 과정을 설명하기 위한 자세한 이론들이 제시되었다. 그러나 우리는 '우주는 먼지투성이'라는 말로 이 문제를 비켜 가기로 하자. 먼지 알갱이가 만들어지기 위해서는 수백만 개의 원자들이 모여야 한다. 성간 공간의 극단적으로 낮은 물질 밀도를 생각한다면 이런 일이 일어날 만한 장소는 식어 가는 별이 서서히 물질을 바깥쪽으로 밀어내고 있는 별의 바깥 대기층밖에 없다.

✦✦✦

성간 먼지 입자의 생산은 행성 형성의 첫 번째 단계이다. 이것은 지구와 같이 고체로 이루어진 행성들의 형성 과정뿐만 아니라 목성이나 토성과 같은 기체 행성들의 형성 과정에서도 마찬가지이다. 수소와 헬륨으로 이루어진 기체 행성들의 내부 구조를 계산하고 이들의 질량을 측정한 천체 물리학자들은 기체 행성도 고체로 된 핵을 가지고 있다는 것을 알아냈다. 지구 질량의 318배나 되는 목성의 총 질량 중에서 지구 질량의 수십 배 정도 되는 질량은 고체 핵에 포함되어 있다. 지구 질량의 95배 정도 되는 질량을 가지고 있는 토성은 지구 질량의 10~20배 정도 되는 질량을 가진 고체 핵을 내부에 숨기고 있다. 태양계의 작은 두 기체 행성 천왕성과 해왕성은 크기에 비해 비교적 큰 고체 핵을 가지고 있다. 고체 핵 속에 지구 질량의 15~17배 정도 되는 질량을 가지고 있는 이 행성들에서는 고체 핵의 질량이 전체 질량의 반 이상을 차지한다.

이 4개의 기체 행성과 다른 별 주위에서 최근에 발견된 모든 거대한 행성에서 고체 핵이 행성 형성 과정에서 중요한 역할을 했을 것이다. 처음에 고체 핵이 형성되고, 이 핵이 중력으로 주변에 있던 기체를 끌어모

앉을 것이다. 따라서 행성이 형성되기 위해서는 우선 커다란 고체 물질 덩어리가 만들어져야 한다. 태양계의 행성 중에서는 목성이 가장 큰 핵을 가지고 있고, 토성은 다음으로 큰 핵을 가지고 있으며, 천왕성과 해왕성이 그 다음 자리를 차지하고 있다. 행성 전체가 고체 핵이라고 할 수 있는 지구는 태양계에서 다섯 번째로 큰 핵을 가지고 있는 행성이다. 행성들이 형성되는 과정을 생각해 보면 다음과 같은 근본적인 의문이 생긴다. 어떻게 자연은 작은 먼지 알갱이들을 뭉쳐 지름이 수천 킬로미터나 되는 고체를 만들었을까?

이 질문의 해답은 두 가지인데, 하나는 알려져 있고 다른 하나는 아직 알려져 있지 않다. 행성 형성의 시작 단계가 아직 알려지지 않은 해답이라는 것은 놀랄 만한 일이 아니다. 천문학자들이 미행성이라고 부르는 지름 1킬로미터 정도의 천체가 일단 만들어지면 이들은 중력을 이용해 성공적으로 다른 비슷한 천체들을 끌어들일 수 있다. 그리고 미행성들 사이에 작용하는 중력으로 행성의 핵이 만들어진다. 그다음에는 금성, 지구, 화성처럼 주변으로부터 얇은 대기층을 모으거나, 태양으로부터 멀리 떨어진 궤도를 돌면서 가벼운 기체를 끌어 모으기에 충분한 중력을 가진 네 기체 행성처럼 수소와 헬륨으로 이루어진 두꺼운 대기층을 끌어 모으며 수백만 년의 힘든 세월을 보낸 후에 행성으로 변모할 것이다. 천체 물리학자들은 지름 1킬로미터 정도의 미행성이 행성으로 변환되는 과정을 나타내는 몇 단계의 컴퓨터 시뮬레이션을 통해 다양한 형태의 행성을 만들어 낼 수 있었다. 대부분의 경우에는 작고 밀도가 높은 암석 행성이 만들어졌다. 외행성들처럼 큰 기체 행성은 매우 드물게 형성되었다. 이 과정에서 많은 미행성들이 결합해 만들어진 커다란 천체들과 함께 수많은 미행성들이 더 큰 천체의 중력 작용으로 아예 태양계 밖으로 날아가 버리기도 했다.

이 모든 일은 컴퓨터 안에서 순조롭게 진행되었다. 그러나 물리학의 지식을 동원해 지름 1킬로미터 미행성을 만들어 내는 컴퓨터 프로그램을 만들어 내는 것은 아직 천체 물리학자들의 능력 밖의 일이다. 작은 먼지 입자들의 중력으로는 입자들을 효과적으로 묶어 둘 수 없기 때문에 중력만으로는 미행성을 만들 수 없다. 아직 그다지 만족스럽지 못하지만 먼지로부터 미행성이 만들어지는 과정을 설명하는 두 이론이 제시되었다. 하나는 먼지 입자들이 반복적인 충돌과 합체를 통해 물질이 누적되어 미행성이 형성된다는 것이다. 모든 먼지 입자는 만나면 서로 달라붙기 때문에 이런 설명은 원리적으로는 그럴듯해 보인다. 이 이론은 의자 밑에 쌓여 있는 먼지 덩어리를 잘 설명할 수 있다. 따라서 태양 주위에 만들어진 커다란 먼지 덩어리가 의자 크기로, 집 크기로, 그리고 마을 크기로 자라나 결국은 큰 중력 작용을 할 수 있는 미행성으로 커나가는 광경을 어렵지 않게 상상할 수 있을 것이다.

그러나 불행하게도 먼지 덩어리가 미행성으로 커지는 데는 아주 오랜 시간이 걸리는 것으로 밝혀졌다. 오래된 운석에 들어 있는 방사성 원자핵을 이용해 측정한 결과에 따르면 태양계의 형성은 불과 수천만 년 동안에 이루어졌다. 실제로는 이보다 더 짧을 가능성도 있다. 현재 행성의 나이인 45억 5000만 년과 비교할 때 이 시간은 전체 태양계 나이의 1퍼센트도 안 되는 짧은 시간이다. 먼지가 누적 과정을 통해 미행성을 형성하는 데는 수천만 년보다는 훨씬 긴 세월이 필요하다. 따라서 천체 물리학자들이 먼지들이 미행성을 형성하는 과정에 대해 중요한 사항을 빠트리고 있는 것이 아니라면 우리는 이 시간의 벽을 넘기 위해 미행성 형성에 대한 다른 이론을 찾아보아야 할 것이다.

다른 이론에서는 수십조 개의 먼지 알갱이를 끌어 모아 커다란 물체를 만드는 거대한 소용돌이가 주인공으로 등장한다. 태양과 행성을 이루는 기체와 먼지 구름은 수축하면서 회전하기 때문에 전체 모양이 구형에서 평면 형태로 바뀌게 된다. 비교적 밀도가 높은 중심부의 구형 구름은 태양으로 발전하게 되고, 주변은 납작해진 물질의 원반이 둘러싸게 된다. 오늘날 태양계 행성들이 모두 같은 평면에서 같은 방향으로 돌고 있는 것은 미행성과 행성을 형성한 물질이 원반 형태로 분포하고 있었음을 증명해 주고 있다. 이렇게 회전하는 물질의 원반 속에서 천체 물리학자들은 상대적으로 밀도가 높거나 낮은 지역에서 반복되는 '불안정(instability)'의 잔물결이 생겨났을 것으로 추정하고 있다. 이런 잔물결에서 밀도가 높은 부분에는 기체 속에 떠 있던 먼지가 더 모였을 것이고, 수천 년 동안 이런 불안정은 많은 양의 먼지를 좁은 공간에 집중시키는 소용돌이로 발전했을 것이다.

미행성 형성을 설명하는 소용돌이 모형이 아직 태양계의 형성 과정을 연구하는 모든 사람들의 지지를 받는 것은 아니지만 어느 정도 성공을 거두고 있다. 자세한 조사에 따르면 이 모형은 목성이나 토성의 핵 형성 과정을 천왕성이나 해왕성의 핵 형성 과정보다 더 잘 설명할 수 있다. 그러나 이 모형이 작동하기 위해서 필요한 불안정이 실제로 일어났는지를 증명할 수 있는 관측 결과가 없기 때문에 이 모형의 성공 여부를 판단하는 것은 아직 시기상조이다. 하지만 크기나 성분이 미행성과 비슷한 수많은 소행성과 혜성의 존재는 수십억 년 전에 수백만 개의 미행성들이 행성을 형성했을 것이라는 생각을 지지해 주고 있다. 따라서 아직 제대로 이해되지 못한 미행성의 형성을 기정 사실로 받아들이고, 미행성들의 충돌로 어떤 일이 일어났는지 알아보기로 하자.

+++

행성 형성 시나리오에 따르면 일단 태양을 둘러싼 먼지와 기체에서 수많은 미행성이 형성된 후 이 미행성들이 충돌해 커다란 천체를 만들기 시작했다. 결국에는 태양계 네 내행성과 네 외행성의 핵을 만들었다. 우리는 태양계의 가장 안쪽에 있는 수성과 금성을 제외한 모든 행성들이 거느리고 있는 위성들을 간과해서는 안 된다. 지름이 수백에서 수천 킬로미터나 되는 위성들도 미행성 충돌로 만들어졌을 것이기 때문에 미행성 충돌로 행성이 만들어졌다는 이론은 이런 큰 위성들에게도 잘 들어맞는다. 현재 우리에게 알려진 위성들이 만들어진 후에는 위성 형성이 중단되었을 것이다. 이때쯤에는 부근에 있는 행성이 강한 중력으로 근처에 있던 모든 미행성들을 끌어들였을 것이다. 그래서 위성 형성에 필요한 미행성이 더 이상 남지 않았을 것이다. 태양계 형성 시나리오에는 화성과 목성 사이에서 태양을 돌고 있는 수십만 개의 소행성들의 형성 과정도 포함되어야 한다. 지름이 수백 킬로미터나 되는 커다란 소행성들은 미행성 충돌로 만들어졌을 것이다. 그러나 가까이 있는 목성의 강한 중력 간섭으로 인해 더 이상 성장할 수 없었을 것이다. 크기가 1킬로미터도 안 되는 가장 작은 소행성들은 먼지로부터 중력의 영향을 받을 정도로 자라난 후 목성 중력 때문에 한 번의 충돌도 경험하지 못하고 아직까지 남아 있는 미행성일 것이다.

커다란 기체 행성을 돌고 있는 위성들에게도 이런 시나리오가 잘 들어맞는 것처럼 보인다. 목성형 행성들은 수성과 비슷할 정도로 큰 위성부터 작은 위성에 이르기까지 다양한 크기의 위성들을 거느리고 있다. 지름이 1킬로미터가 채 안 되는 작은 위성들은 작은 소행성의 경우와 마찬가지로 주위에 있는 큰 행성의 영향으로 더 큰 위성으로 성장할 기회를 갖지 못한 미행성일 것이다. 네 행성 주위를 돌고 있는 위성들 중 큰 위성들은 모두 거의 같은 평면에서 같은 방향으로 행성을 공전하고 있다. 우리는 이것을 모든 행성들이 같은 평면에서 같은 방향으로 태양을 돌고 있는 것을 설명하는 것과 같은 방법으로 설명할 수 있다. 즉 행성 주위를 회전하는 기체와 먼지 구름이 생겼고, 이 구름에 물질 덩어리가 생겨난 후 자라서 미행성이 되었고, 이들이 위성을 형성했다는 것이다.

내행성 중에서는 지구만이 그럴듯한 위성인 달을 가지고 있다. 수성이나 금성은 위성을 하나도 가지고 있지 않고, 화성은 크기가 수 킬로미터밖에 안 되는 감자 모양의 두 위성 데이모스(Deimos)와 포보스(Phobos)를 가지고 있다. 화성의 위성들은 미행성에서 더 큰 천체로 성장하는 초기 단계를 보여 주고 있다고 할 수 있다. 일부 학자들은 이 두 위성이 화성의 중력에 의해 포획된 소행성이라고 주장하기도 한다.

태양계의 많은 위성 중에서 타이탄, 가니메데(Ganimede), 트리톤(Triton), 그리고 칼리스토(Callisto) 다음으로 큰 우리의 달은 어떻게 형성되었을까? 달도 행성과 마찬가지로 미행성이 자라서 만들어졌을까?

이러한 가설은 인류가 직접 달에 가서 가져온 월석(月石)을 자세히 조사하기 전까지는 널리 받아들여지던 가설이었다. 그러나 30여 년 전에 아폴로 우주인들이 가져온 월석을 자세히 조사한 과학자들은 두 가지 결론을 내릴 수 있었다. 월석의 화학 성분이 지구 암석의 화학 성분과 비슷해 달과 지구가 서로 다른 장소에서 형성되었을 것이라는 가설을 부정하도록 했다. 그러나 한편으로는 월석의 화학 성분은 지구 암석의 화학 성분과 똑같지 않아 지구와 달이 같은 형성 과정을 거쳐서 만들어지지 않았다는 것을 증명하기에 충분했다. 지구와 달이 다른 장소에서 만들어진 것도 아니고 지구와 같은 과정을 거쳐서 만들어진 것도 아니라면 달은 어떻게 만들어졌단 말인가?

이 수수께끼에 대한 현재 해답은 태양계 형성 초기에 있었던 대규모 충돌로 인해 만들어졌다는 것으로, 한때 널리 알려졌던 충돌설에 기초하고 있다. 예전의 충돌설에서는 커다란 충돌로 태평양 지역의 물질이 공간으로 날려 올라갔고 이 물질이 뭉쳐 달을 만들었다고 주장했다. 많은 지지를 받고 있는 새로운 충돌설에서도 거대한 천체가 지구와 충돌해 달이 만들어졌다고 주장한다. 달라진 점은 지구에 충돌했던 천체의 크기가 대략 화성 크기 정도로 커서 지구에서 방출된 물질에 이 천체가 가지고 있던 물질이 첨가되었다는 점이다. 강력한 충돌 때문에 지구에서 떨어져 나간 물질의 많은 부분이 우주 공간으로 날아가 버렸지만, 여전히 지구 주위에는 달을 형성할 수 있을 만큼 지구와 천체의 잔해가 있었고, 이들이 뭉쳐 달이 되었다는 것이다. 거대한 천체의 충돌은 지구가 형성된 후 1억 년이 안 된 시점인 약 45억 년 전에 일어났다.

오랜 옛날에 화성 크기의 천체가 지구에 충돌했다면 그 천체는 지금 어디 있는가? 내행성계에 있는 작은 미행성도 관측할 수 있을 정도로 망원경이 발전했기 때문에 그 천체가 아직도 태양계 안쪽에 있다면 우리가 그 천체를 발견하지 못할 가능성은 거의 없다. 그렇다고 충돌을 일으킨 천체가 관측할 수 없을 정도로 작은 조각으로 산산조각 났을 가능성도 매우 낮다. 이런 반론을 설명하기 위해서는 천체들의 충돌이 빈번히 일어나던 초기 태양계의 격렬한 환경으로 돌아가야 한다. 이런 환경에서는 미행성이 화성 크기의 천체를 만들었다고 해도 이 천체가 오래 갈 것이라고 보장할 수는 없었다. 지구와 충돌한 후에 남아 있었을 커다란 조각은 지구를 비롯한 다른 내행성들이나 새롭게 형성된 달, 그리고 미행성들과 계속 충돌했을 것이다. 다시 말해 태양계 형성 초기 첫 수억 년 동안에는 충돌로 인한 '테러'가 내행성계를 지배했을 것이다. 격렬하고 계속적인 충돌의 결과 지구와 충돌했던 천체 조각들은 결국 다른 행성의 일부가 되었을 것이다. 이때는 미행성들과 이들로 이루어진 큰 천체들이 행성들과 빈번하게 충돌하던 '파괴의 시대'였다. 따라서 화성 크기의 천체가 지구에 충돌한 사건은 하늘에서 비처럼 쏟아지는 수많은 충돌 중에서 조금 규모가 큰 사건일 뿐이었다.

이런 미행성들의 충돌은 행성계 형성의 마지막 단계를 장식했다. 이 과정이 우리가 현재 보고 있는 태양계를 완성했다. 그 후 40억 년 동안 하나의 보통 별과 이 별을 돌고 있는 8개의 행성(행성보다는 커다란 혜성을 닮은 얼음 덩어리 명왕성은 제외한다.), 수십만 개의 소행성, 매일 수천 개씩 지구와 충돌하며 총 수십조 개에 이를 것으로 추정되는 운석, 그리고 태양과 지구 사이 거리의 수십 배나 되는 곳에서 형성된 수십조 개의 지저분한 눈덩이, 즉 혜성으로 이루어진 태양계는 별다른 변화를 겪지 않았다. 행성 주위를 공전하는 많은 위성들도 지난 46억 년 동안 몇몇을 제외하고는 안정된 궤도에서 행성들을 돌고 있다. 그러나 아직도 태양 주위에는 생명의 탄생을 견인하기도 하고, 이미 존재하는 생명체를 파괴할 수도 있는 태양계의 방랑자들이 남아 있다. 따라서 우리는 이들의 행동을 자세히 관찰해야 한다.

12장

행성들 사이에

멀리서 보면 우리 태양계는 아무것도 없이 텅 비어 있는 것처럼 보일 것이다. 해왕성 궤도까지를 포함할 수 있는 커다란 구에서 태양과 행성들, 그리고 위성들이 실제로 차지하는 부피는 전체 부피의 1조분의 1이 조금 넘는다. 이런 계산 결과는 행성 사이 공간이 아무것도 없는 텅 빈 공간이라고 가정했을 때 얻어진다. 그러나 행성 사이 공간을 확대해 보면 암석 파편, 조약돌, 얼음 덩어리, 먼지, 전하를 띤 입자들의 흐름, 인간이 만든 외계 탐사 장비 같은 것들이 널려 있다. 그뿐만 아니라 행성 사이 공간에는 눈에 보이지 않지만 우리 이웃 천체들에게 큰 영향을 주는 강력한 중력장과 전자기장이 형성되어 있다. 이런 작은 천체들과 역장(力場)은 태양계 여행을 시도하는 사람들에게 커다란 위험 요소가 될 수 있다. 이 천체들 중에 가장 큰 것이 초속 수 킬로미터 속도로 지구와 충돌한다면 지구 생명체는 큰 위협을 받게 될 것이다. 이런 충돌은 실제로 가끔 일어난다.

지구 주위에는 생각보다 많은 물질이 분포해 있어서 태양 주위를 초속 30킬로미터 속도로 공전하는 동안 지구는 매일 수백 톤이 넘는 물질과 마주치게 된다. 대개 모래알보다 크지 않은 이 물질 대부분은 높은 에너지를 가지고 지구 대기 속으로 뛰어든다. 그리고 지구 대기 상층부에서 타서 증발해 버린다. 연약한 지구 생명체들은 대기라는 보호막 아래서 진화해 온 것이다. 골프공 정도 크기의 더 큰 부스러기들이 빠르게 연소하다 보면 때로 여러 조각으로 부서져 증발하기도 한다. 더 큰 조각들은 공기 마찰로 표면은 타 버리지만 남은 조각들이 지상에 도달하기도 한다. 지구가 태양을 46억 번이나 공전하는 동안 지구가 자신의 궤도 주변에 있는 모든 물질을 진공 청소기처럼 빨아들였을 것이라고 예상할 수 있다. 지구가 자신의 궤도 주변에서 많은 물질을 흡수하는 데는 어느 정도 성공했다. 그러나 지구는 이로 인해 생각보다 어려운 시련을 겪어야 했다. 태양과 행성들이 형성된 후 처음 5억 년 동안에는 충돌하는 물체들이 내놓는 에너지로 인해 지구는 뜨거운 대기와 생명체가 없는 황량한 표면을 가져야 했다.

특히 지구와 충돌했던 어느 우주 파편은 달을 형성할 만큼 크기가 매우 컸다. 아폴로 프로젝트에 참여한 우주인들이 지구로 가져온 달 표본을 분석한 결과에 따르면 달은 철과 같은 무거운 원소를 예상보다 적게 포함하고 있었다. 이것은 화성 크기의 원시 행성이 지구에 충돌할 때 공중으로 날아오른, 철을 비교적 적게 포함하고 있는 지구의 지각과 맨틀 물질이 모여 달이 만들어졌음을 나타낸다. 충돌로 인해 하늘로 올라간 물질 중 지구 궤도에 남아 지구를 돌던 것들이 중력으로 뭉쳐 밀도가 낮고 아름다운 달을 형성하게 된 것이다. 약 45억 년 전에 있었던 이 대규모 충돌을 제외하면 지구가 어린 시절 겪었던 수많은 충돌은 모든 행성과 다른 큰 천체들도 비슷하게 겪어야 했던 시련이었다. 이 충돌의 시기에 태양계 천체들은 모두 비슷한 정도의 상처를 입었는데 풍화 작용을 할 대기가 없는 달과 수성에는 아직도 그때 만들어진 크레이터들이 그대로 남아 있다.

행성 사이 공간에는 행성이 형성되고 남은 파편들뿐만 아니라 처 성, 달, 그리고 지구에 대규모 충돌이 일어날 때 이 천체들로부터 날아 올라간 다양한 크기의 암석 조각들이 흩어져 있다. 컴퓨터 시뮬레이션에 따르면 운석 충돌은 천체 표면의 암석 조각을 천체의 중력권 밖으로 던져버리기에 충분한 에너지를 가지고 있다. 화성에서 날아온 운석이 지구에서 발견되기도 하는데, 매년 약 1,000톤의 화성 암석이 지구에 떨어지는 것으로 추정된다. 아마도 달에서 떨어져 나와 지구에 떨어지는 파편의 양도 이와 비슷할 것이다. 따라서 우리는 달 표본을 채취하기 위해 달에 갈 필요가 없다. 우리가 원한 것은 아니지만 달 암석들 중 일부가 우리에게까지 날아오기 때문이다. 우리는 이런 사실을 아폴로 프로젝트가 진행되는 동안에는 알지 못했다.

10억 년 전에는 표면에 액체 상태의 물이 자유롭게 흘러 다녔을 가능성이 크다고 알려진 화성에 만약 생명체가 존재했다면, 운석 충돌로 인해 화성으로부터 튕겨져 나와 지구에 떨어진 암석 틈새에 세균의 흔적이 남아 있을 가능성이 있다. 세균 중에는 오랜 동면과 지구로 여행하는 동안에 받았을 태양의 강한 복사선에 노출되어도 살아남을 수 있는 세균이 있다. 세균이 우주 공간을 이동할 것이라는 이런 생각은 비상식적이거나 SF적인 생각이 아니다. 이런 생각은 범종설(汎種設, panspermia)이라는 그럴듯한 이름도 가지고 있다. 만약 화성이 지구보다 먼저 생명체를 가졌다면, 그리고 단순한 생명체가 암석을 타고 화성에서 지구로 날아와 씨를 뿌렸다면 우리는 화성인의 후예일지도 모른다. 이런 가능성은 우주인이 화성 표면에서 재채기를 해 화성에 지구 세균을 퍼트릴지도 모른다는 환경주의자들의 염려를 없애 줄 수 있을 것이다. 실제로 지구 생명체가 화성에 기원을 두고 있을 가능성이 있다면 우리는 화성에서 지구로의 생명체 이동 흔적을 더 열심히 추적해야 할 것이다. 생명체의 행성간 이동은 생명체의 기원을 다루는 분야에서 매우 중요한 문제이다.

태양계의 소행성들 대부분은 화성과 목성 사이에 있는 납작한 공간인 '소행성대'에서 태양을 돌고 있다. 전통적으로 소행성을 발견한 사람은 그 소행성에 자신이 선택한 이름을 붙일 수 있다. 예술가가 그린 그림에는 종종 소행성대가 어느 정도 크기를 가진 바위들이 어지럽게 떠다니는 지역으로 그려져 있다. 하지만 실제로는 너비가 수백만 킬로미터나되는 넓은 지역에 분포해 있는 모든 소행성의 질량을 다 합해도 지구 질량의 1퍼센트가 조금 넘는 달 질량의 5퍼센트도 안 된다. (달 질량은 지구 질량의 약 81분의 1이다. ─ 옮긴이) 따라서 얼핏 생각하면 별로 중요한 것 같지 않아 보이지만 소행성들은 지구에 장기간에 걸쳐 큰 위협이 되고 있다. 오랫동안 축적된 행성들의 중력으로 인한 간섭으로 태양 가까이까지 다가가는 길게 늘어진 타원 궤도를 돌면서 지구 궤도를 가로질러 지구와 충돌할 위험성을 가지고 있는 소행성들도 있다. 이런 소행성이 수천 개에 달한다. 천문학자들의 계산에 따르면 지구 궤도를 가로지르는 이런 소행성들은 수억 년에 한 번씩 지구와 충돌할 가능성이 있다. 지름이 1.6킬로미터가 넘는 소행성은 지구 생태계를 흔들어 놓기에 충분한 에너지를 가지고 있다. 따라서 이런 소행성의 충돌은 지구 표면에 살고 있는 생명체 대부분을 멸종 위기로 몰아넣을 수 있다. 그런 일이 일어난다면 그것은 참으로 불행한 일이다.

그러나 지구 생명체에게 위협을 주는 천체는 소행성만이 아니다. 네덜란드 천문학자 얀 헨드릭 오르트(Jan Hendrik Oort, 1900~1992년)는 태양계를 형성하고 남은 차가운 부스러기들이 행성들보다 훨씬 멀리 떨어져 있는 성간 공간의 깊은 어둠 속에서 아직도 태양을 돌고 있다고 최초로 주장했다. 태양에서 명왕성까지의 공간보다 수천 배나 넓은 공간에 퍼져 있는 오르트 구름(Oort cloud)에는 수십조 개의 혜성들이 포함되어 있다. 네덜란드의 오르트와 미국의 제라드 피터 카이퍼(Gerard Peter Kuiper, 1905~1973년)는 행성을 형성한 원반을 이루고 있던 물질 중 일부가 해왕성 궤도보다는 멀지만 오르트 구름보다는 훨씬 가까운 곳에서 태양을 돌고 있다고 주장했다. 천문학자들은 이들이 흩어져 있는 공간을 카이퍼 벨트라고 부른다. 카이퍼 벨트는 해왕성 궤도 바깥쪽에서 시작되어 명왕성을 포함하고 태양에서 해왕성까지 거리보다 몇 배나 먼 거리까지 계속되어 있다. 지금까지 알려진 가장 멀리 있는 카이퍼 벨트의 천체는 지름이 명왕성의 3분의 2인 세드나(Sedna)이다. 이 이름은 이누이트족 여신의 이름을 따라서 명명되었다. 카이퍼 벨트에는 이들의 궤도에 영향을 줄 큰 행성이 없다. 그래서 카이퍼 벨트 천체들은 수십억 년 동안 자신들의 궤도를 벗어나지 않고 태양을 돌고 있다. 그러나 소행성대의 소행성들과 마찬가지로 카이퍼 벨트 천체들 중 일부도 다른 행성들의 궤도를 지날 만큼 이심률이 큰 타원 궤도를 가지고 있다. 가령 명왕성은 해왕성 안쪽까지 들어올 정도로 큰 이심률을 가진 커다란 혜성이라고 볼 수 있다. 이것과 유사한 궤도를 돌고 있는 작은 천체들을 플루티노스(Plutinos, 명왕성의 영어 이름 'Pluto'에서 딴 이름이다. 우리말로 '명왕성족'이라고도 한다. ─옮긴이)이라고 부른다. 카이퍼 벨트 천체 중에는 자신의 궤도에서 크게 벗어나 내행성계까지 들어오는 것도 있다. 우리에게 잘 알려진 헬리 혜성(Hally's Comet)은 이런 천체 중 하나이다.

오르트 구름은 인간의 수명보다 훨씬 긴 공전 주기를 가지는 장(長)주기 혜성의 근원이다. (혜성은 공전 주기가 2년과 200년 사이인 단주기 혜성과, 이것보다 더 긴 주기를 가지는 장주기 혜성으로 나눌 수 있다. 우리에게 잘 알려진 핼리 혜성은 주기가 76년인 단주기 혜성이다. — 옮긴이) 카이퍼 벨트의 혜성들과는 달리 오르트 구름의 혜성들은 모든 방향에서 모든 각도로 내향성계에 다가올 수 있다. 지난 30년 동안 관측된 혜성들 중에서 가장 밝은 혜성은 1996년에 나타났던 햐쿠타케 혜성(Hyakutake Comet)으로 오르트 구름에서 온 혜성이었다. 따라서 햐쿠타케 혜성은 빠른 기간 안에 다시 태양 근처로 돌아오지는 않을 것이다.

우리 눈이 자기장을 볼 수 있다면 목성은 보름달보다 10배는 더 크게 보일 것이다. 목성 탐사선들은 이 강력한 자기장에 영향을 받지 않도록 설계되어 있다. 영국의 화학자이며 물리학자였던 마이클 패러데이(Michael Faraday, 1791~1867년)가 1931년에 발견한 전자기 유도 법칙에 따르면 자기장 안에서 도선을 움직이면 도선 양끝에 전위차가 생긴다. 따라서 강한 자기장 안에서 빠르게 움직이는 금속 탐지기에 유도 전류가 흐른다. 이 전류는 자기장과 상호 작용해 탐지기의 속도를 감소시킨다. 이런 현상은 두 파이오니어(Pioneer) 탐사선이 태양계를 떠날 때 알 수 없는 이유로 속도가 느려졌던 현상을 설명해 줄지도 모른다. 1970년대에 발사된 파이오니어 10호와 11호는 우리 예상보다는 그렇게 멀리 가지 못했다. 파이오니어 탐사선의 속도가 느려진 것을 설명하기 위해서는 공간에 퍼져 있는 먼지의 영향, 누출되는 기름 탱크의 영향, 그리고 태양 자기장과의 상호 작용 등을 고려해야 한다.

탐사선의 관측 장비 성능이 향상된 덕분에 행성을 돌고 있는 위성 수가 빠르게 늘어나고 있어 위성 수를 세는 일은 쓸모없는 일이 되어 버렸다. 위성 수는 우리가 이 책을 쓰고 있는 동안에도 늘어나고 있다. 이제 사람들의 관심거리는 이 위성들 중 어떤 위성이 좀 더 많은 연구를 필요로 하거나 직접 방문할 만한 위성인가 하는 것이다. 태양계 위성들은 행성들보다 훨씬 매력적이다. 화성의 두 위성 포보스와 데이모스는 1726년에 발표된 조너선 스위프트(Jonathan Swift, 1667~1745년)의 고전 소설 『걸리버 여행기(Gulliver's Travels)』에 등장한다. 여기에서는 이 이름이 아니라 다른 이름으로 불렸다. 그런데 정작 이 작은 위성들이 발견된 것은 그로부터 100여 년이 지난 후였다. 스위프트가 화성의 위성을 볼 수 있는 초능력을 가지고 있지 않았다면 그는 아마 지구가 하나의 위성, 그리고 목성이 4개의 위성(당시에는 4개로 알고 있었다.)을 가지고 있다는 사실로부터 화성이 2개의 위성을 가지고 있다고 추정했을 것이다.

달의 지름은 태양 지름의 약 400분의 1 정도이다. 그러나 지구에서 달까지 거리는 태양까지 거리의 약 400분의 1이다. 따라서 지구에서 보면 태양과 달은 비슷한 크기로 보인다. 크기와 거리의 이런 조화는 태양계 내 다른 행성에서는 발견할 수 없다. 지구인들만이 개기일식을 관찰할 수 있는 것도 이 때문이다. 달은 공전 주기와 자전 주기가 같다. 지구 중력으로 인한 조석 작용이 달의 자전에 브레이크로 작용해 공전 주기와 자전 주기를 같게 만든 것이다. 따라서 달은 같은 부분만 지구를 향하고 있다. 목성을 돌고 있는 4개의 큰 위성들에도 이런 현상이 나타나 위성의 같은 면이 항상 목성을 향하고 있다.

처음 목성의 위성들을 자세하게 관찰한 천문학자들은 깜짝 놀랐다. 목성에서 가장 가까운 궤도를 돌며 목성의 강한 중력으로 인해 항상 같은 면만 목성으로 향하고 있는 이오(Io)는 목성뿐만 아니라 다른 큰 위성들로부터도 큰 힘을 받고 있다. 달과 비슷한 크기인 이오는 이러한 상호 작용으로 인해 많은 에너지를 받아 암석으로 된 내부 물질이 모두 용융된 상태에 있다. 따라서 이오는 태양계에서 가장 화산 활동이 활발한 천체이다. 목성에서 두 번째로 큰 위성 유로파(Europa)는 이오에 화산을 만든 것과 같은 에너지로 인해 얼음으로 뒤덮인 표면 아래 액체 상태의 물로 이루어진 커다란 바다를 숨기고 있다.

천왕성의 위성 미란다(Miranda)의 확대 사진을 보면 마치 여러 조각으로 갈라져 풀로 급하게 붙여 놓은 것처럼 잘 들어맞지 않는 형태들이 많이 있다. 이런 지형이 만들어진 원인은 아직 알려지지 않았지만, 어쩌면 균일하지 않은 얼음판의 이동과 같은 단순한 원인으로 만들어졌을 수도 있다.

명왕성의 외로운 위성 카론(Charon)은 위성치고는 제법 크다. 이 위성은 모행성과 항상 서로 같은 면만을 마주 보고 있다. 두 천체의 거리가 가까워 큰 중력이 작용해 두 천체의 자전 주기를 공통 질량 중심을 도는 공전 주기와 같게 만들어 버렸기 때문이다. (명왕성과 카론 사이의 거리는 1만 9640킬로미터밖에 안 된다. 지구에서 달까지의 거리가 약 35만 킬로미터이고, 지구 궤도를 돌고 있는 통신 위성까지의 거리가 약 3만 6000킬로미터인 것과 비교하면 명왕성과 카론의 거리가 얼마나 가까운지 알 수 있다. — 옮긴이) 천문학자들은 행성에는 로마 신들의 이름을, 위성에는 모행성에 이름을 빌려 준 신과 관계있는 그리스 신화 인물의 이름을 붙이는 관례를 따른다. 목성(Jupiter)의 이름은 그리스 신화가 아니라 로마 신화에서 따온 것이다. 옛날 신들은 매우 복잡한 사회 생활을 했기 때문에 이름을 빌려 쓸 인물들은 얼마든지 많다.

맨눈으로 보이지 않는 행성을 처음 발견한 윌리엄 허셜은 자기가 발견한 행성에 자신의 연구를 후원해 준 왕의 이름을 붙이고 싶어 했다. 허셜의 시도가 성공했다면 행성의 이름들은 수성, 금성, 지구, 목성, 토성, 그리고 조지(George, 영국의 왕 조지 3세(George III, 1738~1820년)를 말한다. — 옮긴이)가 되었을 것이다. 그러나 시간이 지나면서 사람들은 허셜이 발견한 행성을 천왕성이라고 부르게 되었다. 그러나 천왕성을 돌고 있는 위성들의 이름을 윌리엄 셰익스피어(William Shakespeare, 1564~1616년)의 희곡에 나오는 주인공과 알렉산더 포프(Alexander Pope, 1688~1744년)의 시 「바위의 침범(Rape of the lock)」에 나오는 이름으로 하자는 허셜의 제안이 받아들여져 오늘날까지 사용되고 있다. 천왕성의 위성들에는 아리엘(Ariel), 코딜리어(Cordelia), 데즈데모나(Desdemona), 줄리엣(Juliet), 오필리아(Ophelia), 포르시아(Portia), 퍽(Puck), 움브리엘(Umbriel)과 1997년에 새로 발견된 칼리반(Caliban)과 시코렉스(Sycorex)가 있다.

✦✦✦

태양은 매초 2억 톤의 질량을 표면으로부터 날려 보낸다. 이것은 아마존 강에 흐르는 물과 비슷한 양이다. 태양은 이 질량을 주로 고에너지 입자들로 이루어진 '태양풍'으로 방출한다. 초속 1,600킬로미터의 빠른 속도로 날아가는 이 입자들이 행성 자기장과 만나면 굴절된다. 행성 자기장의 영향으로 이 입자들 중 일부는 행성의 남극이나 북극으로 낙하한다. 이때 대기를 이루는 분자들과 충돌해 오로라라는 아름다운 빛을 만들어 낸다. 허블 망원경은 목성과 토성의 극 지방에서 오로라를 발견했다. 지구에서도 남극과 북극 지방에 오로라가 나타나서 그것을 바라보는 사람들에게 우리를 보호해 주는 대기를 가지고 있는 것이 얼마나 다행스런 일인가를 일깨워 주고 있다.

지구 대기는 우리 생각보다 훨씬 멀리까지 분포해 있다. '저고도' 위성들은 보통 160~640킬로미터 상공에서 지구를 돌고 있는데 그 주기는 90분 정도이다. 이 정도의 고도에는 숨을 쉬기에는 충분하지 않지만 인공 위성의 에너지를 천천히 소모시키기에는 충분한 공기 분자들이 존재한다. 따라서 대기와의 마찰로 인한 에너지 손실로 속력이 느려지기 때문에 저고도 인공 위성들은 지구로 떨어지는 것을 방지하기 위해 중간 중간에 엔진을 가동해 속도를 높여야 한다. 기체 분자의 밀도가 행성 사이 공간의 밀도로 떨어지는 부분을 지구 대기의 가장자리라고 정의한다면 지구 대기는 표면으로부터 수천 킬로미터나 멀리까지 분포해 있다. 뉴스와 텔레비전 화면을 전 세계에 전해 주는 통신 위성은 이것보다 훨씬 높은 고도인 약 3만 6000킬로미터 상공에서 지구를 돌고 있다. 이 고도는 지구에서 달까지 거리의 약 10분의 1에 해당한다. 이 고도에서는 공기 저항을 피할 수 있을 뿐만 아니라 지구로부터 거리가 멀어 중력이 약하기 때문에 인공 위성의 속도가 느려도 된다. 그래서 지구를 한 바퀴 도는 데 걸리는 시간이 지구의 자전 주기와 같은 24시간이다. 지구의 자전 각속도와 같은 각속도로 지구를 돌고 있는 이런 위성들은 마치 한 지점의 상공에 '떠 있는' 것처럼 보여 정지 위성이라고 불린다. (위성이 지상의 한 점에 정지해 있는 것처럼 보이는 정지 위성이 되기 위해서는 지구 적도의 상공에서 지구를 돌아야 한다. 따라서 통신 위성은 모두 적도 상공 약 3만 6000킬로미터에서 지구를 돌고 있다. ─ 옮긴이) 이런 위성들은 지구의 한 곳에서 보내온 신호를 다른 곳으로 전달해 주기에 가장 이상적인 조건을 가지고 있다.

뉴턴의 중력 법칙에 따르면 행성의 중력은 행성으로부터 멀어질수록 차츰 약해지지만 질량이 큰 경우에는 아주 먼 곳에서도 중력이 작용한다. 강한 중력장을 가지고 있는 목성은 큰 중력으로 내행성계에 위험이 될 수 있는 혜성들을 멀리 다른 곳으로 날려 보내고 있다. 목성 중력의 보호 덕분에 지구는 오랫동안(5000만~1억 년 동안) 조용하고 평화롭게 살아올 수 있었다. (약 6500만 년 전에 공룡을 멸종시킨 대규모 운석 충돌이 있었다. ─ 옮긴이) 목성의 보호가 없었다면 많은 천체들의 충돌로 인해 빈번하게 멸종 위기에 처해야 했을 지구 생명체는 복잡한 구조를 가진 생명체로 진화할 기회를 가질 수 없었을 것이다.

우리는 우주에 보낸 탐사선을 이용해 행성의 자기장을 측정해 왔다.

1997년 10월 15일에 지구에서 발사된 카시니(Cassini) 탐사선은 금성의 중력을 이용해 한 번, 지구의 중력을 이용해 두 번, 그리고 목성의 큰 중력을 이용해 다시 한 번 가속된 후(작은 물체가 앞으로 달려오고 있는 큰 물체와 충돌하면 처음 속도보다 더 큰 속도로 뒤쪽으로 튕겨 나온다. 인공 위성은 행성 중력의 영향을 받아 행성을 돌아 나오지만 그 효과는 빠르게 달리는 큰 물체에 충돌한 후 튕겨 나오는 것과 같아 속도가 빨라진다. — 옮긴이) 2004년 후반에 토성에 도착할 예정이다. (카시니 탐사선은 2004년 7월 1일 토성 궤도에 진입했고, 그해 12월 25일에는 하위헌스 탐사선을 토성의 위성인 타이탄에 착륙시켰다. — 옮긴이) 여러 번의 쿠션을 이용하는 당구공과 같이 탐사선들이 행성들의 중력을 이용해 비행하는 것은 자주 있는 일이다. 그렇지 않다면 자체 연료를 많이 가지고 있지 않은 작은 탐사선이 목적지까지 도달할 수 있는 충분한 에너지와 속도를 얻지 못할 것이다.

이 책의 필자 중 한 사람이 태양계 내에 존재하는 행성 사이의 파편 하나를 책임지게 되었다. 2000년 11월에 데이비드 앤서니 레비(David Anthony Levy, 1954년~)와 캐럴린 진 스펠먼 슈메이커(Carolyn Jean Spellmann Shoemaker, 1929년~)가 발견한 소행성대의 소행성 1994KA가 '13123 타이슨'이라고 명명되었기 때문이다. 재미있는 일이기는 하지만 특별한 자랑거리는 아니다. 이미 언급했듯이 많은 소행성들이 조디(Jody), 해리엇(Harriet), 토머스(Thomas)와 같이 우리에게 익숙한 이름을 가지고 있다. 메를린(Merlin), 제임스 본드(James Bond), 그리고 산타(Santa)와 같은 이름을 가지고 있는 소행들도 있다. 이름이나 번호를 부여받을 수 있는 조건을 갖춘 2만 개나 되는 소행성들이 우리의 작명 능력을 시험하기 위해 안정된 궤도를 돌며 대기하고 있다. 행성 사이 공간에 흩어져 있는 작은 천체들에 실존 인물과 소설 속의 이름들을 붙이다 보면 언젠가는 우리 모두가 자신의 이름으로 불리는 소행성을 갖게 될지도 모른다.

최근 관측에 따르면 소행성 13123 타이슨은 우리를 향해 가까이 다가오고 있지 않기 때문에 지구 생명체의 탄생이나 멸종에는 별 영향을 주지 않을 것이다.

13장

셀 수 없이 많은 세상들: 태양계 너머의 행성들

신만이 아는 셀 수 없이 많은 세상

우리의 것들은 우리 안에서만 그들을 따르고

거대한 공간을 꿰뚫을 수 있는 자만이

우주를 구성하는 세상 위의 세상을 보리라.

계 안의 계가 운행하는 것을 살펴보라.

다른 태양을 돌고 있는 행성들과

다른 별에 살고 있는 다른 사람들은

하늘이 왜 우리를 있게 했는지 말해 줄지도 모르니.

— 알렉산더 포프, 『인간론(*An Essay on Man*)』(1733년)

약 500년 전에 니콜라우스 코페르니쿠스는 고대 그리스 천문학자였던 아리스타르코스(Aristarchos, 기원전 271~145년)가 처음 제안했던 지동설을 부활시켰다. (알렉산드리아 시대의 학자였던 아리스타르코스는 지구가 태양을 공전하고 있다고 주장했다. 그는 지구에서 달, 지구에서 태양까지의 거리비와 달과 태양의 크기비를 측정하려고 시도했다. — 옮긴이) 코페르니쿠스는 지구가 우주의 중심이 아니라 태양을 돌고 있는 행성들 중 하나라고 주장했다.

그러나 아직도 마음속으로 지동설을 받아들이지 않고 정지해 있는 지구 주위를 하늘이 돌고 있다고 생각하는 사람들이 많다. 천문학자들은 지구와 태양계에 대한 코페르니쿠스의 주장이 옳다는 것을 믿게 하려고 계속적으로 노력해 왔다. 지구도 태양을 돌고 있는 행성들 중 하나라는 사실은 곧바로 다른 행성들에서도 우리 지구에서와 마찬가지로 우리처럼 일하고, 생각하고, 놀고, 꿈꾸는 주민이 살아가고 있을 것이라고 생각하게 했다.

여러 세기 동안 수십만 개의 별을 관찰했지만 천문학자들은 이 별들 주위에도 행성들이 돌고 있는지를 판단할 수 없었다. 천문학자들의 관측 결과는 태양이 우리 은하에 분포해 있는 보통 별이라는 것을 가르쳐 주었다. 따라서 태양이 행성계를 가지고 있다면 다른 별들도 행성계를 거느리고 있을 것이고, 이 외계 행성계에도 여러 가지 형태의 생명체가 있을 것이라고 생각하게 되었다. 이런 생각을 발표한 조르다노 브루노(Giordano Bruno, 1548~1600년)는 교회의 가르침에 도전한 것으로 간주되어 1600년 죽임을 당했다. 오늘날에는 관광객들이 시끄러운 야외 카페를 통해 로마의 캄포 데 피오리(Campo de Fiori) 광장 중심에 있는 브루노의 동상에 다가가 잠시 발걸음을 멈추고 그의 생각을 억압했던 사람들을 이겨 낸 그의 용기에 경의를 표할 수도 있다.

브루노의 운명이 보여 주는 바와 같이 다른 세상의 생명체를 상상하는 것은 인류에게 엄청난 영향을 미치는 생각이다. 그렇지 않다면 브루노는 좀 더 오래 살 수 있었을 테고, NASA는 지금보다 더 부족한 예산에 시달려야 했을 것이다. 태양을 돌고 있는 다른 행성에 생명체가 있을 것이라는 생각은 역사를 통해 계속 제기되었다. 현재는 NASA가 이 문제에 가장 큰 관심을 가지고 있다. 그러나 지구 밖에서 생명체를 찾으려는 연구는 큰 난관에 봉착했다. 태양계 내의 다른 세상은 모두 생명체에게 적당한 환경이 아니었기 때문이다.

지구 외의 다른 장소가 생명체에게 적당한 장소가 아니라는 결론이 생명체가 생겨나서 유지될 수 있는 수많은 가능한 방법에 모두 적용되는 것은 아니다. 그러나 화성과 금성, 그리고 목성과 그 위성들에 대한 지금까지의 탐사에서 우리가 발견한 사실은 이 행성들에서 생명체의 흔적을 찾을 수 없다는 것이다. 그리고 우리는 태양계 안에 있는 다른 세계들이 우리가 알고 있는 생명체가 존재하기에는 너무 혹독한 환경이라는 많은 증거를 찾아냈다. 그러나 앞으로 더 많은 탐사가 진행되어야 할 것이다. 다행히 생명체를 찾는 일은, 특히 화성에서 생명체를 찾아내려는 일은 현재도 계속되고 있다. 그러나 태양계 안에서 외계 생명체를 찾을 가능성이 거의 없다고 생각하는 사람들은 태양계가 아니라 다른 별을 돌고 있는 외계 행성계같이 더 넓은 세상에서 생명체를 찾기 시작했다.

✦✦✦

1995년까지는 다른 별을 돌고 있는 행성, 즉 외계 행성에 대한 생각은 전혀 관측 결과에 근거하지 않은 것이었다. 그때까지 천문학자들은 초신성 폭발로 만들어져 별의 잔해 주위를 돌고 있는, 행성이라고 하기 어려운 지구 정도 크기의 몇몇 파편들을 제외하고는 외계 행성을 하나도 발견하지 못했다. 그러나 1995년 말에 외계 행성을 발견했다는 놀라운 소식이 전해졌다. 그리고 몇 달 후에 4개가 더 발견되었고, 닫혔던 수문이 열린 것처럼 새로운 외계 행성들의 발견이 빠르게 진행되었다. 오늘날 우리는 태양을 돌고 있는 행성보다 훨씬 더 많은 외계 행성을 찾아냈다. 외계 행성의 수는 이제 100개를 넘었고 앞으로 계속 늘어날 것이다.

새로 발견된 세상을 좀 더 확실하게 알기 위해서, 그리고 이 행성들의 발견이 외계 생명체를 찾아내는 작업에 주는 의미를 분석하기 위해서 우리는 믿기 어려운 사실 한 가지를 알고 넘어가야 한다. 그것은 천체 물리학자들이 외계 행성의 존재를 알아냈을 뿐만 아니라 그들의 질량, 모성으로부터의 거리, 공전 주기, 그리고 공전 궤도의 모양까지 알아냈다고 주장하고 있지만 누구도 아직 외계 행성을 직접 보거나 사진을 찍은 적이 없다는 것이다.

어떻게 한 번도 본 적이 없는 행성에 대해 그렇게 많은 것을 알아낼 수 있을까? 그 대답은 별빛을 연구하는 사람들이 사용하는 조사 방법에 있다. 별빛을 관찰하는 전문가들은 별빛을 여러 색깔의 스펙트럼으로 분해하고, 이 스펙트럼을 많은 별들의 스펙트럼과 비교해 스펙트럼에 나타난 색깔의 세기만으로 별의 유형을 알아낼 수 있다. 예전에는 천문학자들이 별의 스펙트럼 사진을 찍어 분석했지만 요즘은 여러 색깔의 세기가 얼마나 되는지를 디지털 정보로 기록하는 정밀한 분광기를 사용하고 있다. 이런 방법을 사용하면 수십조 킬로미터나 떨어져 있는 별들의 기본적인 상태를 쉽게 알아낼 수 있다. 천체 물리학자들은 단지 별빛의 스펙트럼을 분석함으로써 어떤 별이 우리 태양과 가장 비슷한 별인지, 어떤 별이 온도가 조금 높은 별인지, 어떤 별이 온도가 낮은 별인지, 그리고 어떤 별이 우리 태양보다 어두운 별인지 알아낼 수 있다.

천체 물리학자들은 별에서 오는 스펙트럼을 분석해 이외에도 더 많은 것을 알아낼 수 있었다. 별의 스펙트럼 중에서 특정한 색깔의 빛이 아주 약하거나 아예 빠져 버려 검은색 선으로 나타나는 특별한 유형의 스펙트럼을 쉽게 구별해 낼 수 있게 되었다. 별의 스펙트럼을 이루는 모든 색깔들이 붉은색 쪽이나 보라색 쪽으로 이동해서 정상적인 위치와 조금씩 다른 위치에 나타난다는 것도 알게 되었다.

빛의 색깔은 마루와 마루 사이의 거리를 의미하는 파장에 따라 달라진다. 다시 말해 우리가 다른 색깔이라고 느끼는 것은 빛의 파장이 다르기 때문이다. 따라서 빛의 정확한 파장을 이야기하는 것이 막연하게 색깔을 이야기하는 것보다 더 정확하게 빛의 색깔을 이야기하는 것이라고 할 수 있다. 별에서 오는 스펙트럼을 이루는 빛들의 세기를 조사했을 때 모든 파장이 원래보다 더 길게 관측되었다면 천체 물리학자들은 별의 색깔이 도플러 효과로 인해 변했다고 결론짓는다. 도플러 효과는 빛을 내는 물체가 우리에게서 멀어지거나 가까워질 때 그 물체가 내는 스펙트럼에 어떤 일이 일어나는지를 설명한다. 예를 들어 물체가 우리에게 다가오면서 빛을 내는 경우에는 그 물체가 내는 빛의 파장이 물체가 우리에 대해 상대적으로 정지해 있을 때보다 약간 짧게 측정된다. 그러나 물체가 우리에게서 멀어지고 있으면 우리가 측정하는 빛의 파장은 물체가 정지해 있을 때보다 길게 측정된다. 정지해 있을 때 측정한 파장과의 차이는 광원과 관측자 사이의 상대 속도에 따라 달라진다. 초속 30만 킬로미터인 빛의 속도보다 훨씬 느린 속도에서는 빛의 파장의 변화 정도, 즉 도플러 효과의 크기가 빛을 내는 물체의 속도와 빛의 속도의 비에 비례한다. (도플러 효과는 음파에서도 나타난다. 다가오는 기차의 기적 소리는 더 높은 소리로 들리고, 멀어지는 기차의 기적 소리는 낮은 소리로 들리는 것이 그 예이다. ─ 옮긴이)

1990년대 미국과 스위스에 각각 중심을 두고 있던 두 팀의 천문학자들이 별빛의 도플러 효과를 정확하게 측정하려고 노력하고 있었다. 그것은 별의 운동에 대한 더 정밀한 정보를 원했기 때문이기도 했지만 별빛을 분석해 별 주위를 돌고 있는 행성을 찾아내기 위해서이기도 했다.

왜 외계 행성을 직접 관측하지 않고 이런 간접적인 관측 방법을 선택할까? 현재로서는 이 방법이 가장 효과적인 방법이기 때문이다. 태양에서 태양계 행성들까지의 거리와 태양에서 다른 별까지의 거리를 비교해 보면 그 이유를 알 수 있다. 태양에서 가장 가까운 별인 센타우루스자리 알파별(Alpha Centauri)까지 거리도 태양에서 수성까지 거리의 50만 배나 되고, 태양에서 명왕성까지 거리의 5,000배가 넘는다. (태양에서 가장 가까이 있는 별인 센타우루스자리 알파별까지의 거리는 약 4.3광년이다. ─ 옮긴이) 별에서 그 별을 돌고 있는 행성까지 거리가 천문학적으로 볼 때 이렇게 가깝다는 사실과 행성은 스스로 빛을 내지 못하고 별빛을 반사하기 때문에 희미하다는 사실로 인해 우리가 멀리 있는 별 주위를 돌고 있는 행성을 직접 관측하는 것은 거의 불가능하다. 센타우루스자리 알파별에 살고 있는 천체 물리학자가 망원경으로 우리 태양계의 가장 큰 행성인 목성을 관측하려고 한다고 가정해 보자. 태양과 목성 사이의 거리는 이 별에서 태양까지 거리의 5만분의 1밖에 안 되고 목성의 밝기는 태양 밝기의 100만분의 1밖에 안 된다. 천체 물리학자들에게 이것은 탐조등 주위에 날아다니는 반딧불을 관찰하는 것과 같을 것이다. 우리가 언젠가는 외계 행성을 직접 관측할 수 있게 되겠지만 현재는 외계 행성을 직접 관찰하는 것이 기술적으로 가능하지 않다.

그러나 도플러 효과를 이용하면 외계 행성을 간접적으로 관측하는 것이 가능하다. 우리가 별을 자세히 관측하면 별빛의 도플러 효과의 변화를 알아낼 수 있다. 도플러 효과가 변하는 것은 별이 우리를 향해 다가오거나 멀어지는 속도가 변하고 있기 때문이다. 만약 이러한 변화가 일정 시간 간격으로 최댓값과 최솟값을 번갈아 갖는다면, 이것은 이 별이 공간의 어떤 점을 중심으로 궤도 운동을 하고 있음을 뜻한다.

무엇이 별을 춤추게 하고 있을까? 우리가 알고 있는 한 별을 이렇게 움직일 수 있는 것은 다른 천체의 중력뿐이다. 별의 운동에 아주 적은 영향을 미치는 천체는 별의 질량보다 훨씬 작은 질량을 가지고 있어 약한 중력을 별에 작용하고 있는 행성이 틀림없다. 별보다 훨씬 작은 질량을 가지고 있는 행성들은 별의 속도를 아주 조금밖에 바꾸지 못한다. (행성은 정지해 있는 태양 주위를 돌고 있는 것이 아니라 행성과 태양의 공통 질량 중심을 돌고 있는 것이다. 다만 질량이 작은 행성은 더 큰 궤도를 돌고 있고 질량이 큰 태양은 아주 작은 궤도를 돌고 있다. ─ 옮긴이) 예를 들어 목성의 공전으로 인해 태양의 속도는 세계적인 단거리 선수가 달리는 속도보다 약간 더 빠른 초속 12미터 정도 달라진다. 목성이 태양 주위를 12년 주기로 공전하고 있는 동안 목성 공전 궤도면의 연장선상에 있는 곳에서 태양의 운동을 관측하는 천문학자가 태양 빛의 도플러 효과를 측정한다면 이 관측자는 태양 속도가 어떤 때는 평균 속도보다 초속 12미터 빠르게 관측되고, 그로부터 6년 후에는 평균 속도보다 초속 12미터 느리다는 것을 알아낼 것이다. 태양의 속도는 최댓값과 최솟값 사이에서 연속적으로 변할 것이다. 이러한 도플러 효과의 변화를 수십 년 동안 관측한 후에 그 천문학자는 태양이 12년 주기로 돌면서 태양의 운동에 영향을 주어 도플러 효과에 변화를 가져오는 행성을 가지고 있다는 결론을 내릴 것이다. 태양이 움직이는 거리와 목성이 움직이는 거리의 비는 두 천체의 질량비의 역수와 같다. 태양 질량이 목성 질량의 1,000배 정도이므로 목성은 공통 질량 중심에서 1,000배나 더 먼 곳에서 운동하고 있다. 바꾸어 말하면 태양이 목성보다 1,000배나 더 천천히 움직인다.

　물론 태양은 여러 개의 행성을 가지고 있고 이 행성들은 모두 동시에 태양에 중력을 작용하고 있다. 따라서 태양은 각 행성들의 중력 작용으로 인해 서로 다른 수기로 하는 운동을 합한 운동을 하게 된다. (태양계에는 여러 행성이 서로 다른 주기로 태양을 돌고 있다. 따라서 태양도 이 행성들의 영향으로 다른 주기로 다른 크기의 운동을 하고 있다. 겉으로 드러나는 태양의 운동은 이런 운동이 모두 합해진 운동이다. ─옮긴이) 그러나 목성이 태양계에서 가장 큰 행성이므로 태양은 다른 행성의 영향보다 목성의 영향을 가장 많이 받고 있다.

천체 물리학자가 별의 움직임을 관측해 목성 정도의 질량을 가지고 별로부터 목성과 비슷한 거리에서 궤도 운동을 하고 있는 외계 행성을 찾아내려면 그들은 초속 12미터의 속력 변화에 따른 도플러 효과의 변화를 측정할 수 있어야 한다. 시속 43킬로미터에 해당하는 이 속력은 지구에서는 쉽게 관측할 수 있는 속력이지만 천체들이 운동하는 속력에 비하면 아주 느린 속력이다. 이 속력은 광속의 100만분의 1도 안 되는 속력이며 별이 우리를 향해 다가오거나 멀어지는 속력의 1,000분의 1 정도밖에 안 되는 속력이다. 광속의 100만분의 1 정도밖에 안 되는 속력 변화가 나타내는 도플러 효과를 측정하기 위해서는 빛의 파장의 변화를 100만분의 1 수준까지 측정할 수 있어야 한다.

+++

이러한 정밀한 측정은 행성의 존재를 알아내는 것 이상의 결과를 끌어낼 수 있게 할 것이다. 무엇보다도 우선 도플러 효과를 이용한 측정을 통해 별의 운동 속도의 주기적 변화를 발견할 수 있다. 이로부터 별의 운동에 영향을 주고 있는 행성의 공전 주기를 알아낼 수 있다. 만약 별이 특정한 주기로 반복해 춤을 주고 있다면 그 별 주위에 있는 행성은 훨씬 더 큰 궤도 위에서 같은 주기로 춤을 추고 있어야 한다. 행성의 공전 주기를 알면 별에서 행성까지의 거리를 알 수 있다. 아이작 뉴턴은 오래전에 가까이서 별의 주위를 돌고 있는 천체의 공전 주기는 짧고 멀리서 별을 돌고 있는 천체의 공전 주기는 길어야 한다는 것을 역학적으로 증명했다. 행성의 공전 주기는 별과 행성 사이의 평균 거리에 따라 달라진다. (케플러의 행성 운동 제3법칙에 따르면 행성 공전 주기의 제곱은 행성 궤도 반지름의 세제곱에 비례한다. 따라서 궤도 반지름이 정해지면 공전 주기도 정해진다. — 옮긴이) 태양계를 예로 들면 공전 주기가 1년인 행성은 별로부터 태양과 지구 사이 거리만큼 떨어져 있고, 공전 주기가 12년인 행성은 지구와 태양 사이 거리보다 5.2배 먼 목성까지의 거리와 같은 거리에서 태양을 돌고 있다. 따라서 도플러 효과의 변화를 정밀하게 측정하면 외계 행성의 존재를 알 수 있을 뿐만 아니라 이 행성들의 공전 주기와 별로부터 이 행성까지의 평균 거리가 얼마인지도 알아낼 수 있다.

그러나 천문학자들은 보이지 않는 이 행성에 대해 훨씬 더 많은 것을 알아낼 수 있다. 별로부터 특정 거리에서 운동하는 행성은 질량에 비례하는 중력을 별에 작용한다. 질량이 더 큰 행성은 별에 더 강한 중력을 작용한다. 그리고 더 강한 중력은 별이 더 빨리 춤추도록 한다. 도플러 효과의 변화를 통해 별과 행성 사이의 거리를 알면 조심스러운 관측과 수학적 계산을 통해 행성의 질량을 알아낼 수 있다.

그러나 별의 움직임을 관측해 외계 행성의 질량을 결정하는 데는 한 가지 어려움이 있다. 천문학자들은 자신들이 외계 행성의 공전 궤도면의 연장선상에서 이 별을 관측하고 있는지, 아니면 공전 궤도면과 수직한 위치인 위나 아래에서 관측하고 있는지, 아니면 정확히 공전 궤도면의 연장선상도 아니고 수직하지도 않은 적당한 각도로 관측하고 있는지를 알 방법이 없다. 행성의 공전 궤도면은 행성과 별이 운동하고 있는 평면과 일치한다. 따라서 우리가 별의 속도를 정확하게 측정할 수 있는 것은 우리가 별을 중심으로 돌고 있는 행성의 공전 궤도면의 연장선상에서 별의 운동을 관측할 때뿐이다. 이것을 이해하기 위해 좀 더 쉬운 예를 들어 보기로 하자. 우리가 야구장에서 투수가 던지는 야구공의 속도를 스피드 건으로 측성한다고 가정해 보자. 야구공이 우리에게로 다가오거나 멀어질 때는 공의 속도를 제대로 측정할 수 있지만 공이 우리 앞을 가로질러 지나갈 때는 제대로 측정할 수 없다. 따라서 훌륭한 투수를 고르려면 공이 움직이는 선상에 있는 홈 플레이트 뒤쪽에 앉아서 공의 속도를 측정해야 한다. 만약 1루나 3루에 앉아서 투수가 던진 공의 속도를 측정하면 공은 우리에게 멀어지거나 가까워지지 않으므로 거의 0에 가까운 값으로 측정될 것이다.

도플러 효과는 별이 우리에게 가까워지거나 멀어지는 속도만 보여 줄 뿐 얼마나 빨리 옆으로 움직이고 있는지에 대해서는 이야기해 주지 않으므로 우리가 어떤 각도에서 별의 운동을 관측하고 있는지를 알 수 없다. 이런 사실은 우리가 알아낸 행성의 질량이 이 행성이 실제 가질 수 있는 질량의 최솟값이라는 것을 말해 준다. 우리가 공전 궤도면의 연장선상에서 별의 운동을 관측할 때만 별의 실제 질량을 알 수 있다. 평균적으로 외계 행성의 실제 질량은 별의 속도 변화를 측정해 알아낸 질량의 2배 정도이다. 그러나 우리는 어떤 행성의 실제 질량이 우리가 계산한 질량의 2배보다 큰지 작은지 알 수 있는 방법이 없다.

도플러 효과를 이용해 별의 운동을 관측한 천문학자들은 행성의 공전 주기와 궤도 반지름, 그리고 질량 외에 또 하나의 중요한 사실을 알아냈다. 바로 공전 궤도의 모양까지 알아낼 수 있다. 어떤 행성들은 금성과 천왕성처럼 거의 완전한 원형 궤도를 돌고 있다. 그러나 또 어떤 행성들은 수성, 화성, 그리고 명왕성처럼 어떤 지점에서는 별에 가까이 다가가고 어떤 지점에서는 별에서 멀어지는 길게 늘어진 타원 궤도를 돌고 있다. 행성이 별에 가까이 다가가면 속도가 높아지고 이에 따라 별의 움직임도 빠르게 변한다. 만약 천문학자가 한 주기 동안 별의 속도가 일정한 비율로 변하는 것을 관측했다면 이러한 별의 속도 변화는 원형 궤도를 돌고 있는 행성으로 인한 것이라고 결론지을 수 있을 것이다. 그러나 만약 별의 속도가 어떤 때는 빠르게 변하고 어떤 때는 느리게 변한다면 이것은 타원 궤도를 돌고 있는 행성 때문이라고 결론지을 수 있을 것이다. 그리고 한 주기 동안의 속도 변화를 측정하면 궤도가 늘어진 정도, 즉 궤도가 원형 궤도에서 벗어난 정도를 알아낼 수 있다.

지금까지 살펴본 바와 같이 외계 행성을 연구해 온 천체 물리학자들은 정밀한 측정 능력을 통해 멀리 있는 별 주위를 돌고 있는 행성의 공전 주기, 별로부터의 평균 거리, 질량의 최솟값, 그리고 공전 궤도의 모양 등 네 가지 중요한 사항을 알아낼 수 있다. 천체 물리학자들은 태양계로부터 수천조 킬로미터나 떨어져 있는 별에서 오는 빛을 100만분의 1보다 더 정밀한 수준으로 분석해 이런 것들을 알아내고 있다. 따라서 별빛의 도플러 효과를 정밀하게 측정하는 것은 하늘에서 우리의 이웃을 찾아내려는 노력의 절정을 이루고 있다.

그러나 아직 해결해야 할 문제가 하나 더 남아 있었다. 지난 10년 동안 발견한 외계 행성들 대부분은 태양계 행성들보다 훨씬 가까운 거리에서 별을 돌고 있다. 문제를 더욱 심각하게 만든 것은 지금까지 발견된 외계 행성들의 질량이, 태양에서 지구까지 거리의 5배나 되는 곳에서 태양을 돌고 있으며 태양계에서 가장 큰 행성인 목성의 질량과 비슷하다는 사실이다. 이 행성들이 태양계 행성들과 달리 그렇게 가까운 거리에서 별을 돌게 된 이유에 대해 천체 물리학자들의 설명을 듣기 전에 잠시 몇 가지 사실을 확인해 보자.

우리가 별의 운동을 측정해 별 주위를 돌고 있는 행성을 발견할 때에는 언제나 이 관측 방법이 가지고 있는 오류 가능성을 고려해야 한다. 첫 번째로 별 가까이에서 별을 돌고 있는 행성은 멀리서 별을 돌고 있는 행성보다 공전 주기가 짧다. 제한된 시간 동안 별의 운동을 관측하는 천체 물리학자들은 6개월 주기로 운동하는 행성을 12년을 주기로 운동하는 행성보다 훨씬 빨리 발견할 수 있을 것이다. 천체 물리학자가 별의 속도가 주기적으로 변화하고 있음을 확인하기 위해서는 적어도 몇 주기 동안은 별을 관찰해야 하기 때문이다. 이것은 목성의 공전 주기와 비슷한 12년의 공전 주기를 갖는 행성을 찾아내기 위해서는 적어도 수십 년을 관측해야 하고, 이는 한 사람의 연구 인생을 모두 여기에 투자해야 한다는 것을 뜻한다.

두 번째로 행성은 멀리 있을 때보다 가까이 있을 때 별에 더 강한 중력을 작용한다. 이러한 강한 중력은 별을 더 빠르게 움직이도록 하고, 별의 빠른 움직임은 별의 스펙트럼에 더 큰 도플러 효과를 나타내게 한다. 우리는 큰 도플러 효과를 작은 도플러 효과보다 더 쉽게 관측할 수 있다. 따라서 가까운 행성이 먼 행성보다 더 많이, 그리고 더 빠르게 우리의 관심을 끌 수 있다. 지금까지 도플러 효과를 이용해 여러 가지 다른 거리에서 발견된 행성들은 모두 지구 질량의 318배인 목성 질량과 비슷한 질량을 가지고 있다. 그것은 작은 질량을 가지고 있는 행성들이 오늘날 우리가 가지고 있는 기술로 측정할 수 있을 정도로 별을 빠르게 움직이게 할 수 없기 때문일 것이다.

따라서 가까운 곳에서 별을 돌면서 목성과 비슷한 질량을 가지는 외계 행성이 발견되었다는 뉴스를 자주 듣게 되는 것은 놀랄 만한 일이 아니다. 놀라움은 이들이 별에서 얼마나 가까운 곳에서 별을 돌고 있는가 하는 사실이다. 별에서 이 행성들까지의 거리는 매우 가까워 이들의 공전 주기는 태양계 행성의 공전 주기처럼 몇 달이나 몇 년이 아니라 불과 며칠에 불과하다. 천체 물리학자들은 현재까지 일주일보다 짧은 공전 주기를 가지는 행성을 10여 개 발견했다. 이중에 가장 짧은 공전 주기는 2.5일이었다. 태양과 비슷한 별인 HD73256을 돌고 있는 이 행성의 질량은 목성 질량의 1.9배 정도였고, 약간 늘어난 타원 궤도의 평균 반지름은 지구에서 태양까지 거리의 3.7퍼센트 정도였다. 다시 말해 지구의

600배나 되는 질량을 가지고 있는 거대한 행성이 수성 궤도 반지름의 10분의 1 정도 되는 거리에서 별을 돌고 있는 것이다.

암석과 금속으로 구성되어 있는 수성에서 태양을 향하고 있는 부분의 온도는 수백 도까지 올라간다. 이와는 대조적으로 목성을 비롯해 토성, 천왕성, 해왕성과 같은 태양계 거대 행성들은 전체 질량의 몇 퍼센트밖에 안 되는 고체 핵을 엄청난 양의 기체가 둘러싸고 있는 기체 행성이다. 행성 형성 과정을 설명하는 모든 이론은 목성 크기의 행성이 수성, 금성, 지구, 그리고 화성과 같이 고체일 수 없음을 보여 주고 있다. 그것은 행성을 형성한 원시 구름이 지구 질량의 수십 배보다 큰 질량을 가진 행성을 만들 만큼의 충분한 고체 성분을 가지고 있지 않기 때문이다. 따라서 현재까지 발견된 목성 질량의 외계 행성들은 모두 거대한 기체 덩어리여야 한다.

이런 결론은 다음과 같은 두 가지 의문을 가지게 한다. 목성 크기의 기체 행성이 어떻게 별에 가까운 궤도를 돌게 되었을까? 어떻게 이 행성들을 이루고 있는 기체가 별의 열기에 증발하지 않을 수 있었을까? 두 번째 의문의 답은 쉽게 구할 수 있다. 행성의 엄청난 질량이 만드는 강한 중력이 수백 도나 되는 높은 온도에서도 이 행성을 이루는 원자나 분자가 달아나지 못하도록 붙잡아 두기 때문일 것이다. 극단적인 경우는 밖으로 밀어내려는 열의 압력과 물체를 안으로 잡아당기는 중력의 경쟁에서 중력이 겨우 이기거나, 행성이 별의 열기로 인해 증발할 수 있는 거리에서 겨우 벗어나 있는 경우일 것이다.

어떻게 커다란 행성이 별을 그렇게 가까이서 돌고 있을 수 있는가 하는 첫 번째 의문은 어떻게 행성이 형성되는가 하는 근본적인 문제와 관련이 있다. 11장에서 이미 살펴보았듯이 이론 물리학자들의 노력으로 우리는 행성 형성 과정을 어느 정도 이해할 수 있게 되었다. 물리학자들은 팬케이크와 같은 모양의 기체와 먼지 구름 속에서 작은 물질 덩어리가 점점 커져 행성을 형성하게 되었다고 믿고 있다. 태양을 둘러싸고 있는 납작한 물질의 원반 속에서 밀도가 평균 밀도보다 높아서 물질 사이의 중력 줄다리기에서 이기게 된 질량 덩어리가 여기저기 형성되었다. 행성 형성의 마지막 과정에서 지구를 포함한 고체 행성들은 커다란 물질 파편들의 폭격을 견뎌 내야 했다.

이러한 행성 형성 과정이 진행되는 동안에 태양이 빛나기 시작해 수소와 헬륨과 같은 가벼운 원소들을 표면으로부터 증발시켜 탄소, 산소, 규소, 알루미늄, 철과 같은 무거운 원소로만 이루어진 수성, 금성, 지구, 그리고 화성과 같은 내행성들을 만들었다. 이와는 대조적으로 태양과 지구 사이 거리의 5~30배 되는 먼 곳에서 만들어진 질량 덩어리들은 온도가 충분히 낮게 유지되었기 때문에 수소와 헬륨을 붙잡아 둘 수 있었다. 가벼운 이 두 원소는 원시 구름 속에 가장 풍부하게 포함되어 있던 원소였기 때문에 이 질량 덩어리들은 지구의 몇 배나 되는 질량을 포함하는 거대한 행성이 될 수 있었다.

아직 탐사선을 통한 정밀한 탐사가 이루어진 적이 없는 명왕성은 암석으로 이루어진 내행성에도, 그리고 기체로 이루어진 외행성에도 속하지 않고, 얼음과 바위가 섞인 거대한 혜성을 닮았다. 지름이 3,000킬로미터가 안 되는 명왕성보다 훨씬 작은 혜성은 지름이 8~80킬로미터 정도 되는 천체들로 태양계 초기에 형성된 물질 덩어리이다. 혜성은 운석과 형성 연대가 비슷하다. 운석은 우주 공간을 떠돌다가 지구 표면에 떨어진 바위, 금속, 또는 바위와 금속이 섞여 있는 우주 파편이다.

행성들은 혜성이나 운석과 매우 흡사한 물질 덩어리들로부터 만들어졌다. 그리고 거대한 행성의 고체 핵은 많은 양의 기체를 붙들어 둘 수 있었다. 운석 속에 포함되어 있는 방사성 동위 원소를 이용해 운석의 나이를 측정해 보면 달에서 발견되는 암석의 나이인 42억 년이나 지구 암석의 나이인 40억 년보다 상당히 긴 45억 5000만 년이다. 태양계가 형성된 사건은 기원전 45억 5000만 년에 있었고, 행성들은 자연스럽게 비교적 작은 내행성과 거대한 기체 행성의 두 부류로 나뉘었다. 4개의 내행성들은 궤도 반지름이 지구와 태양 사이 거리의 0.37~1.52배 되는 궤도에서 태양을 공전하고 있다. 거대한 4개의 외행성들은 궤도 반지름이 지구와 태양 사이 거리의 5.2~30배 되는 궤도에서 태양을 공전하면서 기체 행성이 될 수 있었다.

태양계의 행성 형성 과정에 대한 이런 설명은 우리가 발견한 목성 크기의 외계 행성들이 대부분 수성보다 가까운 궤도에서 별을 돌고 있다는 것을 쉽사리 이해할 수 없게 한다. 실제로 처음 발견된 모든 외계 행성들이 이렇게 별에서 가까운 거리에서 별을 돌고 있다는 것이 밝혀지자 한동안 이론 과학자들 중에는 우리 태양계가 모든 행성계들을 대표하는 전형적인 행성계가 아니라 다른 행성계와 다른 특별한 행성계일지 모른다고 생각하는 이들도 생겼다. 사람들 중에는 확실한 근거는 없지만 암묵적으로 지구나 우리 태양계를 특별한 천체라고 생각하는 이들이 많다. 그러나 별에서 가까운 곳에 있는 행성을 발견할 확률이 높다는 사실을 바탕으로 과학자들은 태양계가 예외적인 행성계가 아니라는 것을 확인해 가고 있다. (태양계의 기체 행성들처럼 별로부터 멀리 떨어져 있는 기체 행성이 발견되지 않은 것은 태양계가 특별한 행성계라서가 아니라 가까이 있는 큰 행성이 그렇지 않은 행성보다 발견될 가능성이 높기 때문이다. — 옮긴이) 천문학자들이 충분한 시간을 가지고 정밀한 관측을 하면서 별로부터 훨씬 먼 곳에서 별을 돌고 있는 거대한 기체 행성들이 발견되기 시작한 것이다.

현재 별에서 가까운 거리에 있는 것부터 먼 순서로 배열한 외계 행성 목록에는 공전 주기가 2.5일인 행성에서부터 질량이 적어도 목성의 4배나 되고 공전 주기가 13.7년이나 되는 게자리 55번 별(55 Cancri)을 돌고 있는 행성에 이르기까지 100개가 넘는 다양한 행성들이 포함되어 있다. 천체 물리학자들은 공전 주기를 이용해 게자리 55번 별을 돌고 있는 행성의 궤도 반지름이 지구와 태양 사이 거리의 5.9배, 그리고 목성과 태양 사이 거리의 1.14배라는 것을 알아냈다. 이 행성은 별로부터 목성 궤도보다 먼 곳에서 발견된 첫 번째 행성이다. 따라서 이 행성을 포함하고 있는 행성계는 별과 거대 행성 사이의 거리나 질량 측면에서는 우리 태양계와 비슷한 행성계처럼 보인다.

그러나 꼭 그렇지만은 않다. 지구의 5.9배 되는 공전 반지름을 가지는 게자리 55번 별을 돌고 있는 행성은 이 별 주위에서 발견된 첫 번째 행성이 아니라 세 번째 행성이었던 것이다. 충분한 관측 자료를 축적했고, 도플러 효과를 측정하는 정밀한 방법을 발전시킨 과학자들은 둘, 또는 그 이상의 행성들이 만들어 낸 별의 복잡한 움직임을 분석해 낼 수 있게 되었다. 각각의 행성들은 자신들의 공전 주기와 같은 리듬으로 별이 춤을 추도록 강요한다. 충분히 긴 시간 동안의 관측과 길고 복잡한 계산을 두려워하지 않는 컴퓨터 프로그램을 이용하면 행성 사냥꾼들은 뒤섞여 있는 여러 행성들의 발자국 속에서 개별 행성들의 자취를 찾아낼 수 있다. 이런 방법으로 게자리에서 관측되는 게자리 55번 별 가까이에서 공전하고 있는, 공전 주기가 각각 42일과 89일이며 최소 질량이 각각 목성의 0.84배와 0.21배인 두 행성을 발견하는 데 성공했다. 최소 질량이 목성의 0.21배이고 지구의 67배인 행성은 그때까지 발견된 외계 행성 중에서 가장 작은 행성이었다. 그러나 외계 행성 질량의 최소 기록은 현재 지구 질량의 35배까지 내려가 있다. 그러나 아직 이 행성들의 질량은 지구 질량보다 수십 배나 되어 천문학자들이 곧 우리 지구와 비슷한 외계 행성을 발견할 것이라는 기대를 갖기는 어렵다는 것을 알 수 있다. (이 책이 미국에서 처음 출판된 2004년 이후 지구 크기의 외계 행성이 여러 개 발견되었다. 특히 2017년 2월에 NASA는 태양계로부터 40광년 정도 떨어져 있는 트라피스트 1이라는 별을 돌고 있는 지구 크기의 외계 행성 7개를 발견했는데, 이들 중 3개는 생명 거주 가능 영역에 위치해 있어 액체 상태의 물을 가지고 있을 가능성이 크다고 발표했다. ─ 옮긴이)

우리는 게자리 55번 별 사례에서 볼 수 있듯이 우리는 왜, 그리고 얼마나 많은 목성 크기의 행성이 별로부터 아주 가까운 거리에서 별을 돌고 있는가 하는 문제 주위에서 맴돌고 있을 뿐 이 문제의 핵심을 파고들지 못하고 있다. 전문가들은 목성 크기의 행성은 지구와 태양 사이 거리의 3배나 4배 되는 거리보다 가까운 거리에서는 만들어질 수 없다고 이야기한다. 이 견해를 따른다면 외계 행성들은 별에서 멀리 떨어진 곳에서 형성된 후에 가까운 곳으로 옮겨졌어야 한다. 이러한 결론은 적어도 세 가지 어려운 문제를 야기한다.

1. 행성 형성 후 무엇이 이 행성을 별 가까이 옮겨 놓았는가?
2. 무엇이 이 행성이 별을 향해 움직이는 것을 정지시켰는가?
3. 그런 일이 많은 행성계에서는 일어났는데 왜 우리 태양계에서는 일어나지 않았는가?

외계 행성의 발견으로 고무되었던 상상력 풍부한 사람들은 이런 의문들에 대한 답도 제시했다. 현재 전문가들이 선호하는 시나리오를 요약해 보면 다음과 같다.

1. '행성들의 이주'는 새로 형성된 행성 궤도보다 안쪽에 행성을 만들고 남아 있던 많은 양의 물질에 의해 일어났다는 것이다. 이 물질들이 행성의 강한 중력으로 인해 행성에 빨려들어 가면서 행성이 안쪽으로 움직이도록

했다는 것이다. (물체가 서로 중력을 작용하면 물체는 서로 상대방을 향해 움직인다. 큰 파편이 행성에 충돌하면 행성은 그 파편 방향으로 조금 움직인다. 따라서 수많은 파편이 한 방향에서 충돌하면 행성은 그 방향으로 움직인다. — 옮긴이)

2. 행성들이 원래 위치보다 별에 훨씬 가까워지자 별의 조석력이 행성을 특정한 위치에 고정했다. 달과 태양의 중력으로 바닷물이 부풀어 올랐다 내리도록 하는 힘과 비슷한 조석력은 달과 마찬가지로 행성의 공전 주기와 자전 주기를 같게 만들었고 행성들이 별로 더 가까이 다가가지 못하도록 했다. 조석력이 행성의 접근을 금지시킬 수 있었던 이유는 조금 더 복잡한 천체 역학이 관련된 사건으로 여기서는 그냥 넘어가기로 하자.

3. 어떤 행성계는 커다란 행성이 형성된 후 행성을 안쪽으로 이동시킬 수 있을 정도로 충분히 많은 부스러기들을 가지고 있었고, 어떤 행성계는 우리 태양계처럼 그런 부스러기들을 충분히 가지고 있지 않아서 행성을 처음 형성된 자리에 머물도록 했는지 하는 것은 확률의 문제이다. 게자리 55번 별의 경우에는 세 행성 모두가 안쪽으로 상당한 정도 움직였을 것이다. 따라서 가장 바깥쪽에서 발견된 행성은 현재의 거리보다 훨씬 먼 곳에서 만들어졌을 것이다. 그게 아니라면 궤도 안쪽에 남아 있던 물질과 궤도 바깥쪽에 남아 있던 물질의 영향으로 두 행성은 안쪽으로 이동하고 하나의 행성은 원래 자리에 남아 있는 것인지도 모른다.

천체 물리학자들이 행성 형성 과정을 완전히 이해했다고 선언하기 전에 아직 할 일이 많이 남아 있다. 외계 행성 사냥꾼들은 질량, 크기, 궤도 반지름이 지구와 비슷한 지구의 쌍둥이를 찾는 작업을 계속할 것이다. 그런 행성을 발견하면 이 행성이 대기를 가지고 있는지, 바다를 가지고 있는지, 그리고 궁극적으로는 우리와 같은 생명체를 가지고 있는지를 조사하려고 할 것이다.

이것이 가능하려면 정밀한 관측을 방해하는 대기권을 벗어난 곳에서 작동하는 관측 장비가 필요하다. NASA가 추진하고 있는 케플러 탐사 프로젝트는 우리의 시선 방향으로 움직이는 지구 크기의 행성에 의한 별의 밝기 변화를 관측하기 위해 태양과 가까운 별 수십만 개를 조사하려는 연구 계획이다. 이런 탐사가 성공을 거두기 위해서는 우리의 시선 방향이 행성의 공전 궤도면과 정확히 일치해야 하는 낮은 확률의 벽을 넘어야 한다. 그런 경우에는 별빛이 변화하는 주기는 행성의 공전 주기와 같을 것이고, 이 공전 주기로부터 별과 행성 사이의 거리를 알아낼 수 있을 것이며, 별빛이 희미해지는 정도로부터 행성의 크기를 추정할 수 있을 것이다.

그러나 우리가 행성에 대해 더 자세한 것을 알고 싶다면 행성의 사진을 직접 찍거나 행성이 반사하는 빛을 관찰할 수 있어야 한다. NASA와 유럽 우주국(European Space Agency, ESA)은 20년 이내에 이런 목적을 달성할 수 있는 연구를 계획 중이다. 훨씬 밝은 별 근처에서 지구와 같은 작은 푸른 점을 찾아내는 것은 많은 시인과 물리학자, 그리고 정치가 들에게 새로운 영감을 줄 것이다. 행성이 반사하는 빛을 분석해서 행성 대기가 생명체 존재를 암시할지도 모르는 산소를, 또는 생명체 존재의 결정적 단서가 될 수 있는 산소와 메테인(메탄)을 모두 포함하고 있다는 것을 알아낼 수도 있다. 그것은 시인이 찬양하고 인간의 영혼을 시대적 영웅으로 만들 수 있는 새로운 종류의 성취를 이루었다는 것을 의미할 것이다. 프랜시스 스콧 피츠제럴드(Francis Scott Fitzgerald, 1896~1940년)가 『위대한 개츠비(The Great Gatsby)』에서 썼듯이 우리는 인간의 능력을 찬양하면서 서로의 얼굴을 마주 볼 수 있을 것이다. 우주 어딘가에서 생명체를 찾을 수 있기를 기대하고 있는 사람들을 위해 이 책의 마지막 부인 5부가 기다리고 있다.

5부

생명의 기원

14장

우주 생명체

우리가 예상하고 기대했던 것처럼 우주와 지구의 기원을 따져 온 우리의 발걸음은 이제 지구에 살고 있는 생명의 기원, 그리고 언젠가 우리가 마주치게 될지 모르는 특별한 형태의 생명체의 기원이라는 가장 본질적이며 신비스러운 문제에 이르게 되었다. 지난 몇 세기 동안, 우리는 과연 우주에 있을지도 모르는 다른 지적 존재를 찾아낼 수 있을 것인가, 그리고 우리가 역사 속으로 사라지기 전에 누군가와 간단한 대화라도 나눌 수 있을 것인가를 궁금해했다. 이 수수께끼를 푸는 결정적인 단서는 우리 자신을 존재하도록 한 우주의 설계도 속에 들어 있을 것이다. 이 설계도에는 지구의 기원, 지구 생명체들에게 에너지를 제공하는 태양의 기원, 은하와 같은 커다란 구조의 기원, 그리고 우주 자체의 기원과 이들의 진화 과정이 포함되어 있을 것이다.

우리가 이 설계도의 세부적인 내용을 읽어 낼 수만 있다면, 이 설계도는 큰 우주적 사건들로부터 작은 사건들이 어떻게 유래했는지, 그리고 무한하게 넓고 큰 우주로부터 여러 종류의 생물이 번성하고 진화하는 작은 공간이 어떻게 만들어졌는지를 이해할 수 있도록 우리를 이끌어 줄 것이다. 우리가 여러 가지 다른 환경에서 형성된 다양한 형태의 생명체를 비교할 수 있다면 우리는 생명체 발생에 관한 일반 법칙을 찾아낼 수 있을 것이다. 이 일반 법칙은 특정한 우주적 상황에서 생명이 어떻게 시작되는지를 말해 줄 것이다. 그러나 현재 우리는 단 한 가지 형태의 생명체만을 알고 있을 뿐이다. 그것은 바로 지구에 살고 있는 지구 생명체이다. 지구 생명체들은 모두 같은 기원을 가지고 있으며, DNA 분자를 이용해 번식하고 있다. 우리가 단 한 가지 형태의 생명체만 알고 있다는 사실은 우리가 다양한 형태의 생명체를 알 수 있는 기회가 없었음을 뜻한다. 그런 제한적인 경험은 생명체에 대한 일반적인 고찰을 어렵게 할 것이다. 따라서 생명체를 일반적으로 이해하는 일은 우리가 지구 밖의 다른 장소에 살고 있는 다른 형태의 생명체를 만나기 전까지는 불가능할지도 모른다.

우주 생명체에 대한 일반적인 이해는 생각보다 더 어려울 수 있다. 우리는 지구 생명체의 역사에 대해 많은 것을 알고 있다. 따라서 지구 생명체에 대한 지식을 바탕으로 우주 전체의 생명체를 지배하는 기본 원리를 알아내려고 한다. 지구 생명체에 대한 일반 원리를 알아내고 그것을 확장한다면 우주가 언제 어디에서, 그리고 어떻게 생명체가 나타나는데 필요한 조건을 제공했는지 알 수 있을 것이라고 생각하고 있다. 지구 생명체에 대한 지식으로 인해 우리는 지구가 아닌 다른 곳에 있을지도 모르는 생명체를 상상할 때 자연스럽게 이 외계 생명체가 우리와 매우 비슷할 것이라고 가정한다. 그러나 우주 생명체를 제대로 이해하기 위해서는 이런 인류 중심적 사고에서 벗어나야 한다. 지구에서 수많은 세대를 살아오면서 얻은 경험과, 개인적 경험에 바탕을 둔 이런 태도는 우리와 전혀 다른 형태의 외계 생명체를 상상해 내는 우리의 능력을 제한하고 있다. 지구에 존재하는 생명체가 얼마나 다양한 모습을 가지고 있는지를 잘 이해하고 있는 생물학자들만이 외계 생명체의 형태를 추정할 수 있을 것이다. 외계 생명체들은 보통 사람들의 상상력을 뛰어넘는 존재일 것이 틀림없다.

내년이 될 수도 있고, 다음 세기가 될 수도 있으며, 그것보다 훨씬 후일 수도 있지만 우리는 언젠가 지구 밖에서 외계 생명체를 찾아낼 것이다. 아니면 일부 과학자들이 주장하는 것처럼 지구에 생명체가 존재하는 것이 우리 은하에서만 예외적으로 가능한 특별한 현상이라는 결론을 내리기에 충분한 자료를 찾아낼 것이다. 그러나 외계 생명체에 대해 우리가 알고 있는 것이 그리 많지 않은 현재로서는 여러 가지 다양한 가능성을 고려해 보는 수밖에 없다. 태양계 내의 몇몇 천체에서 외계 생명체를 발견할 수도 있다. 그렇게 되면 그것은 우리 은하 내의 태양과 비슷한 별을 돌고 있는 수십억 개의 행성들에도 생명체가 존재할 가능성이 크다는 것을 의미할 것이다. 아니면 태양계에서는 오직 지구에만 생명체가 존재한다는 사실을 알아낼지도 모른다. 그렇게 되면 우리는 태양이 아닌 다른 별 주변에 생명체가 존재할 가능성에 대한 결론을 유보해 둘 수밖에 없을 것이다. 그것도 아니라면 우주를 아무리 멀리, 그리고 넓게 관찰한다고 해도 지구 외의 다른 곳에서는 생명체를 발견할 수 없을 것이라는 증거를 찾아낼 수도 있을 것이다. 다른 활동에서와 마찬가지로 우주 생명체를 찾아내기 위한 연구에서도 낙관적인 결과들은 사람들을 더욱 낙관적으로, 비관적인 결과들은 사람들을 더욱 비관적으로 만든다. 지구 이외의 장소에 생명체가 존재할 가능성과 관련해 최근에 이루어진 관측 결과가 있다. 태양 이웃 별들 주위를 돌고 있는 많은 행성들의 발견은 다양한 형태의 생명체가 우리 은하 내에 존재할 것이라는 긍정적인 생각을 가질 수 있도록 해 주었다. 그럼에도 불구하고 이런 긍정적인 생각이 더 확고한 기반을 다지기 위해서는 해결해야 할 문제들이 아직 많이 남아 있다. 예를 들어 행성이 실제로 그렇게 많이 존재한다고 해도 이 행성들 중에 생명체에 적당한 환경을 제공하는 행성이 거의 없다면 외계 생명체에 대한 비관적인 견해가 설득력을 가지게 될 수도 있을 것이다.

+++

　외계 생명체의 존재 가능성에 대해 연구하는 과학자들은 1960년대 초에 미국의 천문학자 프랭크 도널드 드레이크(Frank Donald Drake, 1930년~)가 만든 드레이크 방정식을 자주 인용한다. 드레이크 방정식은 우주가 물리적으로 어떻게 작용하는지에 대해 자세히 언급하지는 않지만 생명체의 존재에 관한 몇 가지 유용한 개념을 제공한다. 이 방정식은 우리가 알아내려고 하는 우리 은하 안에 지적인 생명체가 존재하는 장소의 수를 지적 생명체의 존재에 필요한 조건을 나타내는 몇 가지 변수의 함수로 나타냄으로써 우리의 알고 있는 것들과 아직 잘 모르고 있는 것들을 적절히 조직화할 수 있도록 해 준다. 이 변수들은 ① 주위를 돌고 있는 행성에 지적 생명체가 진화할 수 있을 만큼 오래된 우리 은하 내 별들의 수, ② 이 별들을 돌고 있는 행성들의 수, ③ 이러한 행성들 중에 생명체에게 적당한 환경을 가지고 있는 행성의 비율, ④ 생명체에 적당한 환경을 가진 행성에서 실제로 생명체가 발생할 확률, ⑤ 이러한 생명체가 우리와 의사 소통할 수 있는 지적인 생명체로 진화할 확률이다. 이 다섯 변수들을 곱하면 우리 은하 안에서 지적인 문명을 가지고 있는 행성의 수를 구할 수 있다. 드레이크 방정식을 이용해서 특정한 시기에 존재하는 지적인 문명의 수를 구하기 위해서는 여기에 여섯 번째이자 마지막 변수인 우리 은하의 수명인 약 100억 년과 지적 문명의 평균 수명의 비율을 곱해야 한다.

드레이크 방정식에 포함되어 있는 여섯 변수들은 각각 천문학적, 생물학적, 또는 사회학적인 지식이 있어야 그 값을 결정할 수 있는 것들이다. 현재 우리는 드레이크 방정식의 처음 두 변수는 상당한 정도로 정확하게 예측할 수 있다. 그리고 오래지 않아 세 번째 변수도 어느 정도 추정할 수 있을 것으로 보인다. 반면에 네 번째와 다섯 번째 변수인 적당한 환경을 가진 행성에서 실제로 생명체가 발생할 가능성과 이러한 생명체가 우리와 의사 소통할 수 있는 지적인 생명체로 진화할 가능성을 알아내기 위해서는 은하 전체의 다양한 형태의 생명을 찾아내서 조사해 보아야 한다. 지금으로서는 전문가들도 일반인 수준에서 이 변수들을 추정할 수 있을 뿐이다. 행성이 생명이 살기에 알맞은 조건을 가지고 있을 때 생명이 실제로 시작하게 될 가능성이 얼마나 될까? 이 의문에 대해 과학적 결론을 얻기 위해서는 생명에 적합한 조건을 가지고 있는 행성 중 몇 개의 행성에서 생명이 발생하는지를 수십억 년 동안 관찰해야 한다. 이것과 마찬가지로 우리 은하 내 문명의 평균 수명을 결정하기 위해서도 충분히 많은 문명을 찾아낸 후에 수십억 년 동안 그 문명을 관찰하는 것이 필요하다.

그렇다면 외계 지적 생명체의 존재 가능성을 알아내는 것은 불가능한 일이 아닐까? 태양계에 대한 관측 결과를 포함한 많은 자료를 이용해서 이 방정식의 해를 이미 찾아낸 다른 문명과 만나 그 결과를 전해 듣느냐면 모르지만 우리가 드레이크 방정식의 완전한 해를 찾는 일은 대단히 먼 미래에나 가능할 것이다. 그럼에도 불구하고 이 방정식은 우리 은하에 현재 몇 개의 문명이 존재하는지를 판단하기 위해서 무엇을 알아야 하는지에 대한 유용한 통찰력을 제공해 준다. 드레이크 방정식의 여섯 변수는 전체 결과에 대해 수학적으로 비슷한 영향력을 가지고 있다. 드레이크 방정식의 해는 각 변수들의 곱으로 나타나기 때문에 각 변수들은 방정식의 해에 직접적인 영향을 준다. 예를 들어 우리가 적당한 환경을 가지고 있는 행성이 3개이고 그중 하나에서 생명이 발생한다고 가정했는데 이후 탐사로 이 비율이 실제로는 30개 중 하나라고 밝혀진다면, 다른 변수들에 대한 우리의 가정이 정확하다고 해도 우리는 문명의 수를 10배나 과대 평가한 것이 된다.

우리가 알고 있는 것들을 바탕으로 판단할 때 드레이크 방정식의 처음 세 변수는 우리 은하에 수십억 가지 생명이 존재할 수 있는 자리가 있음을 암시한다. 다른 은하에 있는 문명이 우리와 접촉하기는 대단히 어려울 것이고 우리 역시 외부 은하의 생명체들과 접촉하기 어려울 것이기 때문에 우리 은하만으로 논의를 제한한 것이다. 괜찮다면 친구나 가족, 그리고 동료 들과 나머지 세 변수에 대해 토론을 해 보고 그 수를 결정해 보는 것도 재미있을 것이다. 우리가 추정한 변수들의 값은 우리 은하 내에 발달된 과학 기술을 가지고 있는 문명의 수를 예측하게 해 준다. 예를 들어 적합한 환경을 갖춘 대부분의 행성에서 생명체가 발생하고, 행성에 나타난 생명체는 틀림없이 지적 생명체로 진화할 것이라고 가정한다면 우리 은하에 있는 수십억 개의 행성들이 지적 문명을 가지고 있을 것이라는 결론에 도달할 것이다. 반면 만약 수천 개의 적합한 환경을 갖춘 행성 중에서 단 하나의 행성만이 생명체를 발생시킬 수 있으며, 행성에서 발생한 수천 개의 생명체 중 단 한 종류만이 지적 생명체로 진화할 수 있다고 가정한다면, 수십억 개가 아닌 단지 수천 개의 행성만이 지적 문명을 포함할 것이라는 결론을 내리게 될 것이다. 우리가 얻을 수 있는 해의 범위가 이렇게 넓은 것은 드레이크 방정식이 과학적이라기보다는 자유롭고 거친 예측에 지나지 않음을 뜻하는 것일지도 모른다. 꼭 그렇지만은 않다. 이 결과는 과학자를 포함한 모든 사람들이 대단히 제한된 지식으로 극도로 어려운 질문의 답을 구하려고 하는 것이 얼마나 힘든 일인지를 나타낼 뿐이다.

우리가 드레이크 방정식의 마지막 세 변수의 값을 추정하려고 할 때 맞닥뜨리는 이러한 어려움은 우리가 단 하나의 예만을 가지고 있을 때, 또는 전혀 아무런 예를 가지고 있지 않을 때 그것으로부터 일반 원리를 찾아내는 것이 얼마나 어려운 일인지를 잘 보여 준다. 심지어 우리 자신의 문명이 얼마나 지속될지조차 모르는 상황에서 우리 은하에 존재하는 문명의 평균 수명을 예측해야 한다. 그렇다면 우리가 추정한 이러한 숫자들에 대한 믿음을 모두 버려야 하는가? 그렇게 하는 것은 사색하는 즐거움을 빼앗으면서 우리의 무지를 강조하는 일일 뿐이다. 충분한 자료가 없다면, 우리가 특별한 존재가 아니라는 생각에 기초해 가장 안전하게 차근차근 단계를 밟아 나가야 할 것이다. 누군가가 이런 방법이 틀렸다는 것을 증명할지도 모르지만 그때까지는 이것이 우리가 할 수 있는 최선의 방법이다. 천체 물리학자들은 우리가 특별한 존재가 아니라는 가정을 '코페르니쿠스 원리(Copernican principle)'라고 부른다. 니콜라우스 코페르니쿠스는 1500년대 중반에 태양계의 중심이 지구가 아니라 태양이라는 것을 밝혀낸 사람이다. 그리스의 철학자 아리스타르코스가 기원전 3세기에 태양이 중심에 있는 천문 체계를 제안했지만 대부분의 사람들은 지구가 우주의 중심에 있다고 믿는 지구 중심설을 선호했다. 지구 중심설은 그 후 2000년 동안 사실로 받아들여졌다. 아리스토텔레스(Aristoteles, 기원전 384~322년)와 클라우디오스 프톨레마이오스(Klaudios Ptolemaios, 85~165년)가 완성하고, 로마 가톨릭 교회가 계승한 이러한 생각은 대부분의 유럽 인들이 지구가 모든 창조 과정의 중심에 있다는 생각을 받아들이도록 했다. 지구가 중심에 정지해 있는 우주는 하늘이 움직이는 것처럼 보이는 관측 결과와 잘 맞았고, 지구를 특별한 장소로 만든 신의 계획의 당연한 결과로 생각되었다. 심지어 오늘날에도 생각보다 훨씬 많은 사람들이 자신들의 눈에 지구는 가만히 있고 하늘이 돌고 있는 것처럼 보인다는 이유로 지구가 우주의 중심이라고 생각하고 있다.

코페르니쿠스 원리가 모든 과학 연구를 올바른 방향으로 이끌어 줄 것이라고 보장할 수는 없지만, 우리 자신을 특별하다고 생각하고 싶어 하는 자연스러운 경향과 균형을 이루도록 해 줄 것이다. 더 중요한 것은 지금까지 많은 경우에 이 원리가 우리를 겸손하도록 만들었다는 점이다. 지구는 태양계의 중심이 아니고, 태양계는 우리 은하의 중심이 아니며, 우리 은하 역시 우주의 중심이 아니다. 만약 우리가 중심이 아니라 가장자리를 특별한 장소라고 믿고 있다고 해도, 우리는 무엇의 가장자리조차도 아니다. 그러므로 지구 생명체가 코페르니쿠스 원리를 따른다고 가정하는 것은 현명한 태도이다. 그렇다면 지구 생명체의 기원과 구성 성분, 그리고 구조가 우주 다른 곳에 존재할지도 모르는 생명체와 관련해 어떤 단서를 제공해 줄 수 있을까?

이 질문에 답변을 하려면 우리는 엄청난 양의 생물학적 정보를 소화해야 한다. 우리는 매우 멀리 떨어져 있는 천체들을 오랫동안 관측해 수집한 자료들보다 수천 배나 많은 생물학적 사실들을 알고 있다. 생명의 다양성은 우리 모두를 특히 생물학자들을 크게 놀라게 만든다. 지구에는 조류, 딱정벌레, 해면동물, 해파리, 뱀, 콘도르, 그리고 세쿼이아가 함께 살아가고 있다. 이 일곱 종류의 생명체가 크기에 따라 줄을 선다고 생각해 보자. 이 생명체들에 대해 잘 모르는 외계인은 전혀 다른 크기와 모습을 하고 있는 이 생명체들이 모두 한 행성에서 왔을 것이라고 추정하기보다는 여러 다른 행성에서 왔다고 생각할 것이다. 뱀을 한 번도 본 적 없는 사람이 뱀을 어떻게 설명할지 상상해 보자. "당신은 나를 믿어야 할 거요. 나는 지구라는 행성에서 ① 먹이를 적외선 탐지기로 추적하고, ② 자신의 머리보다 5배나 되는 큰 동물도 한입에 삼켜 버리고, ③ 팔다리와 그 외 어떤 부속 기관도 없으면서, ④ 당신이 걷는 것만큼이나 빨리 땅에서 미끄러져 가는 동물을 봤다니까요!"

지구에 존재하는 생명체들의 놀랄 만한 다양성과는 대조적으로 외계 생명체를 묘사하는 할리우드 작가들의 빈약한 상상력과 창의력은 부끄러울 정도이다. 물론 작가들은 진짜 외계인보다 친근한 모습의 괴물과 침입자를 선호하는 대중을 탓할 것이다. 그러나 척 러셀(Chuck Russell, 1952년~)의 「우주 생명체 블롭(The Blob)」(1958년)과 스탠리 큐브릭(Stanley Kubrick, 1928~1999년)의 「2001 스페이스 오디세이(2001: A Space Odyssey)」(1968년)에 등장했던 외계 생명체와 같은 몇몇 주목할 만한 예외를 제외하면, 할리우드 영화의 외계인들은 모두 인간과 비슷한 모양을 하고 있다. 얼마나 못생겼든 간에 그들은 모두 눈 둘과 코 하나, 입 하나, 귀 둘, 머리 하나, 목 하나, 어깨, 팔, 손, 손가락, 몸통, 다리 둘, 발 둘을 가지고 있으며 걸을 수 있다. 그들이 다른 행성에서 독립된 진화 과정을 거쳤다고 주장하고 있음에도 불구하고 해부학적인 견지에서 볼 때 이 창조물들은 인간과 분간할 수 없다. 이것보다 더 코페르니쿠스 원리에 위배되는 일은 찾아보기 어려울 것이다.

외계 생명체에 대해 연구하는 우주 생물학은 과학 영역 중에서도 가장 불확실한 학문이지만, 우주 생물학자들은 다른 곳의 생명체가 지적이건 그렇지 않건 간에 지구의 생명체와 전혀 다른 모습일 것이라고 자신 있게 난언하고 있다. 우주 어딘가에 있는 생명체를 상상하기 위해서는 할리우드가 우리 뇌에 심어 놓은 생각을 털어 내기 위해 머리를 세차게 흔들어야 할 것이다. 쉬운 일은 아니지만, 언젠가 만나 조용한 대화를 나눌 외계 생명체를 찾을 가능성에 대해 감정이 아닌 과학적인 예측을 하고 싶다면 그들에 대한 우리의 편견을 깨는 일을 가장 먼저 해야 할 것이다.

15장

지구 생명체의 기원

　우주의 생명체를 찾는 일은 생명체란 무엇인가 하는 심오한 질문에서부터 출발해야 한다. 우주 생물학자들은 이 질문에는 일반적으로 받아들여질 수 있는 간단한 답변이 있을 수 없다고 말한다. 눈으로 보면 그것이 생명체인지 알 것이라는 이야기는 그렇게 믿을 만한 것이 못 된다. 우리는 무생물과 생물을 구별하기 위해 어떤 기준을 사용하건 간에 이러한 구별을 모호하게 만드는 예를 항상 발견하기 마련이다. 일부, 또는 모든 생물은 자라고, 움직이고, 썩는다. 그런데 우리가 살아 있다고 말할 수 없는 것들에도 이런 일들은 일어난다. 생명체는 스스로 번식할 수 있다고 생각하는가? 불도 스스로 번식할 수 있다. 생명체는 새로운 형태로 진화할 수 있다고 생각하는가? 용액 안에서의 몇몇 결정도 새로운 형태로 진화할 수 있다. 눈으로 직접 본다면 당연히 어떤 것이 생명체라고 말할 수 있다고 이야기할 수도 있다. 연어나 독수리에게서 생명을 발견하는 것은 쉬운 일이다. 그러나 지구에 존재하는 생명체의 다양성을 잘 알고 있고 전문적인 기술을 갖춘 사람도 운이 없으면 발견하기 힘들 정도로 생명체로서의 속성을 드러내지 않는 생명체가 수없이 많다.

생명체가 살아 있는 기간은 짧기 때문에, 우리는 조금은 모호하더라도 즉각적이며 일반적으로 받아들일 수 있는 생명체의 기준을 설정해야 한다. 여기에 그런 기준이 있다. 생명체는 번식하고 진화할 수 있는 물질의 집합체라는 것이다. 단지 어떤 물질이 자신과 같은 물질을 더 만들 수 있다고 해서 그것을 살아 있다고 하지는 않을 것이다. 생명체로서 자격이 주어지기 위해서는 그 물질이 시간이 지남에 따라 새로운 형태로 진화해야 한다. 따라서 이 정의는 하나의 물체만을 관찰한 결과만으로 그것이 살아 있다고 판단될 가능성을 제거한다. 어떤 것이 생명체인지 아닌지를 알기 위해서는 그것이 존재하는 범위를 알아내야 하고 그것의 시간에 따른 변화를 추적해야 한다. 정확하지는 않지만 당분간 생명체에 대한 이러한 정의를 사용하기로 하자.

생물학자들은 우리 행성에 있는 여러 가지 형태의 생명체를 연구해 지구 생명체의 일반적인 특성을 발견할 수 있다. 모든 지구 생명체는 대부분 수소, 산소, 탄소, 질소의 네 가지 원소들로 구성되어 있다. 이외의 다른 원소들은 모두 합해도 1퍼센트가 안 된다. 모든 생명체들은 이 네 가지 주요 원소 이외에도 생명체를 구성하는 기본적인 요소가 되는 약간의 인과 그보다는 더 적은 양의 황, 소듐, 마그네슘, 염소, 포타슘(칼륨), 칼슘, 철을 포함하고 있다.

그러나 이런 지구 생명체를 이루고 있는 원소의 특성이 우주에 존재할지도 모르는 다른 형태의 생명체의 경우에도 똑같이 적용된다고 결론지을 수 있을까? 여기에 우리는 코페르니쿠스 원리를 적용할 수 있다. 지구 생명체의 대부분을 구성하고 있는 이 네 가지 원소들은 우주에 가장 풍부하게 존재하는 여섯 가지 원소 목록에 모두 들어 있다. 우주에 가장 풍부하게 존재하는 원소 목록에 들어 있는 나머지 두 원소 헬륨과 네온은 다른 원소들과 거의 반응하지 않는다. 따라서 지구 생명체는 우주에서 가장 풍부하며 화학적으로 활발한 반응성이 있는 재료로 이루어져 있다고 말할 수 있다. 우리가 다른 세계의 생명체에 대해 예상할 수 있는 것 중 가장 확실한 것은 지구 생명체를 구성하는 데 사용되는 원소들이 외계 생명체의 구성에도 거의 똑같이 쓰일 것이라는 것이다. 만약 지구 생명체 대부분이 니오븀, 비스무트, 갈륨, 플루토늄과 같이 우주에서 가장 희귀한 네 원소로 이루어져 있다면 지구 생명체가 우주에 존재하는 특별한 생명체라고 결론지을 완벽한 이유가 될 것이다. 그러나 지구 생명체의 화학적 성분은 지구 너머에 다른 생명체가 존재할 것이라는 낙관적인 전망을 하도록 해 준다.

지구 생명체의 구성 성분은 처음 생각했던 것보다도 더 코페르니쿠스 원리에 잘 들어맞는다. 지구가 기본적으로 수소, 산소, 탄소, 질소로 이루어진 행성이라면 지구의 생명체가 이 네 가지 원소로 이루어져 있다는 것은 놀랄 만한 일이 못 될 것이다. 그러나 지구는 대부분 산소, 철, 규소, 마그네슘으로 이루어져 있으며 지각은 대부분 산소, 규소, 알루미늄, 철로 이루어져 있다. (지구의 최외각을 구성하는 물질의 존재비를 나타내는 클라크 수(Clarke's number)에 따르면 산소 49.5퍼센트, 규소 25.8퍼센트, 알루미늄 7.56퍼센트, 철 4.7퍼센트, 칼슘 3.3퍼센트, 소듐 2.63퍼센트, 포타슘 2.4퍼센트, 마그네슘 1.93퍼센트로 이 여덟 가지 원소가 전체 물질의 97.91퍼센트를 차지하고 있다. ─ 옮긴이) 이 원소들 중 오직 산소만이 생명체를 이루는 기본 원소에 포함되어 있다. 거의 대부분이 산소와 수소로 이루어져 있는 지구의 바다를 들여다보면, 바다에 녹아 있는 가장 흔한 원소인 염소, 소듐, 황, 칼슘, 포타슘이 아닌 탄소와 질소가 생명체를 이루는 기본 물질이라는 사실에 놀라게 될 것이다. 지구 생명체의 구성 물질은 지구의 구성 성분보다는 별의 구성 성분과 훨씬 더 비슷하다. 그 결과 생명체의 구성 원소는 지구에 보다 우주에 훨씬 더 풍부하게 존재한다. 이것은 외계 생명체를 찾아 나선 사람들에게 좋은 출발점이다.

일단 생명체를 이루는 원소들이 우주에 전반적으로 풍부하게 존재한다는 사실을 인정하고 나면, 우리는 다음 질문으로 넘어가게 된다. 이러한 생명체의 원료들이 얼마나 자주 주위의 별과 같은 편리한 에너지원에서 에너지를 얻어 적절히 배열해 스스로 생명체가 될 수 있는가? 언젠가 우리가 태양계의 이웃 별에서 생명체가 있음직한 지역을 많이 찾아낸다면 이 질문에 대해 통계적으로 정확한 답변을 할 수 있을 것이다. 이런 자료가 없는 현재로서는 지구에서 어떻게 생명이 시작되었느냐에 대한 답을 찾아보는 우회로를 선택할 수밖에 없다.

+++

지구 생명체의 기원은 매우 애매한 불확실성 속에 갇혀 있다. 생명의 기원에 대해 우리가 잘 알 수 없는 것은 수십억 년 전에 일어났던 무생물에서 생물이 나타난 사건이 아무런 단서를 남기지 않았기 때문이다. 지구에는 40억 년 전의 지구 역사를 보여 주는 지질학적 기록이나 화석이 전혀 남아 있지 않다. 지구 역사 초기의 생명체를 찾아내 이들의 진화 과정을 재구성하는 일을 하는 고생물학자들은 태양과 그 주위의 행성들이 형성된 46억 년 전부터 40억 년 전까지 6억 년 동안에 지구에 처음으로 생명체가 나타났다고 믿고 있다.

40억 년 전의 지질학적 증거가 사라진 것은 대륙 이동설, 과학적 표현으로는 판 구조론에 따른 지각 운동 때문이다. 지구 내부에서 올라오는 열이 일으키는 지각 운동은 지각을 계속해서 미끄러지고 충돌하게 해 지각의 한 부분이 다른 부분 위에 올라가도록 했다. 판 구조 변화 운동은 한때 지구 표면을 이루고 있던 것들을 천천히 땅속 깊이 파묻어 버렸다. 그 결과 우리는 20억 년이 넘은 바위를 몇 개 가지고 있을 뿐이며 38억 년 전의 것은 아무것도 발견하지 못하고 있다. 지구상에 최초로 나타났던 생명체의 화석을 발견할 수 없는 것은 이 때문이다. 따라서 지구는 초기 10억~20억 년 동안의 생명체에 대한 기록 대부분을 잃어버린 행성이 되어 버렸다. 가장 오래된 확실한 지구 생명체의 증거는 '겨우' 27억 년 전의 생명체가 남긴 것이다. 그것보다 10억 년 전부터 생명체가 존재했다는 간접적인 증거들이 발견되기는 했다.

대부분의 고생물학자들은 늦어도 30억 년 전에는 지구에 확실히 생명체가 존재했고 어쩌면 지구가 형성되고 6억 년 후인 40억 년 전에도 존재했을 가능성이 있다고 믿는다. 그들의 결론은 최초의 생명체에 대한 이성적인 추론을 바탕으로 한 것이다. 우리는 지질학적 증거들을 통해 30억 년 전쯤에 지구 대기에 주목할 만한 양의 산소가 나타나기 시작했다는 것을 알 수 있다. 산소는 철광석을 천천히 산화시켰고, 이로 인해 미국 애리조나 주의 그랜드 캐니언에서 발견할 수 있는 암석과 같이 산화철을 많이 포함하고 있는 붉은 바위가 만들어졌다. 산소가 없던 시기에 형성된 바위들은 그런 색깔을 나타내지 않고 산소의 존재를 나타낼 만한 어떤 증거도 가지고 있지 않다.

대기 중에 산소가 나타나기 시작한 것은 지구에 일어났던 가장 거대한 규모의 오염이었다. 대기에 포함되기 시작한 산소는 철을 산화시켰을 뿐만 아니라 초기 생명체의 양분이 될 수 있었던 간단한 분자들과 결합해 초기 생명체들의 먹이를 빼앗아 갔다. 지구 대기에 산소가 나타나기 시작한 것은 생명체가 산소가 있는 환경에 적응하든가, 또는 그러지 못하고 죽어야만 했다는 뜻이다. 그리고 만약 당시 생명체가 존재하지 않았다면 그 후에는 어떤 형태의 생명체도 출현할 수 없었을 것이라는 뜻이다. 생명체의 먹이가 될 물질들이 모두 산소와 결합해 부식되어 버렸기 때문이다. 현재 산소를 호흡하는 생명체들이 지구 곳곳에서 살아가고 있는 것은 생명체가 산소 오염에 대한 진화적 적응에 성공했다는 증거이다. 산소가 있는 환경에 적응하는 방법 중에는 산소를 피하는 방법도 있었다. 현재도 인간을 포함한 모든 동물의 위 내부와 같은 무산소환경에 수많은 종의 생명체가 살고 있다. 이런 생명체들은 산소를 많이 포함하고 있는 공기 중에 노출되면 곧 죽는다.

무엇이 지구 대기에 상대적으로 많은 산소를 있게 했을까? 대부분의 산소는 바다에 떠다니던 작은 생명체들이 광합성 반응으로 내놓은 것이다. 약간의 산소는 생명체와 관계없이 발생하기도 했다. 태양 빛에 포함된 자외선이 바다 표면의 물 분자를 분해해 수소 원자와 산소 원자를 방출시킨 것이다. 어떤 별을 돌고 있는 행성의 물이 수억 년, 또는 수십억 년이 넘도록 별빛에 노출되면 조금씩이기는 하겠지만 확실히 대기 속 산소량이 늘어 갈 것이다. 그런 행성에서도 대기의 산소는 생명을 유지시킬 수 있는 모든 잠재적인 양분과 결합함으로써 생명체가 시작되는 것을 방해할 것이다. 산소가 생명체를 죽인다! 주기율표의 여덟 번째 원소인 산소에 대해 우리는 평소에 이런 말을 하지 않는다. 하지만 우주에 존재하는 일반적인 생명체에게 이 말은 정확한 것처럼 보인다. 생명체는 행성 역사 초기에 출현해야 한다. 그렇지 않으면 대기에 포함되기 시작한 산소가 생명체의 출현을 가로막을 것이고, 따라서 영원히 생명체가 나타날 수 없을 것이다.

+++

생명의 기원을 포함하는 지질학적 기록이 사라진 시대는 지구가 생

21 천문학자들이 IC 443이라고 부르는 이 팽창하는 이 기체는 태양계에서 약 5,000광년 떨어진 곳에 있는 초신성 잔해이다. 이 초신성은 하와이에 있는 마우나 케아 천문대의 캐나다-프랑스-하와이 망원경이 이 사진을 찍기 3만년 전쯤에 폭발했다.

22 허블 우주 망원경으로 찍은 이 기체 구름 사진은 태양계에서 약 5,000광년 떨어진 곳에 있는 삼렬 성운(Trifid nebula)이다. 부근에 있는 온도가 높고 젊은 별이 내는 강한 빛이 밀도가 높은 기체 기둥 주변의 밀도가 낮은 기체들을 밀어내 기체 기둥이 모습을 드러내고 있다.

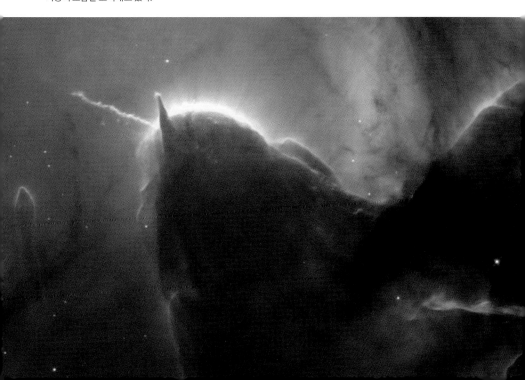

23 NGC 2440이라고 불리는 이 성운은 연료를 다 소모해 버려 핵융합 반응은 꺼졌지만 아직 온도가 높은 별을 둘러싸고 있
다. 허블 우주 망원경으로 찍은 이 사진의 가운데 부분에 흰 점으로 보이는 것은 백색 왜성이다. 태양계로부터 3,500광년
정도 떨어져 있는 이 성운은 오래지 않아 우주 공간으로 흩어지고 백색 왜성만이 홀로 식어 가면서 차츰 희미해질 것이다.

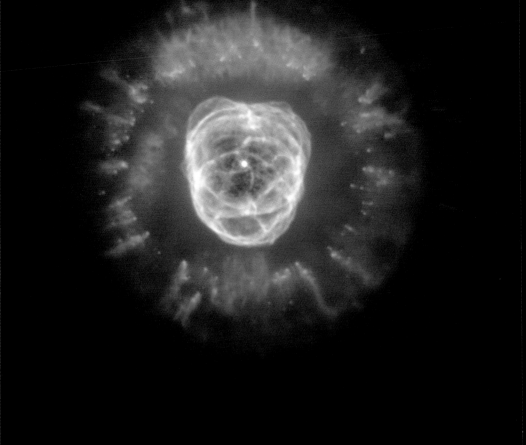

24 윌리엄 허셜이 1787년에 발견한 이 아름다운 천체는 파카와 털모자를 쓴 것처럼 보이는 모습 때문에 에스키모 성운 (Eskimo nebula)이라고 불린다. 태양계로부터 3,000광년 정도 떨어진 곳에 있는 이 성운은 늙은 별에서 방출된 기체로 이루어졌으며 가시광선보다는 적외선을 강하게 내는 중심별에서 나오는 빛을 받아 빛나고 있다. 작은 망원경으로 보면 마치 행성처럼 보이기 때문에 허셜은 이런 성운을 행성상 성운이라고 불렀다. 허블 우주 망원경으로 찍은 이 사진은 중심 별로부터 팽창한 기체의 모습을 자세히 보여 주어 행성과 관계가 없다는 것을 확실하게 알려 주고 있다.

25 하와이 마우나 케아 천문대에 있는 캐나다-프랑스-하와이 망원경이 찍은 이 사진에는 우리 은하에 있는 별 형성 지역 한 가운데에 차갑고 밀도가 높은 기체 구름이 별빛을 차단해 검게 보이는 말머리 성운(Horsehead nebula)이 잘 나타나 있다. 태양계로부터 약 1,500광년 떨어져 있는 이 성운은 차가운 성간 먼지로 이루어진 더 큰 구름의 일부이다. 말머리 성운 아래쪽에도 검은 구름이 보인다.

26 아마추어 천문학자 릭 스콧(Rick Scott)이 2003년에 찍은 이 광각 사진에는 매년 8월 지구가 많은 우주 부스러기들과 부딪쳐 만들어 내는 페르세우스 유성우가 쏟아질 때 관측된 긴 유성의 흔적이 보인다. 초속 수 킬로미터의 속도로 지구의 대기권으로 들어온 입자들은 전부, 또는 일부가 공기와의 마찰로 증발해 버린다. 이 사진에는 지상으로부터 약 64킬로미터 상공에 나타났던 유성까지의 거리의 1조 배의 다시 1000만 배나 떨어진 곳에 있는 안드로메다 은하(가운데 왼쪽)가 보인다.

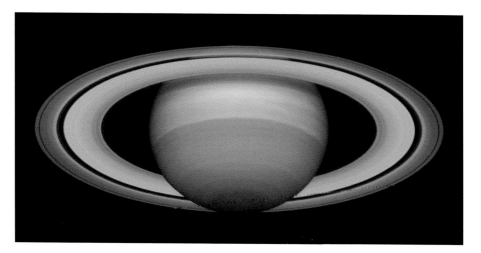

27 허블 우주 망원경으로 찍은 이 사진에는 태양계에서 두 번째로 큰 행성인 토성의 아름다운 모습이 잘 나타나 있다. 목성, 천왕성, 해왕성의 테들과 마찬가지로 토성이 테도 행성을 돌고 있는 수많은 작은 입자들로 이루어져 있다.

28 토성의 가장 큰 위성인 타이탄은 주로 질소 분자로 이루어진 짙은 대기층을 가지고 있다. 타이탄의 대기층에 포함되어 있는 많은 연기 입자들은 표면을 관측하는 것을 방해한다. 위쪽에 있는 사진은 1981년 보이저 2호가 찍은 것이다. 그러나 하와이에 있는 마우나 케아 천문대의 캐나다-프랑스-하와이 망원경이 적외선을 이용해 찍은 아래쪽 사진에는 표면의 구조물들이 어느 정도 보이고 있다. 타이탄의 표면은 액체 연못, 바위, 또는 얼어붙은 메테인으로 덮여 있을 것으로 추정된다.

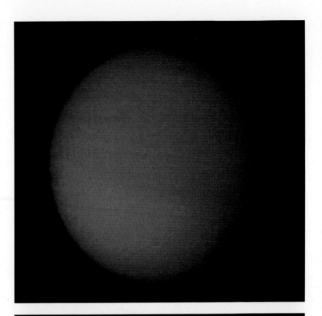

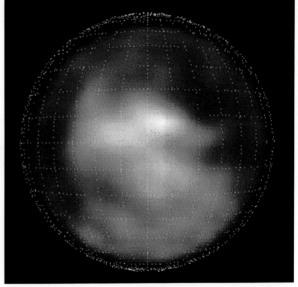

29 2004년 토성에 도착하는 것을 목표로 토성으로 향하고 있던 카시니 탐사 우주선이 2000년 12월 목성을 지나가면서 찍
    은 목성 사진이다. 목성은 고체로 된 핵이 수만 킬로미터의 기체층에 둘러싸어 있는 행성이다. 주로 수소, 탄소, 질소, 산
    소로 구성된 목성의 대기는 목성의 빠른 자전의 영향을 받아 소용돌이치면서 여러 가지 무늬를 만들어 낸다. 이 사진에 나
    타난 가장 작은 소용돌이도 지름이 64킬로미터 정도 된다.

30 목성의 4대 위성 중 하나인 유로파
는 달과 크기가 비슷하다. 그러나
유로파의 표면은 길게 뻗은 직선들
이 많이 보이는데(위쪽 사진) 이들
은 표면을 덮고 있는 얼음의 균열 때
문에 생긴 것으로 보인다. 이 유로
파의 근접 사진(아래쪽 사진)은 보
이저 우주선이 560킬로미터까지
접근해 찍은 것이다. 이 사진에는
얼음 언덕과 곧게 뻗은 검은 개천이
충돌 크레이터로 보이는 검은 부분
과 함께 보이고 있다. 유로파 표면을
덮고 있는 두께가 0.8킬로미터나
되는 얼음 층 밑에는 액체 상태의 물
로 이루어진 바다가 있어 생명체를
가지고 있을지도 모른다고 생각하
는 사람들이 많다.

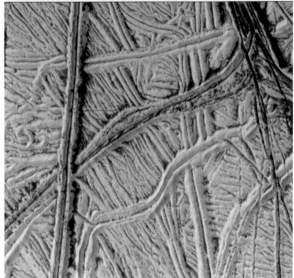

31 1990년대 초에 금성 궤도를 돌고 있던 마젤란 탐사 위성이 금성의 두꺼운 구름층을 통과할 수 있는 전파를 이용해 금성 표면 지도를 작성했다. 많은 대규모 충돌 크레이터들이 보이는 이 사진에 금성의 고원 지대에는 밝은 색으로 나타나 있다.

32 1971년 아폴로 15호의 우주인들이 처음으로 월면차를 이용해 달의 언덕에 올라가 달의 기원에 대한 단서를 찾고 있다.

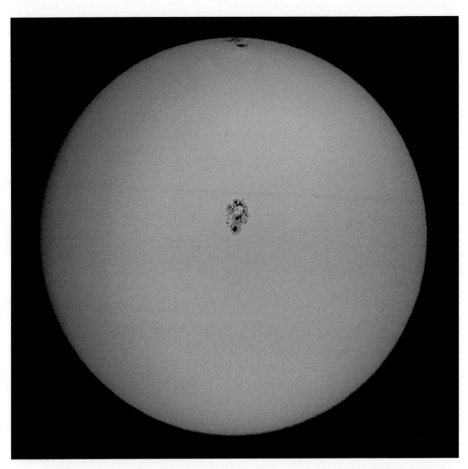

33 아마추어 천문학자인 후안 카를로스 카사도(Juan Carlos Casado)가 찍은 이 사진에는 2003년 10월에 태양 표면에 나타났던 지구 크기보다 더 큰 여러 개의 흑점들이 잘 나타나 있다. 태양을 따라 돌고 있는 이 흑점은 한 달 정도 걸려 다시 돌아왔다. 흑점들은 대개 이 정도의 시간이 흐른 후에 사라진다. 흑점 부분은 상대적으로 낮은 온도(태양 표면의 온도가 섭씨 5,500도인 정도인데 비해 흑점 부분은 섭씨 4,400도 정도이다.) 때문에 검게 보인다. 흑점 부분의 온도가 낮은 것은 때로 태양 표면의 분출을 만들어 내기도 하는 자기장 때문으로 보인다. 태양 표면에서의 분출은 많은 전하를 띤 입자의 흐름을 만들어 내 지구에서의 통신에 장애를 주기도 하고 우주 비행사들의 건강에 영향을 주기도 한다.

34 2003년 화성이 지구에 접근했을 때 허블 우주 망원경으로 찍은 이 사진의 아래쪽에는 남극을 덮고 있는 드라이아이스가
보인다. 오른쪽 아래에는 커다란 원형의 지형이 보이는데 이것은 헬라스 충돌 분지이다. 엷은 색으로 나타난 화성의 고원
지대에는 작은 충돌 크레이터들이 보인다. 검게 보이는 부분은 화성의 저지대이다.

앤더슨 언덕
방위각 95.2도
고도 3.1킬로미터

브라운 언덕
방위각 97.4도
고도 2.9킬로미터

차울라 언덕
방위각 100.8도
고도 3.0킬로미터

클라크 언덕
방위각 106.1도
고도 3.0킬로미터

허스밴드 언덕
방위각 113.9도
고도 3.1킬로미터

맥 쿨 언덕
방위각 125.1도
고도 4.2킬로미터

레이먼 언덕
방위각 129.7도
고도 4.4킬로미터

컬럼비아 힐스 콤플렉스(Columbia Hills Complex)

35 2004년 1월 스피릿 로버가 찍은 이 화성 표면 사진에는 몇 킬로미터 떨어진 곳에 있는 화성의 언덕이 보이고 있다. 미국 항공 우주국에서는 이 언덕에 2003년 2월 1일 컬럼비아 우주 왕복선 사고로 죽은 7명의 우주인들의 이름을 붙였다. 1976년에 바이킹(Viking) 탐사선이 착륙했던 두 지점과 마찬가지로 2004년에 스피릿(Spirit) 호와 오퍼튜니티(Opportunity) 호가 착륙했던 지점들도 생명의 흔적은 찾아볼 수 없는 바위가 널려 있는 평야였다.

36 아주 가까운 곳을 찍은 근접 사진에는 지구의 물밑에서 흔히 볼 수 있는 것과 같이 고대의 암반 위에 새로 만들어진 암석들이 섞여 있다. 붉은색으로 보이는 것은 암석과 흙 속에 들어 있는 산화철(녹) 때문이다.

37 캘리포니아 대학교 로스앤젤레스 캠퍼스의 생물학 교수인 켄 닐슨(Ken Nealson)과 필자 중 한 사람인 닐 타이슨이 PBS NOVA의 특집 방송「오리진(Origins)」의 촬영 현장인 미국 캘리포니아 주 데스 밸리(Death Valley)에 서 있다. 지형적으로 어려운 환경에 살고 있는 미생물의 전문가인 닐슨은 이렇게 뜨겁고 메마른 혹독한 환경도 강렬한 태양 빛을 피해 바위 틈이나 바위 밑에 살고 있는 세균에게는 좋은 생태계가 될 수 있다는 것을 잘 알고 있다. 데스 밸리의 붉은색은 화성 표면의 색과 비슷하다.

38 지구의 불행한 날. 우주 미술가 돈 데이비스(Don Davis, 1952년~)가 그린 이 그림은 공룡을 비롯해 작은 상자보다 큰 육
    상 동물의 70퍼센트를 멸종시킨 6500만 년 전에 있었던 소행성의 충돌을 그린 것이다. 지구 생태계를 지배하던 공룡의
    멸종으로 공룡의 먹잇감에 지나지 않았던 나무 위를 기어 다니던 작은 포유 동물들이 오늘날 볼 수 있는 다양한 형태의 동
    물로 진화할 수 있었다.

39 　태평양 해저에 있는 후안 데 푸카(Juan de Fuca) 해저 산맥에서 출토한 이 블랙 스모커(black smoker) 바위는 현재 뉴욕에 있는 미국 자연사 박물관의 지구 홀에 전시되어 있다. 대양의 중앙 산맥에서는 바닷물이 지각의 틈을 따라 흐르면서 고온으로 가열되는데 이때 많은 광물이 물에 녹게 된다. 이 물이 다시 바닷물 속으로 나오면 온도가 내려가면서 광물질이 석출되어 굴뚝과 같은 모양의 암석이 형성된다. 구멍이 숭숭 뚫린 이 암석은 위치에 따른 화학 성분과 온도의 차이로 인해 태양 빛과는 관계없이 지열과 화학 반응에 의한 열에 의지해 살아가는 다양한 생명체들의 보금자리가 될 수 있다. 지구에서 발견된 이 새로운 형태의 생명체들은 우주에서 생명체를 발견할 가능성이 있는 장소의 수를 훨씬 넓혔다.

40 SETI 연구소의 세스 쇼스탁(Seth Shostak, 1943년~) 박사와 이 책의 저자 중 한 사람인 닐 타이슨이 푸에르토리코에 있는 아레시보 전파 망원경에서 특집 방송「오리진」의 촬영 도중 잠시 포즈를 취하고 있다. 쇼스탁은 세계에서 가장 큰 이 망원경을 이용하여 먼 곳에 있는 지능을 가진 외계 생명체가 보내고 있을지도 모르는 신호를 '듣고' 있다. 아레시보 망원경은 자연적으로 형성된 석회암 골짜기 위에 설치되었다. 쇼스탁과 타이슨은 수많은 전선과 접시 안테나로 이루어진 상상속 세계와 같은 이곳에서 걷고 이야기하면서「오리진」을 촬영했다.

성되고 수억 년 후에 있었던 '후기 집중 충돌 시대(era of bombardment, '대폭격 시대'라고도 한다.)'라고 부르는 기간과 일치한다. 이 기간 동안에는 지구 표면의 모든 부분에 운석이 계속적으로 충돌했고, 애리조나 운석공을 만들 만한 크기의 운석들도 한 세기마다 몇 번씩 지구와 충돌했다. 그보다 더 큰, 지름 수 킬로미터의 운석들도 수천 년에 한 번씩 지구와 충돌했다. 이런 충돌들 하나하나는 지구 표면을 조금씩 변화시켰을 것이다. 그 결과 수십만 번의 충돌은 전 지구의 지형을 바꾸어 놓았을 것이다.

이 충돌들이 생명체 발생에 어떤 영향을 주었을까? 생물학자들은 이런 충돌이 한 번이 아니라 여러 번 생명을 출현시키고 멸종시켰을 것이라고 생각하고 있다. 후기 집중 충돌 시대의 운석 대부분은 기본적으로 작은 바위와 먼지와 눈으로 이루어진 혜성이었다. 혜성의 '눈(snow)'은 얼음과 드라이아이스(고체 상태의 이산화탄소) 혼합물이었다. 초기 수억 년 동안 지구와 충돌한 혜성들은 눈과 자갈, 무기질과 금속이 풍부한 암석 외에도 메테인, 암모니아, 메틸알코올(메탄올), 사이안화수소, 폼알데하이드(포름알데히드)와 같은 작은 분자들을 포함하고 있었다. 이 분자들은 물, 일산화탄소, 이산화탄소와 같이 생명에 필요한 원료를 제공했다. 주로 수소, 탄소, 질소, 산소로 구성되어 있는 이런 분자들은 복잡한 분자를 구성해 가는 첫 번째 단계였다.

그러므로 혜성의 충돌은 지구의 바다에 물을 약간 보태는 것과 함께 생명이 시작될 수 있는 물질을 제공한 것으로 보인다. 복잡한 분자가 지구에서 형성되었다는 견해에 반대하고 생명체가 혜성과 함께 우주에서 왔다고 주장하는 사람들도 있다. 그러나 생명이 혜성과 함께 지구에 왔든 아니든 간에 이 집중 충돌 시대에 지구와 충돌한 큰 운석들이 지구에서 막 시작되고 있었던 생명체를 파괴했을 것이다. 따라서 이 기간 동안에는 생명체가 시작되고, 환경에 적응하고, 파괴되고 다시 시작하는 일이 반복되었을 것이다. 새로운 생명체들은 특별히 큰 운석이 떨어져 모든 지구 생명체를 죽이는 대파괴를 일으킬 때까지 수십만 년이나 수백만 년 동안 살아갔을 것이고, 멸종 후에는 다시 새로운 생명체가 발생하고, 비슷한 시간이 지난 뒤에 다시 파괴되었을 것이다.

두 가지 잘 알려진 사실이 생명의 기원에 대한 적응과 시작 가설을 어느 정도 신뢰할 수 있게 해 준다. 첫째, 지구 생명체는 지구 나이의 3분의 1이 되는 때보다는 더 이른 시기에 나타났다는 것이다. 만약 생명체가 지구가 형성된 후 수십억 년 안에 지구에서 발생할 수 있었다면 생명의 발생은 훨씬 이른 시기에 이루어졌을 것이다. 생명이 시작되는 데는 수백만 년이나 수천만 년 이상의 시간이 필요하지는 않다. 둘째, 우리는 수천만 년 간격으로 일어났던 커다란 천체와 지구의 충돌이 지구에 존재하던 생명체 대부분을 파괴했음을 알고 있다. 이중에 가장 유명한 것은 6500만 년 전에 있었던 백악기-제3기 멸종(Cretaceous-Paleogence extinction event, K-Pg 멸종)이다. 이 멸종 사건으로 많은 종류의 다른 동물들과 함께 공룡들이 멸종되어 버렸다. 이 거대한 멸종 사건도 가장 심했던 페름기-트라이아스기 멸종(Permian-Triassic extinction event P-Tr 멸종)에 비하면 작은 사건이다. 페름기-트라이아이스기 멸종은 2억 5200만 년 전에 있었던 멸종 사건으로 해양 생명체의 90퍼센트를 멸종시켰고, 육상 척추 동물의 70퍼센트를 멸종시켜 균류를 육상의 우점종으로 만들었다.

백악기-제3기와 페름기-트라이아스기의 대멸종은 지름이 수십 킬로미터 정도 되는 운석의 충돌이 야기한 것이다. 지질학자들은 백악기-제3기 멸종과 같은 시기인 6500만 년 전에 운석이 떨어져 만들어진 커다란 크레이터를 찾아냈다. 이 크레이터는 멕시코 유카탄 반도의 북쪽 부근 해저에 있다. 페름기-트라이아스기 멸종과 같은 시기에 만들어진 큰 크레이터 또한 존재하는데, 이것은 오스트레일리아의 북서쪽 해변에서 발견되었다. 그러나 이 시기의 대량 멸종은 운석의 충돌 외에도 화산 폭발과 같은 또 다른 사건의 영향이 더해져서 일어났던 것으로 추정된다. 백악기-제3기에 있었던 공룡 멸종의 예 하나만으로도 혜성이나 소행성의 충돌로 인한 막대한 피해를 상기시켜 주기에 충분하다. 집중 충돌 시대에는 그런 종류의 충돌뿐만 아니라 80, 160, 400킬로미터의 지름을 가진 운석들에 의한 충돌도 심심찮게 있었을 것이다. 이러한 충돌들은 생명체를 완전히, 혹은 겨우 생존할 수 있는 적은 수만 남기고 없애 버렸을 것이다. 그러한 충돌은 오늘날 160킬로미터 지름의 운석이 충돌하는 것보다는 훨씬 더 자주 일어났을 것이다. 우리가 현재 가지고 있는 천문학, 생물학, 화학, 지질학적 지식에 비춰 볼 때 초기 지구는 생명체를 탄생시킬 준비가 되어 있었고 우주 환경은 그것을 없애 버릴 준비가 되어 있었다. 그리고 현재 우주 어디에서인가 별과 이 별을 돌고 있는 행성이 만들어지고 있다면 별과 행성을 형성하고 남은 파편들이 행성 표면에 충격을 가해 그 행성에서 만들어지고 있는 모든 형태의 생명체를 파괴하고 있을 것이다.

40억 년 전에 태양계를 형성하고 남은 파편들 대부분은 행성과 충돌해 행성의 일부가 되었거나 충돌이 일어날 수 없는 궤도로 날아가 버렸다. 그 결과 태양계는 충돌이 계속되던 위험한 지역에서 우리가 현재 즐기고 있는 평화로운 지역으로 변화하게 되었다. 이 평화는 수백만 년에 한 번씩 지구 생명체들을 위협할 만한 크기의 운석이 지구에 충돌할 때만 깨지게 된다. 보름달을 바라보면 아주 오래전에 있었던 충돌의 위험과 현재 일어날 수 있는 충돌의 위험을 비교할 수 있다. '달 사람(man in the Moon, 달 표면에는 맨눈으로 보아도 쉽게 구분할 수 있는 검은 부분과 밝은 부분이 있다. 이 어두운 부분과 밝은 부분이 언뜻 보면 사람의 얼굴 모양으로 보이기도 한다. — 옮긴이)'의 얼굴을 이루는 거대한 용암 대지는 40억 년 전 집중 충돌 시대가 끝날 때쯤 있었던 엄청난 규모의 충돌로 만들어진 것이다. 반면에 지름이 85킬로미터 정도 되는 튀코 운석공은 현대와 비교적 가까운 시기인 지구에서 공룡이 사라진 후에 비교적 작은 운석의 충돌로 만들어졌다.

우리는 생명이 40억 년 전에 이미 존재해서 충돌의 폭풍을 견뎌 냈는지, 아니면 비교적 평온해진 후에 시작했는지를 정확히 알 수 없다. 이 두 가지 가설은 집중 충돌 시대이건 그 후이건 지구와 충돌한 천체가 생명의 씨앗을 우주로부터 지구로 가져왔을 가능성을 포함하고 있다. 만약 생명체가 하늘에서 쏟아져 내리는 재앙에도 불구하고 시작하고 죽기를 반복했다면 생명이 발생하는 과정은 매우 끈질긴 것으로 보인다. 그렇기 때문에 우리와 비슷한 다른 세계에서도 생명체가 발생하는 일이 반복되고 있을 것이라는 기대를 할 수 있다. 반면에 지구 자체에서 발생했든지 우주에서 옮겨져 왔든지 지구 생명체가 단 한 번만 발생했다면 지구가 생명체를 가지게 된 것은 행운이 따른 것이었다고 할 수 있을 것이다.

그러나 오랜 논란에도 불구하고 생명체가 지구에서 한 번이든 여러 번이든 어떻게 발생했느냐 하는 본질적인 질문의 답은 아직 알아내지 못하고 있다. 이 오래된 신비를 풀 수 있는 사람에게는 훌륭한 보상이 기다리고 있다. 아담의 갈비뼈에서부터 프랑켄슈타인 박사의 괴물에 이르기까지 사람들은 무생물에 신비한 생명의 활기를 불어넣는 것으로 이 질문에 답해 왔다.

과학자들은 실험실에서 실험을 하고 화석 기록을 조사하면서 좀 더 그럴듯한 해답을 찾으려고 노력하고 있다. 그들은 생물과 무생물 사이에 큰 장벽을 만든 뒤 자연이 그 장벽을 어떻게 넘는지를 알아보고 있다. 생명의 기원에 대한 초기의 과학적 논의에서는 물웅덩이나 연못에서 간단한 분자들이 상호 작용을 통해 더 복잡한 분자를 만드는 것으로 추정했다. 찰스 로버트 다윈(Charles Robert Darwin, 1809~1882년)은 자신의 놀라운 책『종의 기원(*The Origin of Species*)』에서 "지구에 살았던 모든 유기체는 모두 원시 생명의 자손이다."라고 가정했다.『종의 기원』이 발간되고 12년 후인 1871년에 다윈은 친구 조지프 돌턴 후커(Joseph Dolton Hooker, 1817~1911년)에게 다음과 같은 편지를 보냈다.

> 사람들은 첫 번째 생명체가 발생할 때의 환경 조건이 지금도 존재하며 언제라도 있을 수 있다고 말한다. 만약 조그맣고 따뜻한 연못이 있고, 그곳에 모든 종류의 암모니아와 인산염, 빛, 열, 전기 등이 존재한다면 그것은 단백질 복합체가 더 복잡한 물질로 변화할 준비가 되어 있음을 뜻한다. 그러나 현재에 그런 물질이 있다면 즉시 흡수될 것이다. 그러나 생명체가 생겨나기 전에는 그렇지 않았을 것이다.

다시 말해서 지구에서 생명을 발생시키는 일이 한창이었을 때는 물질대사를 위해 필요한 기본 구성 물질들이 충분히 많이 존재했다는 것이다. 그것을 먹어 치울 존재가 없었기 때문이다. 그리고 앞에서 이야기 했듯이 산소가 이런 물질과 결합하지 않았기 때문에 부식되지 않은 채로 생명체의 먹이로 제공될 수 있었다.

과학적인 방법으로 사실을 알아내기 위해서는 실제와 비슷한 상황에서 실험을 하는 것이 가장 좋다. 1953년 물웅덩이나 연못에서 생명이 출발했다는 다윈의 생각을 증명하기 위해, 시카고 대학교의 대학원생이었던 스탠리 로이드 밀러(Stanley Lloyd Miller, 1930~2007년)는 노벨상 수상자 해럴드 클레이턴 유리(Harold Clayton Urey, 1893~1981년)와 함께 유명한 실험을 했다. 그 실험은 실제 연못을 단순화한 가상의 연못을 실험 기구 안에 만들어 초기 지구 환경 조건을 재현한 것이었다. 밀러와 유리는 플라스크에 부분적으로 물을 채우고 그 위에 수증기, 수소, 암모니아, 메테인 기체를 넣었다. 그들은 플라스크의 아래쪽에 열을 가해 그 내용물이 증발해 올라가서 다른 플라스크로 들어가도록 했는데 그 플라스크에서는 방전이 일어나 번개의 역할을 하고 있었다. 거기에서 혼합물은 원래의 플라스크로 되돌아오는데 이 순환이 며칠 동안 반복되었다. 며칠 후 밀러와 유리는 아래쪽 플라스크에 복잡한 분자의 구성 요소가 되는 여러 종류의 당과 가장 간단한 아미노산인 알라닌(alanine)과 구아닌(guanine)을 포함한 여러 가지 유기물이 포함되어 있는 것을 발견했다.

단백질 분자는 스무 가지 서로 다른 종류의 아미노산이 서로 다른 구조로 결합되어 만들어진다. 짧은 시간 동안 행해진 밀러-유리 실험은 생명체를 구성하는 아미노산이 간단한 분자들로부터 어떻게 생성되었는지를 부분적으로 보여 주었다. 밀러-유리 실험은 뉴클레오타이드(nucleotide)라고 불리는 화학 물질도 만들어 냈다. 이것은 새로운 개체를 만들어 내는 정보를 가지고 있는 복잡한 분자인 DNA를 구성하는 가장 간단한 단위이다. 그렇지만 실험실의 실험으로부터 생명의 발생까지는 아직도 갈 길이 많이 남아 있다. 스무 가지의 아미노산을 모두 실험실에서 만들어 낼 수 있다고 해도 아미노산의 합성과 생명체의 발생 사이에는 아직 인간의 실험이나 발견을 통해 다리가 놓이지 못한 커다란 간격이 있다. 태양계의 전체 역사인 46억 년 동안 별다른 변화를 겪지 않은 가장 오래된 운석에서도 아미노산이 발견되었다. 이것은 아미노산이 여러 다른 상황에서 자연적인 과정을 통해 만들어질 수 있다는 일반적인 결론을 뒷받침한다. 따라서 냉정하게 본다면 밀러-유리 실험을 통해 얻은 결과는 아무것도 놀라울 것이 없다. 생명체에서 발견되는 간단한 분자들은 여러 가지 상황에서 빠르게 형성될 수 있지만 생명체는 그렇지 않다. 가장 중요한 질문은 여전히 남아 있다. 어떻게 분자들의 집합체가 생명체가 될 수 있었을까?

초기 지구가 생명체를 발생시키는 데 며칠이 아닌 몇 백만 년이 걸렸다는 것을 감안하면 밀러-유리 실험의 결과는 생명이 작은 물웅덩이에서 시작되었다는 물웅덩이 모형을 지지하는 것처럼 보인다. 그러나 오늘날 생명의 기원을 찾으려는 과학자들은 밀러-유리 실험이 기술적으로 한계가 있었다고 말한다. 그들의 이러한 태도 변화는 실험 결과에 대한 의심 때문이 아니라 그 실험의 밑바탕을 이루고 있는 가설에 결함이 있음을 발견했기 때문이다. 이 결함을 이해하기 위해서 우리는 현대 생물학이 가장 오래된 생명체를 어떻게 설명하고 있는지 알아보아야 한다.

+ + +

현대 진화 생물학 연구는 생명체들이 어떻게 기능하고 번식할 것인지를 결정하는 유전 정보를 가지고 있는 분자인 DNA와 RNA의 역할에 대해 많은 것을 알아냈다. 상대적으로 거대하고 복잡한 이 분자들을 조사해 생명체들 간 DNA와 RNA의 차이를 측정한 칼 리처드 워스(Carl Richard Woese, 1928~2012년)를 비롯한 생물학자들은 생명체들 간 진화적 연관 관계를 나타내는 계통수(系統樹, phylogenetic tree)를 만들었다. 계통수는 3개의 커다란 가지로 이루어져 있는데 그것은 고세균, 세균, 그리고 진핵 생물이다. 이것은 그 전까지 분류학에서 받아들여지던 생물학적 계(界, kingdom)를 대체한 것이다. (칼 폰 린네(Carl von Linne, 1707~1778년)는 생물을 동물계와 식물계의 2계로 분류했고, 로버트 하딩 휘태커(Robert Harding Whittaker, 1920~1980년)는 모네라(monera), 원생 생물, 균류, 식물, 동물의 5계로 분류했다. — 옮긴이) 진핵 생물은 유전 물질을 포함하고 있는 잘 구획된 핵을 가지고 있는 세포들로 구성된 기관을 가지고 있다. 이 특징이 진핵 생물을 다른 두 유형의 생명체들보다 더 복잡하게 만든다. 비전문가들에게 익숙한 생명체들은 모두 진핵 생물에 속한다. 진핵 생물이 고세균이나 세균보다 늦게 나타났다는 결론은 합리적인 결론으로 보인다. 계통수에서 고세균은 출발점에 가장 가까이 있고, DNA와 RNA가 더 많이 변화한 세균은 고세균보다 출발점에서 멀리 떨어져 있다. 따라서 고세균은 이름이 의미하는 것처럼 가장 오래된 생명체이다. 놀라운 사실은 세균이나 진핵 생물과는 달리 고세균은 우리가 극한 환경이라고 부르는 곳에서도 살 수 있는 '극한 생물(extremophile)'이라는 것이다. 고세균은 물이 끓을 정도로 온도가 높거나 산도가 높은 곳 등 다른 생명체라면 파괴될 만한 곳에서도 살아갈 수 있다. 만약 고세균들 중에 생물학자가 있다면 그들은 이런 극한 상태를 '정상 상태'라고 부르고 우리가 살아가는 상온을 '극한 상태'라고 분류할 것이다. 현대의 계통수 연구는 생명체가 극한 환경에서 살아가는 고세균으로부터 시작되었으며 그 후에 우리가 정상적인 조건이라고 부르는 환경에서 살아가기에 적합한 생물로 진화했을 것이라는 주장을 뒷받침하고 있다.

이 경우에 밀러와 유리 실험에서 재현된 작은 물웅덩이뿐만 아니라 다윈의 '따뜻한 작은 연못' 가설은 폐기되어야 한다. 밀러-유리 실험과 다윈의 연못 가설은 마르고 젖은 상태가 반복되는 상대적으로 온건한 순환 과정이다. 그러나 이제 생명체가 시작된 장소를 찾으려는 사람들은 이런 장소 대신 온도와 산도가 높은 물이 분출되고 있는 곳을 찾아야 할 것이다.

수십 년 동안 해양 지리학자들은 그런 장소와 함께 그런 곳에 살고 있는 이상한 생명체들을 찾아냈다. 1977년 두 해양 지리학자가 심해 잠수정을 조종해 처음으로 갈라파고스 군도 근처에서 태평양 해수면으로부터 2.4킬로미터 아래 있는 심해 열수 분출공을 찾아냈다. 이 분출공은 요리사들이 높은 압력으로 물이 끓지 못하게 하면서 물과 재료를 높은 온도로 가열하고자 할 때 사용하는 압력솥의 노즐과 비슷한 역할을 한다. 지각은 이 압력솥의 뚜껑이다. 열수 분출공이라는 노즐이 부분적으로 열리면 높은 온도의 물이 지각 아래에서 차가운 심해로 뿜어져 나온다.

이런 열수 분출공에서 솟아져 나오는 뜨거운 물에는 많은 무기질이 용해되어 있는데 물이 식으면서 물에 녹아 있던 물질들이 석출되어 배출구 주위에 크고 구멍이 많은 바위 굴뚝을 만든다. 이 굴뚝의 중심 부분은 온도가 높고 바닷물과 접하고 있는 가장자리는 차갑다. 이 온도 변화를 따라 셀 수 없이 많은 종류의 생명체들이 살고 있다. 이들은 바다 표면에서 태양에 의존해 살아가는 생명체들이 물에 녹여 주는 산소를 사용하며 살아가기는 하지만 태양을 한 번도 직접적으로 본 적이 없고, 태양열을 이용한 적도 없다. 이 생명체들은 지열을 이용해서 살아간다. 지열은 지구가 만들어질 때부터 남아 있던 열, 그리고 수백만 년 동안 지속되는 알루미늄 26이나 수십억 년 동안 지속되는 포타슘 40과 같은 불안정한 동위 원소가 붕괴될 때 내놓는 열이 합쳐진 것이다.

햇빛이 전혀 들어오지 않는 깊은 곳에 있는 이 배출구 주위에서 해양학자들은 세균과 작은 생명체 들의 군집 한가운데에 살고 있으며 사람만 한 길이를 가진 관상벌레를 발견하기도 했다. 심해 열수 분출공 주위에 살고 있는 이 생명체들은 식물이 태양 에너지를 이용해 광합성을 하는 것처럼 지열을 이용한 화학 반응으로부터 에너지를 얻는 '화학 합성 (chemosynthesis)'을 하고 있다.

화학 합성은 어떻게 일어나는 것일까? 심해 배출구로부터 솟아나오는 뜨거운 물은 황화수소와 수소화철을 포함하고 있다. 배출구 주위의 세균은 이 분자들을 물 분자에 포함되어 있는 수소와 산소, 그리고 바닷물에 녹아 있는 이산화탄소 분자에서 얻은 탄소나 산소와 결합시킨다. 이런 반응들은 탄소, 산소, 수소 원자를 이용해 더 큰 분자인 탄수화물을 만든다. 그러니까 심해 열수 분출공 주위의 세균들은 저 멀리 위에서 탄소, 산소, 수소를 이용해 탄수화물을 만드는 사촌들을 흉내 내고 있는 것이다. 한 유형의 생명체는 탄수화물을 만드는 데 필요한 에너지를 햇빛에서 얻고, 다른 유형의 생명체는 바다 밑바닥에서 일어나는 화학 반응에서 에너지를 얻고 있는 것이다. 심해 열수 분출공 주위에 사는 또 다른 생명체들은 이런 탄수화물을 만드는 세균을 섭취해 에너지를 얻는다. 이것은 육상에서 동물이 식물이나 초식 동물을 먹고사는 것과 같은 것이다.

그러나 심해 배출구 주변에서의 화학 반응은 탄수화물 분자를 만드는 것 이상의 일을 한다. 탄수화물의 조성에는 포함되지 않는 철과 황 원자가 결합해 '어리석은 자의 금'이라고 알려진 황철광의 결정을 만든다. 황철광은 다른 돌과 부딪치면 불꽃을 일으키기 때문에 고대 그리스인들은 이 돌을 '불타는 돌'이라고 불렀다. 지구에 존재하는 모든 황화물 중에 가장 풍부하게 존재하는 황철광은 탄수화물과 같은 분자의 형성을 촉진함으로써 생명의 기원에 중요한 역할을 했을 것으로 생각된다. 이 가설은 독일의 특허 전문 변호사이며 아마추어 생물학자였던 귄터 베흐테르쇼이서(Günter Wächtershäuser, 1938년~)가 처음 주장한 것이다. 아인슈타인의 특허 사무실 일이 아인슈타인이 물리학에 전념하는 것을 막지 못했던 것과 마찬가지로 베흐테르쇼이서의 특허 변호사 일은 베흐테르쇼이서가 생물학에 대한 관심에서 멀어지도록 하지 못했다. 그가 생물학과 화학을 완전하게 독학으로 공부했던 것과는 달리 아인슈타인은 물리학 학위를 가지고 있었다는 점이 다르기는 하다.

1994년 베흐테르쇼이서는 지구 역사의 초기에 심해 열수 분출공에서 솟아오른 물에 포함되어 있던 철과 황이 결합해 황철광이 만들어졌고, 그 표면에 탄소를 많이 포함하고 있는 분자들이 쌓여 주변 분출공에서 나온 더 많은 탄소 원자를 획득할 수 있었다고 주장했다. 생명체가 물웅덩이나 연못에서 시작되었다고 주장하는 사람들과 마찬가지로 베흐테르쇼이서 역시 생명체를 이루는 물질이 생명체로 전환되는 분명한 방법을 제시하지는 못했다. 그럼에도 불구하고 그는 생명체가 높은 온도에서 시작되었다는 것을 강조했다. 그가 확실히 믿고 있었던 것처럼 그가 옳은 길에 들어서 있었는지를 알 수는 없다. 생명의 기원이 되었을지도 모르는 최초의 복잡한 구조의 분자가 고도로 규칙적인 조직을 가지고 있는 황철광의 표면에서 형성되었다고 주장한 베흐테르쇼이서는 한 과학 학회에서 자신의 주장에 비판적인 사람들에게 다음과 같이 말했다. "어떤 사람은 생명의 기원이 혼란 속에서 질서를 가져왔다고 말합니다. …… 그러나 저는 이렇게 말하렵니다. '질서가 질서를 낳고, 그 질서가 또 다른 질서를 낳았다!'" 독일인 특유의 활달한 태도로 발표한 그의 새로운 주장은 많은 사람들의 관심을 불러 모았다. 그러나 그 주장이 얼마나 정확한지는 시간만이 알려줄 것이다.

그렇다면 생명의 기원에 대한 두 가지 모형 중 어떤 것이 옳은가? 해양 가장자리의 작은 물웅덩이인가, 아니면 심해 열수 분출공인가? 지금으로서는 이 둘의 대결이 팽팽하다. 생명체의 기원을 연구하는 전문가들은 가장 오래된 형태의 생명체가 높은 온도에서 살았다는 것을 의심한다. 그것은 세균과 고세균을 계통수의 다른 가지에 배치하는 최근의 분류 방법이 아직 논란거리로 남아 있기 때문이다. 더구나 DNA 분자의 사촌이지만 DNA 분자보다 생명의 역사에 먼저 등장한 고대 RNA 분자 속에 서로 다른 종류의 물질이 얼마나 많이 존재하느냐를 분석하는 컴퓨터 프로그램은 생명의 역사가 상대적으로 낮은 온도에서 시작되었고 나중에 높은 온도를 선호하는 생명체가 나타났음을 보여 주기도 했다.

그러므로 우리가 얻을 수 있는 최선의 결론도 과학에서 종종 발생하는 여러 경우와 마찬가지로 확실함을 추구하는 사람들에게는 불안해 보이는 결론일 뿐이다. 우리는 지구 생명체가 대략 언제쯤 나타났는지를 말할 수는 있지만 이 놀라운 일이 어디에서 어떻게 일어났는지는 알수 없다. 최근에 고식물학자들은 모든 지구 생명체의 불확실한 조상에게 '모든 생물의 마지막 공통 조상(Last Universal Common Ancestor, LUCA)'이라는 이름을 붙였다. 이것은 과학자들의 사고가 얼마나 지구 중심적인지를 잘 나타낸다. 그들은 LUCA 대신에 '지구의 마지막 공통 조상(Last Earthly Common Ancestor)'이라는 뜻을 가진 LECA라는 이름을 붙였어야했다. 오늘날 존재하는 생명체들과 같은 유전자를 가지고 있는 초기 생명체들에 이런 이름을 붙이는 것은 생명 기원의 신비가 베일을 벗기기까지는 아직도 먼 여정이 남아 있음을 나타내는 것일지도 모른다.

+++

지구 생명의 기원을 알아내는 것은 우리 자신의 기원에 대한 자연스러운 호기심을 충족시키는 것 이상의 의미가 있다. 우주의 다른 곳에서 다른 기원을 가지고 나타난 생명체들은 다른 생명의 기원뿐만 아니라, 다른 진화 과정, 다른 생존 방법을 가지고 있을 것이다. 예를 들어 지구의 바다 밑바닥은 지구에서 가장 안정한 생태계를 제공한다. 만약 커다란 소행성이 지구에 충돌해 지구 표면의 모든 생명체가 멸종하더라도해저 극한 환경에 사는 생명체들은 별로 영향을 받지 않고 잘 살아갈 것이다. 그들은 멸종 사건이 진정된 후에 지구 표면의 생물로 진화해 지구표면을 다시 생물이 번성하는 장소로 만들 수도 있을 것이다. 그리고 만약 지구를 붙들고 있는 태양이 알 수 없는 이유로 태양계의 중심에서 떨어져 나가 지구가 우주를 떠돌게 된다고 해도 해저 극한 환경에 사는 생명체들은 상대적으로 영향을 받지 않고 살아갈 수 있을 것이다. 다만 50억 년 후에 태양이 적색 거성이 되어 내행성계를 가득 채울 만큼 팽창하면 지구의 바다는 증발해 버릴 것이고, 지구 자체도 일부 증발할 것이다.이 사건은 어떤 지구 생명체도 피해 갈 수 없을 것이다.

극한 환경에서 살아가는 생명체가 지구 어디에나 존재한다는 사실은 우리에게 또 다른 의문을 가지도록 한다. 생명체는 태양계가 만들어질 때 형성되어 먼 곳으로 튕겨 나간 미행성에도 존재할 수 있을까? 미행성의 '지열' 저장소는 수십억 년 동안 유지될 수 있다. 다른 별 주위에 만들어져서 이 행성계로부터 튕겨 나가 은하를 떠도는 셀 수 없이 많은 행성들에도 생명체가 존재할까? 별로부터 멀리 떨어진 텅 빈 성간 공간을 떠도는 행성에서도 생명이 태어나서 진화될 수 있을까? 현재 그 과학자들이 극한 생물의 중요성을 알기 전에는, 별로부터 적당히 떨어져 떠다니며 상호 작용해 더 복잡한 분자를 만들 수 있는 물과 같은 액체 상태 물질이 존재할 수 있는 지역을 '생명 거주 가능 영역(habitable zone)'로 설정했다. 오늘날에는 이 생각을 수정해 적당한 별빛을 받는 좁은 지역으로 국한하지 말고 별에서 받는 열뿐만 아니라 방사성 원소를 포함하고 있는 바위와 같이 작은 열원이라도 있는 곳이면 어디라도 생명 거주 가능 영역에 포함시켜야 한다는 주장이 설득력을 얻고 있다. 영국 전래 동화 「골디락스와 곰 세 마리(Goldilocks and the Three Bears)」에 등장하는 곰 3마리의 오두막만이 생명체를 위한 특별한 장소가 아니라 생명체가 먹을 최소한의 먹이와 적당한 온도를 갖추고 있는 곳이라면 아기 돼지 삼형제의 집이라도 생명체에게 적당한 장소가 될 수 있다는 것이다.

희망적인 것은, 과학 발달 이전에 등장한 동화들도 생명체는 드물고 귀한 것이 아니라 행성들만큼이나 흔한 것이라는 이야기를 들려준다는 것이다. 우리에게 남은 일은 그것을 찾아 나서는 것뿐이다.

16장

태양계의 생명체를 찾아서

　지구 밖 생명체의 존재 가능성을 찾아내는 일은 현재로서는 소수의 사람들에게만 중요한 일이지만 미래 성장 가능성이 큰 새로운 직업을 만들어 내기도 했다. '우주 생물학자(astrobiologist)' 또는 '생물 천문학자(bioastronomer)'라고 불리는 이들은 모든 형태의 지구 밖 생명체와 연관된 문제들을 다룬다. 현재 우주 생물학자들은 외계 생명체를 상상하거나 외계의 환경 조건을 실험실 안에 만들어 그곳에 생명체를 투입한 후 생명체들이 외계의 극한 환경에서 어떻게 살아남는지를 실험한다. 그들은 또한 외계 환경 속에 생명이 없는 분자 혼합물을 투입한 후 일어나는 일들을 관찰하는 변형된 밀러-유리 실험을 하거나 베흐테르쇼이서의 실험을 세련되게 다듬는 일을 하고 있다. 외계 생명체에 대한 여러 가지 추정과 실험의 조합은 일반적으로 받아들여지는 응용 가능성이 있는 여러 가지 중요한 결론을 끌어내도록 해 줄 것이다. 우주 생물학자들은 우주에서 생명체가 존재하기 위한 조건을 다음과 같이 제시하고 있다.

1. 에너지원이 있어야 한다.
2. 복잡한 구조를 만들어 낼 수 있는 원자가 있어야 한다.
3. 분자들이 떠다니면서 상호 작용을 할 수 있는 액체 용매가 있어야 한다.
4. 생명체가 발생하고 진화할 충분한 시간이 있어야 한다.

이 목록에서 첫 번째와 네 번째 조건은 쉽게 만족시킬 수 있는 조건이다. 우주에 분포해 있는 많은 별들이 에너지를 공급하고 있고, 아주 큰 질량을 가지고 있는 1퍼센트를 제외한 별 대부분은 수명이 수억 년, 또는 수십억 년이나 된다. 예를 들어 우리 태양은 지난 50억 년 동안 지구에 열과 빛을 계속 공급해 왔고 앞으로도 50억 년 동안은 그럴 것이다. 게다가 태양 빛이 전혀 없는 곳에서도 지열이나 화학 반응에서 나오는 에너지를 이용해 생명체가 살아갈 수 있음을 알게 되었다. 지열의 일부는 포타슘, 토륨, 그리고 우라늄과 같은 방사성 동위 원소가 붕괴할 때 나오는 에너지를 통해 공급된다. 방사성 동위 원소의 붕괴는 태양과 같은 별의 수명과 비슷한 수십억 년에 걸쳐 일어난다.

✦✦✦

지구는 탄소가 풍부한 덕분에 생명체가 존재하기 위해서는 복잡한 구조를 만들어 낼 수 있는 원소가 있어야 한다는 두 번째 조건을 만족한다. 탄소 원자는 1개의 원자와도 결합할 수 있고, 2개나 3개, 또는 4개의 원자와도 결합할 수 있다. 이런 다양한 결합력 때문에 탄소는 우리가 아는 모든 생명체를 구성하는 가장 중요한 원소가 되었다. 탄소와는 대조적으로, 수소 원자는 오직 1개의 다른 원자와, 산소는 1개, 또는 2개의 다른 원자와 결합할 수 있다. 다른 원자 4개와 결합 가능한 탄소는 단백질이나 당과 같은 생명체의 가장 기본이 되는 모든 분자들의 골격 역할을 할 수 있다.

복잡한 분자를 만들어 낼 수 있는 탄소의 능력은 수소, 산소, 질소와 함께 탄소가 지구 생명체 대부분을 이루고 있는 가장 중요한 네 원소 중 하나가 되게 했다. 이중 하나만이 시각을 구성하는 중요한 네 원소에 속하지만, 우주에서는 헬륨, 네온과 함께 이 네 가지 원소 모두 풍부하게 존재한다. 이런 사실은 지구 생명체가 별과 비슷한 조성을 가진 물질에서 시작되었다는 가설을 지지한다. 지구 표면에서는 탄소가 상대적으로 작은 부분을 차지하지만 생명체에서는 가장 중요한 부분을 차지한다는 것이다. 이런 사실은 생명체의 구조에서는 탄소의 역할이 매우 중요하다는 것을 나타낸다.

지구가 아닌 우주의 다른 곳에서도 탄소가 생명체를 구성하는 기본 원소가 될까? SF 소설에서 외계 생명체의 기본 구성 원자로 종종 등장하는 규소는 어떨까? 탄소처럼 규소도 다른 원자 4개와 결합하지만 탄소와 다른 화학적 성질로 인해 탄소와 달리 복잡한 분자 구조를 형성하지 못한다. 탄소와 다른 원자의 결합은 상대적으로 약하다. 예를 들면 탄소-산소, 탄소-수소, 탄소-탄소 결합은 쉽게 깨진다. 이 때문에 탄소를 기본으로 하는 분자는 다른 분자와 쉽게 상호 작용해 다른 유형의 분자를 만들 수 있다. 탄소 화합물이 가지는 이런 성질은 생명체의 물질대사에서 매우 중요하다. 이것과는 대조적으로 규소와 다른 원자의 결합, 특히 산소와의 결합은 매우 강하다. 지각의 많은 부분은 규소와 산소로 이루어진 규소질 암석으로 되어 있다. 이것은 수백만 년간 유지될 만큼 강한 결합을 하고 있기 때문에 새로운 유형의 분자를 만드는 과정에는 참여할 수 없다.

이러한 규소와 탄소의 화학적 성질 차이로 인해 외계 생명체의 전부는 아니더라도 대부분이 지구 생명체와 마찬가지로 규소가 아닌 탄소를 기본으로 해서 만들어졌을 것이라고 추정할 수 있다. 탄소와 규소처럼 우주에 풍부하게 존재하지 않아 상대적으로 희귀한 저마늄도 다른 원자 4개와 화학 결합을 할 수 있다. 그러나 우주에 존재하는 원소의 양을 감안하면 지구 생명체가 탄소를 사용하듯 외계 생명체가 저마늄을 사용하고 있을 가능성은 매우 낮아 보인다.

+++

생명체가 존재하기 위한 세 번째 조건은 생명체가 탄생하기 위해서는 분자들이 떠다니면서 상호 작용할 수 있는 액체 용매가 있어야 한다는 것이다. '용매'는 분자들이 떠다니며 상호 작용할 수 있는 액체, 즉 화학자들이 '용액'이라고 부르는 물질의 기반이 되는 액체를 말한다. 액체 분자들은 상대적으로 밀집되어 있지만 비교적 자유롭게 운동할 수 있다. 반대로 고체는 원자와 분자 들을 일정한 위치에 고정시켜 놓는다. 고체 분자들도 충돌을 통해 상호 작용하기도 하지만 액체에서보다 훨씬 느리게 진행된다. 기체 분자들은 액체에서보다 훨씬 자유롭게 움직이고 훨씬 적은 방해를 받으며 충돌한다. 하지만 액체 밀도의 1,000분의 1밖에 안 되는 낮은 밀도로 인해 분자들의 상호 작용은 액체에서보다 훨씬 드물게 일어난다. 영국의 시인 앤드루 마벌(Andrew Marvell, 1621~1678년)이 "우리는 충분히 많은 세상과 시간을 가지고 있다."라고 했듯이 긴 시간이 주어진다면 액체가 아닌 기체에서 발생한 생명체를 찾을 가능성도 있다. 그러나 140억 년밖에 안 된 우주에서 우주 생물학자들이 기체에서 발생한 생명체를 찾아낼 것이라고 기대할 수는 없다. 따라서 우주 생물학자들은 지구 생명체와 마찬가지로 외계 생명체의 탄생도 서로 다른

ORIGINS

분자가 충돌해서 새로운 유형의 화합물을 만드는 복잡한 화학 반응이 일어나는 액체에 바탕을 두고 있을 것이라고 생각하고 있다.

생명체의 바탕이 되는 액체가 꼭 물이어야만 하는가? 우리는 표면의 4분의 3이 바다로 덮여 있는 행성에 살고 있다. 이 점 때문에 지구는 태양계에서 특별한 행성이며 우리 은하에서도 매우 특별한 행성일 가능성이 있다. 우주에서 가장 풍부한 두 가지 원소로 구성되어 있는 물 분자는 혜성과 분석, 그리고 태양계 생성물과 그 위성들에게는 아주 적은 양만 발견된다. 태양계에서 액체 상태의 물이 대량으로 존재하는 곳은 지구와, 목성의 커다란 위성 유로파의 얼어붙은 표면 밑에 숨어 있을 것으로 추정되는 바다뿐이다. 유로파의 표면 아래 바다가 있다는 것은 아직 간접적인 증거를 통한 추정일 뿐 실제로 확인된 것은 아니다. 물이 아닌 다른 화합물 중에도 액체 연못이나 바다를 이루어 분자들이 떠다니며 상호 작용해 생명체가 되도록 할 수 있는 것이 있을까? 어느 정도의 온도 범위에서 액체 상태로 존재할 수 있는 물질 중 가장 풍부한 세 가지는 암모니아, 에테인(에탄), 그리고 메틸알코올이다. 암모니아 분자는 수소 원자 3개와 질소 원자 1개, 에테인은 수소 원자 6개와 탄소 원자 2개, 메틸알코올은 수소 원자 4개와 탄소 원자 1개, 산소 원자 1개를 포함하고 있다. 다양한 외계 생명체의 가능성을 고려한다면 지구 생명체가 물을 사용하는 것과 같은 방법으로 암모니아, 에테인, 메틸알코올을 사용하는 생명체의 존재 가능성을 생각해 보는 것은 합리적이다. 다양한 분자들이 암모니아, 에테인, 메틸알코올과 같은 액체 속에서 생명체가 되는 영광을 누리기 위해 열심히 떠다니면서 상호 작용할 것이다. 태양계의 기대한 네 기체 행성은 많은 양의 암모니아와 그보다는 좀 더 적은 양의 메틸알코올, 에테인을 포함하고 있다. 토성의 가장 큰 위성 타이탄의 차가운 표면에는 액체 에테인으로 이루어진 호수가 있을 것으로 추정된다.

특별한 유형의 분자가 생명체의 기본 물질이 되기 위해서는 몇 가지 조건을 충족해야 한다. 그 물질이 액체 상태여야 한다. 북극의 빙산이나 수증기로 가득한 구름에서 생명체가 생겨날 가능성은 아주 적다. 생명체가 생겨나기 위해서는 물질들의 상호 작용이 충분하게 일어날 수 있어야 하는데 이것은 액체에서만 가능하기 때문이다. 지구 표면의 대기압 조건에서 물은 섭씨 0도와 100도 사이에서 액체 상태로 존재한다. 암모니아, 에테인, 메틸알코올은 물보다 훨씬 낮은 온도 범위에서 액체 상태로 유지된다. 예를 들어 암모니아는 섭씨 −78도에서 얼며 섭씨 −33도에서 끓는다. 따라서 지구에서는 암모니아가 생명체를 위한 용매로 사용될 수 없다. 하지만 지구보다 75도 정도 온도가 낮은 세계에서는 생명체를 위한 용매로 물보다 암모니아가 오히려 적당할 것이다.

+++

물의 가장 독특한 성질은 우리가 화학 시간에 배운 '만능 용매'라는 사실도 아니며 액체 상태로 남아 있을 수 있는 온도의 범위가 넓다는 것도 아니다. 모든 물질이 온도가 내려가면 수축해 밀도가 높아지는 것과는 달리 물은 섭씨 4도에서 밀도가 가장 높고, 온도가 섭씨 0도에 가까워지면 오히려 팽창해 밀도는 낮아지는 특이한 성질을 가지고 있다. 그것뿐만 아니라 물은 섭씨 0도에서 얼면 액체 상태보다 밀도가 낮아지기 때문에 얼음이 물에 뜬다. (대부분의 물질은 고체 상태에서 부피가 가장 작아 밀도가 높고 액체 상태에서 부피가 커져 밀도는 낮아진다. 그러나 물은 액체일 때보다 고체인 얼음일 때 부피가 더 높고 밀도는 더 낮다. 물이 든 병을 얼리면 병이 깨지는 것은 물이 얼면서 부피가 커지기 때문이다. ─옮긴이) 얼음이 물에 떠 있는 것은 수중 생물에게는 아주 다행스러운 일이다. 바깥 공기의 온도가 섭씨 0도 이하로 떨어지는 겨울 동안에는 섭씨 0도에 가까운 차가운 물이 섭씨 4도에 가까운 따뜻한 물보다 가벼워 위에는 차가운 물이, 그리고 아래에는 따뜻한 물이 모인다. 그래서 물은 위에서부터 얼고 얼음은 물의 표면에 떠다니면서 아래의 물을 따뜻하게 유지해 준다.

섭씨 4도 이하에서 온도가 내려갈수록 밀도가 낮아지는 밀도 역전이 없다면 연못과 호수는 위에서부터 얼지 않고 아래에서부터 얼 것이다. 차가운 물이 더 무거우면 온도가 섭씨 0도 가까이 내려가 차가워진 표면의 물이 아래로 가라앉고 따뜻한 물은 위로 올라갈 것이다. 위로 올라온 물은 공기에 의해 곧 다시 차가워질 것이다. 따라서 이러한 대류는 전체 물의 온도를 섭씨 0도로 떨어뜨려 전부 얼어붙게 만들 것이다. 얼음의 밀도가 액체인 물의 밀도보다 높으면 얼음은 물 위에 떠 있지 않고 바닥으로 가라앉을 것이다. 한 해 동안에 물 전체가 아래에서부터 위로 얼지 않는다고 해도 얼음이 몇 년 동안 바닥에서부터 쌓이면 물 전체가 얼음이 될 것이다. 그렇게 되면 모든 수중 생명체들이 얼어 죽어 버릴 것이기 때문에 얼음 낚시는 지금처럼 많은 사람들의 인기를 끌지 못했을 것이다. 그래도 얼음 낚시를 포기할 수 없는 사람들은 얼음 위에 남아 있는 얕은 물에서 낚시를 하거나 전체가 얼어 버린 빙산의 정상에서 얼음이 녹을 날을 기다려야 할 것이다. 그런 세상에서는 얼어붙은 북극을 횡단하는 데 사용되는 쇄빙선이 쓸모가 없을 것이다. 북극해가 바닥에서부터 모두 얼어붙어 아예 배가 다닐 수 없거나, 얼음들이 모두 바닥으로 가라앉아 버려 아무 불편 없이 배가 지나다닐 수 있을 것이기 때문이다. 우리는 얼음이 깨져 물속에 빠질까 봐 걱정할 필요 없이 연못이나 호수의 얼음 위를 미끄러져 다닐 수 있을 것이다. 얼음이 물보다 무겁다면 얼음 조각이나 빙산이 해저로 가라앉을 것이기 때문에 1912년 4월에 비운의 타이타닉 호도 절대로 가라앉지 않는 배라고 했던 선전대로 뉴욕 항에 안전하게 도착했을 것이다.

그러나 이런 주장에도 우리의 편견이 포함되어 있을지도 모른다. 얼음이 아래서부터 얼든 위에서부터 얼든 지구 바다 대부분이 얼어붙을 위험은 없을 것이다. (지구의 평균 온도는 바다 대부분을 얼리기에는 너무 높기 때문에 적도 가까운 곳의 바다는 얼지 않을 것이다. — 옮긴이) 얼음의 밀도가 높아 얼음이 가라앉는다면 북극해는 모두 얼어붙어 버릴 것이고 미국의 오대호나 발틱 해도 마찬가지일 것이다. 이렇게 되면 브라질과 인도가 유럽과 미국을 제치고 세계의 강자로 군림하고 지구 생명체들은 열대 지방에서 지금처럼 계속 번창하고 있을지도 모른다.

잠시 동안은 물이 암모니아나 메틸알코올과 같은 다른 주요 용매들보다 훨씬 큰 이점을 가지고 있어서 모든 생명체는 아니라고 하더라도 대부분의 외계 생명체가 지구 생명체와 마찬가지로 물을 용매로 사용하고 있을 것이라고 가정하자. 그리고 생명이 생겨나서 진화하기에 충분한 시간과 탄소 원자를 비롯한 생명체를 만들 수 있는 물질이 충분히 존재한다고 가정하자. 그러면 생명체가 어디에 있는가 하는 오래된 질문을 조금 더 현대적인 질문으로 바꿀 수 있다. '물이 어디에 있는가?' 이제 새로운 질문으로 무장하고 우리 이웃에 대한 탐사 여행을 계속 하기로 하자.

✦✦✦

만약 물기가 없어 건조하고 메말라 보이는 태양계 천체들만 보고 판단한다면 물이 지구에서만 풍부하고 우리 은하에서는 아주 드문 물질이라고 단정하게 될 것이다. 그러나 우주에 존재하는 3개의 원자로 이루어진 분자들 중에서 물은 가장 흔한 분자이다. 물을 이루는 두 가지 원소인 수소와 산소가 우주에 첫 번째와 세 번째로 풍부하게 존재하는 원소이기 때문이다. 이런 사실은 어떤 천체가 왜 물을 가지고 있느냐보다는 왜 모든 천체들이 물을 많이 포함하고 있지 않느냐 하고 묻는 것이 더 현명하다는 것을 뜻한다.

어떻게 지구는 물로 된 바다를 가지게 되었을까? 달의 크레이터들을 자세히 조사해 보면 달에는 오랫동안 많은 운석이 충돌했음을 알 수 있다. 우리는 지구도 이와 같이 많은 충돌에 시달려 왔을 것이라고 예측할 수 있다. 사실 지구는 달보다 더 크기 때문에 더 강한 중력을 가지고 있어서 달보다 더 많은 운석 충돌을 겪었을 것이다. 이런 상황은 달과 지구가 탄생했을 때부터 지금까지 계속되었을 것이다. 지구는 텅 비어 있어 빈 공간에서 공 모양의 방울이 부화되어 생겨난 것이 아니라 태양과 다른 행성들을 만든 고밀도 기체 구름 속에서 생겨났다. 이 과정에서 지구는 엄청난 양의 작은 고체 물질을 끌어들여 커졌을 것이다. 그리고 무기질을 많이 포함한 운석, 물을 많이 포함한 혜성의 공격을 끊임없이 받아야 했을 것이다. 이들은 얼마나 많이 충돌했을까? 지구 형성 초기의 혜성 충돌은 바다 전체의 물을 공급할 만큼 자주 일어났을 것이다. 이 가설에는 아직 불확실성과 반론 거리가 많이 남아 있다. 핼리 혜성에서 관측한 물은 지구의 물보다 보통의 수소 대신 중수소를 많이 포함하고 있는 중수(重水)를 훨씬 많이 가지고 있었다. 중수소는 수소의 동위 원소로 양성자 1개와 중성자 1개로 이루어진 원자핵을 가지고 있는 원소이다. 만약 지구의 바다가 혜성에서 왔다면 태양계가 형성된 직후에 지구에 충돌한 혜성들의 화학적 성분이 현재 발견되는 혜성들의 화학 성분과 확연히 달랐거나, 적어도 핼리 혜성과 같은 유형의 혜성들의 성분과 달랐을 것이다.

혜성이 날라다 준 물에 화산 폭발이 대기에 보탠 수증기까지 고려한다면 지구 표면을 덮고 있는 물을 얻게 된 과정을 설명하는 데 큰 어려움이 없을 것이다.

+ + +

물도 공기도 없는 장소를 방문하고 싶다면 달보다 더 멀리 갈 필요가 없다. 달에서는 대기압이 0에 가깝고, 2주 동안이나 계속되는 낮에는 온도가 섭씨 90도까지 올라가기 때문에 물이 빠르게 증발한다. 2주 동안이나 계속되는 밤에는 온도가 섭씨 -150도까지 내려가 모든 것이 얼어 버린다. 따라서 달을 방문했던 아폴로 우주인들은 왕복 여행에 필요한 물과 공기를 가져가야만 했다.

지구는 엄청난 양의 물을 얻었는데 가까이 있는 달은 거의 얻지 못했다는 것은 이상한 일이다. 적어도 부분적으로 확실한 가능성 하나는 달의 중력이 지구 중력보다 훨씬 약해 물이 달 표면에서 훨씬 빠르게 증발했다는 것이다. 또 다른 가능성은 달에 가는 사람들이 물이나 물을 이용해 만든 제품들을 챙기지 않아도 될 것이라는 것이다. 클레먼타인(Clementine) 탐사선은 달 궤도를 돌며 성간 공간에서 빠르게 움직이던 입자들이 수소 원자와 부딪칠 때 만들어지는 중성자를 검출해 분석했다. 그 결과는 달의 극 지방에 있는 크레이터 밑 깊은 곳에 얼음 저장소가 있을 것이라는 오래된 주장을 지지해 주었다. (심우주 탐사 과학 실험(Deep Space Probe Science Experiment, DSPSE)이라는 공식 명칭으로 1994년 1월 25일 발사된 클레멘타인 탐사선은 70일 동안 달 궤도를 돌면서 달 표면의 지도를 작성했다. 클레먼타인 탐사선은 달 표면에서 반사되어 나오는 중성자를 이용해 달 표면의 성분을 조사하기도 했는데, 이 과정에서 달의 극 지방에 얼음이 있을 가능성을 발견했다. ─ 옮긴이) 만약 해마다 행성 사이를 떠돌던 수많은 부스러기들이 달과 충돌했다면 이들 중에는 지구에 충돌한 것과 같이 물을 많이 포함한 혜성도 있었을 것이다. 이런 혜성들은 얼마나 많은 물을 가지고 있을까? 태양계에는 미국 이리 호(Lake Erie, 북아메리카 대륙에 있는 오대호 중 네 번째로 큰 호수. ─ 옮긴이) 크기의 웅덩이를 채울 만큼의 물을 가지고 있는 혜성들이 많이 있다.

온도가 섭씨 200도 가까이 올라가는 달에 혜성 충돌로 새로 만들어진 호수가 증발되지 않고 여러 날을 견딜 수 있을 것이라고 기대하기는 어렵다. 그러나 달의 극 지방에 있는 깊은 크레이터 바닥에 충돌했거나 충돌하면서 깊은 크레이터를 만든 혜성이 날라 온 물은 어둠의 장막 속에 아직도 남아 있을 것이다. 극 지방에 있는 깊은 크레이터는 달에서 '태양이 비추지 않는' 유일한 장소이다. 만약 달의 한 면은 계속 어두울 것이라고 생각하고 있는 사람이 있다면 그 사람은 1973년에 영국 록 그룹 핑크 플로이드(Pink Floyd)가 낸 앨범 「다크 사이드 오브 더 문(Dark Side of the Moon)」과 같은 자료들로 인해 잘못된 생각을 갖게 된 것이다. 항상 모자라는 태양 빛을 아쉬워하는 극 지방 주민들이 잘 알고 있는 것처럼 극 지방에서는 태양이 하늘 높이 떠오르는 시간이나 계절이 없다. 태양이 가장 높이 떠오르는 고도보다 더 높은 언덕으로 둘러싸인 크레이터의 바닥에 살고 있다고 상상해 보자. 햇빛을 산란시킬 공기가 없다면 이런 곳에서는 영원한 어둠 속에 살아야 할 것이다.

그러나 차가운 암흑 속에서도 얼음은 천천히 증발된다. 접시에 얼음 조각을 담아 냉동실에 넣은 후 긴 휴가를 갔다 와 보라. 얼음 조각의 크기가 떠날 때에 비해 눈에 띄게 작아져 있을 것이다. 그러나 만약 혜성에서처럼 얼음 조각들이 작은 고체 조각들과 잘 섞여 있다면 달의 극 지방에 있는 깊은 크레이터 바닥에서 수억 년 동안 남아 있을 것이다. 우리가 달에 기지를 건설한다면 이런 크레이터 근처에 자리를 잡는 것이 여러 가지 이익을 가져다줄 것이다. 얼음을 녹이고 걸러서 마실 수 있을 뿐만 아니라 물 분자를 수소와 산소로 분리해 수소를 얻을 수도 있을 것이다. 그렇게 얻은 수소는 로켓 연료의 중요한 혼합 성분으로 사용할 수 있으며, 산소는 숨 쉬는 데 사용할 수 있다. 그리고 우주 탐사 작업 사이사이에 스케이트를 타러 갈 수도 있을 것이다.

+++

금성은 크기와 질량이 지구와 비슷하지만 여러 가지 면에서 태양계의 다른 행성들과 다르다. 이산화탄소가 주성분인 금성의 대기는 반사율이 높고, 두꺼우며, 밀도가 높아 대기압이 지구의 100배 가까이 된다. 이와 비슷한 압력을 받으며 살아가고 있는 심해 생명체를 제외한 모든 지구 생명체는 금성에 가면 높은 압력 때문에 부서져 죽어 버릴 것이다. 그러나 금성의 가장 특이한 특징은 표면에 골고루 흩어져 있는 비교적 젊은 크레이터들에 있다. 금성에서는 전 행성적인 대재앙이 그 전의 충돌 증거들을 모두 없애 버렸기 때문에 크레이터 시계를 새롭게 다시 시작해야 했다. 따라서 크레이터의 형성 순서를 보고 나이를 추정하는 방법도 다시 조정되어야 한다. 홍수와 같은 전 행성적인 침식성 기후가 이런 일을 했을 수도 있다. 그러나 용암의 흐름과 같은 전 행성적인 지각 활동이 미국의 자동차 마니아들이 꿈꾸는 것과 같이 금성 전 표면을 새로 포장해 놓았을 수도 있다. 크레이터 시계를 다시 시작하게 했던 사건은 그것이 어떤 사건이었든 갑자기 사라진 것이 틀림없다. 그러나 중요한 질문은 아직 남아 있다. 특히 금성의 물에 대한 의문이 아직 풀리지 않은 채로 있다. 만약 금성 전체를 뒤덮을 만한 홍수가 있었다면, 그 물은 모두 어디로 갔을까? 표면 밑으로 가라앉았을까? 대기 중으로 증발했을까? 홍수가 일어나지 않았다고 해도 금성은 자매 행성인 지구처럼 많은 물을 얻었을 것이다. 그 물에는 무슨 일이 일어났을까?

이런 질문에 대한 답변으로는 금성의 대기가 온도를 높여 물을 잃게 되었다는 것이 가장 그럴듯하다. 이산화탄소 분자는 가시광선은 잘 통과시키지만 적외선은 효율적으로 흡수한다. 그러므로 대기의 반사로 인해 금성 표면에 도달하는 태양 빛의 양이 줄어들기는 하지만 금성의 대기를 통과할 수 있다. 표면에 도달한 태양 빛은 금성 표면의 온도를 높인다. 그러면 금성 표면의 물질은 적외선을 내는데 이 적외선은 대기를 통과해 밖으로 나갈 수 없다. 이산화탄소 분자가 적외선을 흡수하면 대기 하층부와 그 아래쪽 지면의 온도가 올라간다. 과학자들은 이렇게 대기가 가시광선을 통과시키고 적외선을 흡수하는 것을 온실의 유리 창문이 가시광선만 통과시키고 적외선은 막는 것에 비유해 '온실 효과(greenhouse effect)'라고 부른다. 금성에서와 마찬가지로 지구에서도 온실 효과가 나타난다. 지구 대기의 온실 효과는 대기가 없을 때보다 온도를 섭씨 14도 정도 높여 주기 때문에 지구 생명체에게는 꼭 필요하다. 지구의 온실 효과는 공기 중에 포함되어 있는 물 분자와 이산화탄소 분자로 인한 온실 효과가 합해진 것이다. 지구 대기는 금성 대기의 1,000분의 1밖에 안 되는 이산화탄소를 포함하고 있기 때문에 지구의 온실 효과는 금성의 그것과는 비교가 되지 않는다. 그럼에도 불구하고 화석 연료의 사용으로 인해 지구 대기 중 이산화탄소의 양이 계속 증가되고 있어 지구의 온실 효과가 꾸준히 높아지고 있다. 의도한 것은 아니었지만 우리는 온실 효과로 인해 지구의 온도가 올라가면 어떤 결과가 나타날지를 알아보기 위한 전 지구적 실험을 하고 있는 셈이다. 금성에서는 이산화탄소로 인한 온실 효과가 표면 온도를 수백 도 올려놓아 표면 온도가 난로의 온도와 비슷한 섭씨 500도나 된다. 금성은 태양계에서 가장 뜨거운 행성이다.

어떻게 금성이 이런 상태에 이르게 되었을까? 과학자들은 금성의 대기에 흡수된 적외선이 온도를 높이고 높은 온도가 물을 증발시키는 이런 현상을 나타내기 위해 '온실 효과의 폭주(runaway greenhouse effect)'라는 단어를 만들어 냈다. 대기에 포함된 수증기는 적외선을 좀 더 효과적으로 흡수할 수 있게 해 온실 효과를 증대시켰다. 그리고 이것은 물의 증발을 촉진해 더 많은 수증기를 대기 중에 포함시켜 온실 효과를 더욱 강화시켰다. 한편 금성 대기 최상층부에서는 강한 태양 빛이 물 분자를 수소 원자와 산소 원자로 분리했다. 높은 온도 때문에 수소는 우주 공간으로 달아나 버리고 무거운 산소는 다른 원소와 결합해 다시 물로 돌아가지 못했다. 따라서 시간이 지남에 따라 한때 금성 표면에 풍부했던 물이 이 행성에서 영원히 사라지게 된 것이다.

비슷한 과정이 지구에서도 일어난다. 그러나 지구에서는 기온이 훨씬 낮기 때문에 매우 낮은 비율로 그런 일이 일어난다. 지구 표면은 바다가 대부분을 차지한다. 그러나 바닷물의 질량을 다 합해도 전체 지구 질량의 약 5,000분의 1밖에 안 된다. 이런 작은 비율에도 불구하고 바닷물의 양은 10^{18}톤이나 되고 그중 약 2퍼센트는 얼어 있다. 만약 지구에서 금성에서 일어났던 것과 같은 온실 효과의 폭주 현상이 발생한다면 지구 대기는 더 많은 태양 에너지를 흡수할 것이다. 그렇게 되면 기온이 올라가고 바닷물은 빠르게 공기 중으로 증발할 것이다. 이것은 모든 지구 생명체에게 정말로 나쁜 소식이 될 것이다. 지구의 동식물이 온실 효과로 인한 열 때문에도 죽어 가겠지만 수증기로 두꺼워진 공기층의 압력도 300배로 높아져 이 압력 때문에도 모두 죽게 될 것이다. 우리는 우리가 숨 쉬고 있는 공기에 깔리고 구워질 것이다.

✦✦✦

행성에 대한 우리의 관심은 금성에만 국한되지 않는다. 이제는 말라 버렸지만 아직도 보존되어 있는 구불구불한 강바닥, 범람 지역, 강이 만든 삼각주, 서로 연결되어 있는 지류들, 그리고 강의 침식 작용이 만든 지형을 가지고 있는 화성은 한때 물이 흐르고 있던 에덴 동산이었음이 틀림없다. 만약 태양계에서 넘쳐 나는 물을 공급받을 수 있는 장소가 지구 외에 다른 곳에 있었다면 그곳은 화성이었을 것이다. 그러나 알려지지 않은 이유로 화성 표면은 말라 버렸다. 금성과 화성을 자세히 관찰해 보면 이 행성들의 현재 상태는 우리로 하여금 지구를 새롭게 바라보게 하고, 지구 표면이 액체 상태의 물을 공급해 주고 있는 것이 얼마나 다행스런 일인가를 알게 해 준다.

20세기 초에 풍부한 상상력으로 가지고 화성을 관찰했던 미국의 천문학자 퍼시벌 로런스 로웰(Percival Lawrence Lowell, 1855~1916년)은 지능이 있는 화성인들이 화성의 극 지방으로부터 인구가 밀집해 있는 중위도 지방으로 물을 끌어들이기 위해 운하망을 건설하고 있다고 주장했다. 미국 애리조나 주의 피닉스(Pheonix) 시민들이 콜로라도 강물이 줄어드는 것을 염려하는 것을 보면서 로웰은 자신이 화성에서 관찰한 것을 설명하기 위해 물이 없어 죽어 가는 화성 문명을 상상해 냈다. 로웰은 1909년에 『생명의 거주지 화성(Mars as the Abode of Life)』을 출판해 자신이 보았다고 확신했던 화성 문명의 종말이 임박한 것을 아쉬워했다. (미국의 사업가이자 천문학자인 로웰은 일본을 여행하고 조미 수호 통상 사절단을 수행해 그들을 미국으로 인도하기도 했고, 고종의 초대로 우리나라를 방문하기도 했다. 그는 우리나라를 소개하는 『고요한 아침의 나라, 조선(Chosun, the Land of the Morning Calm)』이라는 책을 쓰기도 했다. 만년에 그는 로웰 천문대를 설립하고 아홉 번째 행성을 찾는 일에 주력했다. 아홉 번째 행성인 명왕성은 그가 죽은 후 1930년 2월 18일 로웰 천문대에서 일하던 클라이드 톰보에 의해 발견되었다. ― 옮긴이)

실제로 화성 표면은 어느 시점에 생명체가 살 수 없도록 말라 버린 것이 틀림없다. 천천히, 그러나 확실히 시간은 생명체를 이미 모두 소멸시켰거나 소멸시킬 것이다. 마지막 생명의 불꽃이 사라지고 나면 화성에서의 진화 과정은 영원히 끝나고 화성은 죽은 세계가 되어 공간을 돌게 될 것이다.

로웰은 적어도 한 가지 사실은 바로 보았다. 만약 화성이 표면을 흐르는 물을 필요로 하는 문명이나 어떤 행태의 생명체라도 가지고 있었다면 화성 역사의 어느 시점에 알 수 없는 이유로 표면의 물이 말라 버려 화성 문명은 대재앙을 만났을 것이다. 이것은 현재의 일이 아니라 과거의 일이기는 하지만 로웰이 묘사했던 것과 일치하는 상황이다. 수십억 년 전에 화성 표면을 흐르던 물이 어떻게 되었을지를 알아내는 것은 행성 지질학자들이 가장 풀기 어려워하는 문제로 남아 있다. 화성은 주로 얼어붙은 이산화탄소, 즉 드라이아이스로 이루어진 극관 속에 약간의 얼음을 가지고 있고, 대기 중에도 아주 적은 양의 수증기가 포함되어 있다. 화성에 존재하는 물의 대부분을 포함하고 있는 극관이 가진 물의 양은 고대 화성에 흐르던 물을 설명하기에는 턱없이 모자라는 양이다.

고대 화성에 존재했던 물이 우주 공간으로 증발해 버리지 않았다면 화성 지하에 있는 영구 동토층에 잡혀 있을 것이다. 그렇게 주장하는 증거는 있는가? 화성 표면에 있는 커다란 크레이터들은 작은 크레이터들보다 가장자리 언덕이 더 심하게 무너져 있다. 만약 지하에 영구 동토층이 있다면 그곳에 다다르기 위해서는 더 큰 충돌이 필요할 것이다. 커다란 충돌로 인한 큰 에너지는 이 얼음층을 녹여 물이 표면으로 올라와 흐르도록 했을 것이다. 영구 동토층의 깊이가 더 얕을 것이라고 예상되는 고위도 지방으로 가면 무너져 내린 가장자리를 가지고 있는 크레이터들이 더욱 많이 나타난다. 낙관적인 예측에 따르면 화성 동토층의 얼음을 모두 녹인다면 화성 전체를 수십 미터 깊이의 물로 채울 수 있을 것이다. 화성 생명체나 화석에 대한 자세한 조사에는 화성의 지하를 포함한 다양한 지역에 대한 조사가 포함되어야 할 것이다. 화성에서 생명체를 찾는 것과 연관된 가장 중요한 질문, 즉 화성 어디에 액체 상태의 물이 있는가 하는 질문의 답은 비교적 쉽게 찾아낼 수 있을 것이다.

해답의 일부분은 물리학적 지식으로부터 얻을 수 있다. 지구 대기압의 1퍼센트도 안 되는 화성의 대기압은 액체 상태의 물이 존재할 수 없도록 한다. 따라서 화성 표면에는 액체 상태의 물이 존재할 수 없다. 높은 산을 등산하는 등산가들이라면 누구나 잘 알고 있듯이 기압이 낮아지면 물은 섭씨 100도보다 낮은 온도에서도 끓는다. 미국 최고봉 휘트니 산(Mount Whitney)의 정상에서는 기압이 해수면 기압의 절반으로 떨어져 물이 섭씨 100도가 아니라 섭씨 75도에서 끓는다. 기압이 해수면 기압의 4분의 1밖에 안 되는 에베레스트 산의 정상에서는 섭씨 50도에서 물이 끓을 것이다. 기압이 해수면 기압의 1퍼센트밖에 안 되는 32킬로미터 상공에서는 끓는점이 섭씨 5도이나, 몇 킬로미터 더 올라가면 섭씨 0도에서 끓게 된다. 이것은 물을 공기 중에 내놓기만 하면 즉시 증발해 버린다는 것을 뜻한다. 과학자들은 고체가 액체 상태를 거치지 않고 기체 상태로 변하는 것을 '승화(昇華, Sublimation)'라고 부른다. 우리 모두는 어린 시절부터 승화에 익숙해 있다. 아이스크림을 파는 사람이 아이스크림 통을 열면 그 속에서는 맛있는 아이스크림뿐만 아니라 아이스크림을 차갑게 유지하는 데 사용되는 드라이아이스 덩어리도 나타난다. 드라이아이스는 얼음보다 아주 좋은 장점을 가지고 있다. 드라이아이스는 승화하기 때문에 녹아도 닦아 낼 액체가 생기지 않는다. 오래된 탐정 소설에서는 어떤 사람이 드라이아이스 위에 올라서서 목을 매고 있다가 드라이아이스가 승화됨에 따라 줄이 당겨져 죽는다. 방 안의 공기 성분을 정확히 분석해 보지 않는다면 탐정은 그가 어떻게 목을 맸는지에 대한 단서를 찾아내지 못할 것이다. (방 안 공기를 정밀하게 분석해 보면 방 안 공기가 평균보다 더 많은 이산화탄소를 포함하고 있음을 알 수 있을 것이다. — 옮긴이)

지구 대기 속에서 이산화탄소에 일어나는 일이 화성에서는 물에 일어난다. 화성의 여름날 온도가 섭씨 0도 이상으로 올라간다고 해도 화성에는 액체 상태의 물이 존재할 수 없다. 이런 사실로 인해 화성의 지하에서 액체 상태의 물을 찾아내기 전까지는 화성 생명체에 대한 전망은 매우 어둡다. 고대나 현대의 화성 생명체를 발견할 가능성을 높이기 위해 미래의 화성 탐사는 화성 표면에 구멍을 뚫어 생명의 묘약인 물을 찾 아낼 수 있는 지역을 중심으로 이루어져야 할 것이다.

물이 생명의 묘약인 것처럼 보이지만 어떤 생명체에게는 열심히 피해 다녀야 할 죽음의 물질일 수도 있다. 1997년에 미국 아이다호 주 이글록 고등학교의 14세 학생이었던 네이선 조너(Nathan Zohner)는 일반인을 대 상으로 반기술적 정서 및 화학 물질 공포증과 관련된 실험을 했다. 그 실 험은 이제 과학 대중화에 앞장선 사람들 사이에서 유명한 실험이 되었 다. 조너는 사람들에게 '일산화이수소'라는 물질을 완전히 폐기하든지 아니면 엄격하게 통제할 것을 호소하는 탄원서에 서명하도록 요구했다. 그는 무색무취의 이 물질이 갖는 나쁜 성질을 열거했다.

- 이 물질은 산성비의 주성분이다.
- 이 물질은 접촉하는 대부분의 물질을 녹인다.
- 이 물질을 잘못 흡입하면 죽을 수도 있다.
- 이 물질은 기체 상태에서 심한 화상을 입힐 수도 있다.
- 이 물질은 말기 암 환자의 종양에서도 발견된다.

조너가 서명을 요구했던 50명 중 43명이 탄원서에 서명했고 6명은 결정 을 하지 못했으며, 한 사람은 이 물질을 매우 좋아하는 사람이어서 서명 을 거부했다. 그렇다. 86퍼센트의 사람들이 일산화이수소(H_2O)를 우리 환경에서 폐기하는 데 찬성했다.

아마도 그런 일이 실제로 화성에서 일어났던 모양이다.

+++

금성, 지구, 그리고 화성은 생명체의 열쇠로 물에 초점을 맞추는 것이 가져올 함정과 이익에 대해 많은 것을 알게 해 준다. 천문학자들이 어디에서 액체 상태의 물을 발견할 수 있을지를 생각할 때 그들은 우선 별로부터 너무 멀지도 않고 가깝지도 않은 적당한 거리에서 별을 돌고 있어서 액체 상태의 물을 가지고 있을 수 있는 행성에 주목하게 된다. 따라서 적당한 골디락스 조건을 갖춘 곰 3마리의 오두막 이야기로 우리 이야기를 시작해 보자.

대략 40억 년 전에 태양계의 형성은 거의 완성 단계에 있었다. 금성은 태양 너무 가까이에서 만들어졌기 때문에 강한 태양 에너지로 인해 물이 있었다고 해도 모두 증발했을 것이다. 화성은 태양에서 너무 먼 곳에 형성되어 모든 물이 얼어붙었다. 단지 지구만이 물이 액체 상태로 존재할 수 있는 '적당한' 거리에 형성되었다. 따라서 지구는 생명체를 가질 수 있게 되었다. 물이 액체 상태로 존재할 수 있는 이 지역을 '생명 거주 가능 영역'이라고 부른다.

골디락스는 '적당한' 것을 좋아했다. 곰 3마리의 오두막에 있는 보리죽 중에서 한 오두막의 보리죽은 너무 뜨거웠고, 다음 오두막의 보리죽은 너무 차가웠다. 세 번째 오두막의 보리죽은 온도가 적당했다. 그래서 골디락스는 그 보리죽을 먹었다. 위층에 있는 하나의 침대는 너무 딱딱했고 하나는 너무 물렁물렁했다. 세 번째 침대는 적당했다. 그래서 골디락스는 그곳에서 잤다. 곰 3마리가 집에 돌아왔을 때 보리죽이 없어진 것과 골디락스가 잠들어 있는 것을 발견했다. 이 이야기가 어떻게 끝나는지는 중요하지 않다. 그러나 잡식성이고 먹이 사슬의 가장 윗자리에 있는 세 마리의 곰이 보리죽 대신 골디락스를 먹어 버리지 않은 것은 신기한 일이다. (「골디락스와 곰 세 마리」의 주인공 여자 아이. 골디락스는 곰 3마리가 살고 있는 숲속 오두막에 몰래 들어가 일을 저지른다. 잠이 깬 골디락스는 깜짝 놀라 곰들의 오두막을 도망쳐 나와 집으로 돌아오고 다시는 그 숲 근처에 가지 않는다. ─ 옮긴이)

행성들의 역사는 세 그릇의 보리죽 이야기보다는 훨씬 복잡하겠지만 금성, 지구, 화성의 상대적 생명 생존 가능성은 이 이야기와 닮은 부분이 있다. 40억 년 전에는 이전보다는 현저하게 그 수가 줄어들었지만 아직도 물을 포함하고 있는 혜성과 광물질을 많이 포함하고 있는 소행성이 행성의 표면에 충돌하고 있었다. 이 우주 당구 게임이 벌어지고 있는 동안에는 어떤 행성은 안쪽으로 조금 이동했고 어떤 행성은 바깥쪽으로 밀려났다. 그리고 형성된 행성 수십 개 중 어떤 행성은 불안정한 궤도로 이동해 태양이나 목성과 충돌했다. 그리고 또 다른 행성들은 태양계에서 영원히 추방되었다. 마지막에는 행성 몇 개만이 수십억 년을 견딜 수 있는 '적당한' 궤도에 남았다.

지구는 태양으로부터 평균 1억 5000만 킬로미터 떨어진 거리에 자리를 잡았다. 이 거리에서 지구는 태양이 방출하는 에너지의 20억분의 1을 받아들이고 있다. 만약 지구가 태양에서 오는 에너지를 모두 흡수한다면 지구의 평균 온도는 280켈빈(섭씨 7도) 정도일 것이다. 이 온도는 여름과 겨울 기온의 중간쯤 되는 온도이다. 정상적인 대기압에서 물은 273켈빈(섭씨 0도)에서 얼고 373켈빈(섭씨 100도)에서 끓는다. 지구는 대부분의 물이 액체 상태에 있을 수 있는 적당한 거리에 있는 것이다.

결론을 내리기에는 아직 이르다. 과학에서는 때로 잘못된 이유로 옳은 결론을 얻는 경우도 있다. 실제로 지구는 태양에서 지구에 도달하는 에너지의 3분의 2만 흡수한다. 나머지는 지구 표면과 구름에 의해 다시 공간으로 반사된다. 이 반사되는 에너지를 고려하면 지구의 평균 기온은 물의 어는점보다 훨씬 낮은 온도인 255켈빈으로 떨어져야 한다. 무엇인가가 지구의 온도를 우리가 안락하게 느낄 수 있는 온도로 높여 주어야 한다.

잠깐만 기다려 주기 바란다. 별의 진화를 설명하는 모든 이론은 40억 년 전 지구에 처음 생명체가 생겨나기 시작했을 때에는 태양이 지금의 3분의 1밖에 안 되는 에너지를 내고 있었다고 말해 준다. 그것은 당시의 지구 평균 온도를 더 내려가게 한다. 아마도 오래전에는 지구가 태양에 더 가까이 있었는지도 모를 일이다. 그러나 태양계 형성 초기에 있었던 엄청난 충돌이 끝난 후에는 태양계에서 행성이 앞뒤로 움직일 만한 아무런 이유를 찾을 수가 없다. 그렇다면 과거에는 지구 대기에 의한 온실 효과가 매우 컸던 것이 아닐까? 우리는 이것도 확신할 수 없다. 우리가 확실하게 이야기할 수 있는 것은 생명 거주 가능 영역이 사실은 행성에 생명체가 있느냐의 여부를 가지고 판단한 결과론적인 설정이라는 것이다. 이것은 지구가 생명체를 가지는 것을 단순한 생명 거주 가능 영역 모형으로 설명할 수 없다는 것으로도 확실히 알 수 있다. 더구나 물을 포함한 용매가 액체 상태로 남아 있기 위해서 태양에서 오는 열에만 의존할 필요는 없다.

태양계는 생명 거주 가능 영역 모형이 생명체를 찾아내는 데 오히려 제약이 될 수 있다는 두 가지 사실을 알게 해 준다. 하나는 태양 에너지가 물을 액체 상태로 유지할 수 있는 영역 밖에도 넓은 바다가 존재한다는 사실이다. 다른 하나는 물이 액체 상태로 존재하기에는 온도가 너무 낮은 곳에서도 다른 용매는 액체 상태로 존재할 수 있다는 사실이다. 그런 용매가 우리에게는 해로울지 모르지만 다른 형태의 생명체에게는 필수적인 물질일지도 모른다. 오래지 않아 인류가 이런 천체들을 자세하게 관측할 수 있는 기회를 가지게 되겠지만 현재로서는 유로파와 타이탄에 대해 알고 있는 것들을 확인해 보기로 하자.

✦✦✦

목성의 위성 유로파는 달과 비슷한 크기의 위성으로, 표면에서는 서로 얽혀 있는 수많은 균열이 발견된다. 이 균열들은 몇 주, 또는 몇 달을 두고 모양이 변한다. 지질학자나 행성 천문학자는 이러한 균열의 변화는 북극해가 거대한 얼음으로 뒤덮여 있는 것처럼 유로파의 표면이 대부분 얼음으로 덮여 있기 때문이라고 생각하고 있다. 얼음 표면에 보이는 갈라진 틈과 작은 개울의 모양이 계속 변하는 것으로부터 과학자들은 놀라운 결론을 끌어냈다. 이 얼음이 유로파 표면을 덮고 있는 바다에 떠 있다는 것이다. 보이저 호와 갈릴레오 호의 성공적인 탐사 덕분에 과학자들은 유로파 표면에서 새로운 많은 지형들과 지형의 변화를 발견했다. 과학자들은 그것을 설명하기 위해서는 얼음이 액체 위에 떠 있어야 한다고 생각했다. 그러한 변화가 유로파의 전 표면에 나타나는 것은 얼음 밑에 있는 바다가 유로파 전체를 둘러싸고 있음을 뜻한다.

그렇다면 이 액체는 무엇이며 어떻게 액체 상태를 유지할 수 있을까? 행성 천문학자들은 믿을 만한 근거를 바탕으로 두 가지 결론을 끌어냈다. 하나는 이 액체가 물이라는 것이고, 다른 하나는 물이 목성의 조석력에 의해 액체 상태로 유지된다는 것이다. 암모니아, 에테인, 메틸알코올과 같은 다른 분자들보다 물 분자가 훨씬 풍부하게 존재한다는 사실이 유로파의 얼음 밑 액체가 물일 것이라고 추정하게 한다. 그리고 얼어붙은 유로파 표면 아래 액체 상태의 물이 존재한다는 사실은 가까이 있는 다른 위성에도 물이 있을 것이라는 것을 의미한다. 그러나 태양 빛에 의한 평균 온도가 120켈빈(섭씨 -153도)에 불과한 목성 궤도에 어떻게 액체 상태의 물이 존재할 수 있을까? 유로파의 내부는 목성과 다른 위성들의 조석력 때문에 비교적 따뜻하게 유지될 수 있다. 목성과 가까이 있는 두 위성 이오와 가니메데는 유로파가 자신들과의 상대적 위치를 바꿀 때마다 유로파 내부의 바위들을 휘어 놓는다. 항상 목성을 향하고 있는 이오와 유로파의 면은 반대쪽 면보다 목성으로부터 더 큰 중력을 받는다. 이런 중력 차이는 이 고체 위성을 목성 방향으로 조금 늘어나게 한다. 그러나 위성이 목성을 공전하면서 둘의 거리가 달라짐에 따라 가까운 쪽 면과 먼 쪽 면이 목성으로부터 받는 중력의 차이가 달라진다. 따라서 이미 찌그러진 모양에 약간의 파동이 만들어진다. 계속적으로 가격되는 라켓볼과 스쿼시볼의 온도가 올라가는 것처럼 계속적으로 구조적인 변형력을 받게 되면 내부 온도가 올라가게 된다.

태양과 거리가 멀어 모든 것이 영원히 얼어붙어 있어야 할 이오는 이러한 조석력 때문에 태양계에서 지각 활동이 가장 활발하게 일어나는 천체가 되었다. 이오의 표면에서는 항상 화산이 폭발하고, 지각에 균열이 생기며, 지각이 움직여 다니고 있다. 어떤 사람들은 현재의 이오가 형성 초기에 있던 지구와 비슷하다고 생각하기도 한다. 이오의 내부는 구역질 나는 냄새를 풍기는 황 화합물과 소듐 화합물을 화산을 통해 이오의 표면 위로 수 킬로미터까지 분출할 수 있을 정도로 온도가 높다. 이오는 액체 상태의 물을 가지고 있기에는 온도가 너무 높다. 그러나 목성에서 이오보다 더 멀리 떨어져 있어서 조석력을 덜 받는 유로파는 온도가 이오처럼 높지는 않지만 어느 정도의 온도는 유지할 수 있다. 거기에 유로파 전체를 덮고 있는 얼음층은 액체에 압력을 가해 증발하는 것을 막아 주기 때문에 액체 상태의 물이 수십억 년 동안 유지될 수 있다. 유로파의 바다를 뒤덮고 있는 얼음이 어는점보다는 높은 온도를 유지하는 바다를 45억 년이 넘는 태양계 역사 동안 보존하고 있는 것이다.

따라서 우주 생물학자들은 유로파의 바다를 수사선상의 가장 앞쪽에 올려놓고 있다. 아무도 이 얼음층의 두께가 얼마나 되는지 알지 못한다. 수십 미터일 수도 있고, 1킬로미터가 넘을 수도 있다. 지구의 바다에 살고 있는 생명체의 다양성을 생각한다면 유로파는 태양계 내에서 외계 생명체를 찾을 가능성이 가장 큰 장소이다. 유로파로 얼음 낚시를 가는 것을 상상해 보자. 실제로 미국 캘리포니아 주에 있는 제트 추진 연구소 (Jet Propulsion Laboratory, JPL)의 기술자들과 과학자들은 이곳에 착륙해 얼음 구멍을 발견하거나 얼음에 구멍을 뚫은 후에 수중 카메라를 얼음 아래로 내려 보내 아래에서 헤엄치거나 기어 다니는 생명체를 찾아낼 계획을 세우고 있다. (이 계획은 아직 실현되지 않았다. 2020년 발사 예정인 유로파 클리퍼(Europa Clipper) 탐사선은 유로파를 여러 번 근접 통과하며, 이후 탐사선이 착륙할 위치를 설정하는 데 중요한 자료를 제공해 줄 것이다. — 옮긴이)

그러나 우리는 유로파에서 기껏해야 '원시적인' 생명체를 찾아내는 것이 고작일 것이다. 왜냐하면 이곳에서 발견될지도 모르는 생명체는 아주 적은 에너지를 사용해야 할 것이기 때문이다. 그럼에도 불구하고 미국 워싱턴 주의 현무암 아래 1.6킬로미터 이상 깊은 곳에서 많은 종류의 생명체를 발견한 것은 우리가 언젠가 유로파의 바다에서 지구 생명체와는 다른 외계 생명체를 발견할 가능성을 높인다. 그렇게 되면 이 생명체의 이름을 무엇이라고 지어야 할 것인가 하는 문제가 생길 것이다. 이 생명체의 이름을 '유로판(Europan)'이라 해야 할지, '유로피언(European)'이라 해야 할지 하는 문제이다. (영어에서는 어떤 지역에 사는 사람을 나타낼 때 지명 뒤에 '-an'을 붙이는 경우가 많다. 예를 들어 유럽 인은 'European'이라고 부른다. 따라서 유럽과 비슷한 이름을 가지고 있는 이 위성에서 생명체를 발견한다면 관례에 따라 '-an'을 붙여 'Europan'이라고 해야 할지, 아니면 비슷한 이름을 가진 유럽 인의 예를 따라 'European'이라고 해야 할지를 묻고 있다. 어원을 이용한 유머이다. — 옮긴이)

✦✦✦

태양계 내 외계 생명체를 찾는 작업에서 화성과 유로파는 각각 1번과 2번 목표물이다. 세 번째 "나를 찾아요!" 팻말은 태양으로부터 목성이나 그 위성들까지의 거리보다 2배나 먼 곳에 있는 토성에서 발견할 수 있다. 토성은 커다란 위성 타이탄을 가지고 있다. 타이탄은 목성에서 가장 큰 위성인 가니메데와 태양계의 챔피언 자리를 놓고 다투는 위성이다. 달보다 2배나 큰 타이탄은 다른 위성들과는 달리 두꺼운 대기층을 가지고 있다. 타이탄보다 그리 크지 않은 수성은 태양 가까이에 있어 태양의 열기에 의해 모든 기체가 날아갔다. 화성의 대기보다 수십 배 더 두꺼운 타이탄의 대기는 화성이나 금성의 대기와는 달리 지구의 대기와 마찬가지로 주로 질소 분자로 이루어져 있다. 투명한 질소 기체 중에 떠있는 많은 양의 연무 입자들이 타이탄의 표면을 우리의 시선으로부터 영원히 감추고 있다. 그 결과 타이탄에서 생명체를 발견할 가능성에 대해서는 온갖 추측이 난무하고 있다. 타이탄 표면에서 반사되어 기체와 연무를 뚫고 지나갈 수 있는 전파를 이용해 표면 온도를 측정했다. 타이탄 표면의 온도는 85켈빈(섭씨 -188도)이었다. 이 온도는 액체 상태의 물이 존재하기에는 너무 낮은 온도지만 석유를 정제하는 사람들에게는 잘 알려진 탄소-수소 화합물 에테인이 액체 상태로 존재하기에는 알맞은 온도이다. 수십 년 동안 우주 생물학자들은 타이탄에 유기체들이 가득 떠다니며 먹고 만나고 재생산하는 에테인 호수가 있을 것이라고 생각해 왔다.

21세기 초인 오늘날에 와서야 드디어 타이탄에 대한 직접 탐사가 상상력을 대신할 수 있게 되었다. NASA와 ESA가 공동으로 추진한 토성 탐사를 위한 탐사선 카시니-하위헌스(Cassini-Huygens) 호가 1997년 10월에 지구에서 발사되었다. 금성에 의해 두 번, 지구에 의해 한 번, 그리고 목성에 의해 다시 한 번 중력으로 속도를 높여 토성으로 향하고 있는 카시니-하위헌스 호는 약 7년 후인 2004년에 토성 궤도에 도착해 엔진을 점화하고, 테를 두르고 있는 이 행성의 공전 궤도로 진입했다.

이 탐사를 설계한 과학자들은 2004년 후반에 카시니 탐사 위성으로부터 하위헌스 탐사선을 분리해 타이탄의 두꺼운 구름을 뚫고 아래로 내려 보내 표면에 착륙하도록 할 예정이다. (하위헌스 탐사선은 2004년 12월 카시니 탐사 위성에서 분리된 후 2005년 1월 15일(한국 시각)에 성공적으로 타이탄 표면에 착

류해 타이탄 표면의 사진과 자료 들을 전송해 왔다. — 옮긴이) 대기 상층부에서는 빠른 속도로 인한 마찰열로 탐사선이 타는 것을 막기 위해 열 차단 장치를 사용하고 대기 하층부에서는 탐사선의 속도를 줄이기 위해 여러 개의 낙하산을 사용할 것이다. 하위헌스 탐사선에 실려 있는 여섯 가지 장비는 타이탄 대기의 온도, 밀도, 화학 성분을 측정해 카시니 탐사 위성을 통해 지구로 보낼 것이다. 지금으로서는 타이탄의 구름 아래 숨겨져 있는 수수께끼를 풀어 줄 자료와 사진을 기다리고 있는 수밖에 없다. 멀리 떨어져 있는 이 위성에 생명체가 존재한다고 해도 우리가 생명체를 보기는 어려울 것이다. 그러나 생명체가 살아가고 번성할 수 있는 액체 연못과 같은 것을 발견해 이 위성의 환경이 생명체가 존재할 만한 환경인지를 알 수 있게 되기를 기대하고 있다. 그리고 적어도 타이탄의 표면에 존재하는 새로운 종류의 분자에 대해 알 수 있게 되기를 기대하고 있다. 그런 분자들은 지구와 태양계에서 생명체의 선구 물질이 어떻게 생겨났는지에 대한 연구에 새로운 빛을 비추게 될 것이다.

+ + +

생명체가 존재하기 위해서 물이 필요하다고 해서 생명체를 찾는 장소를 물을 모아 둘 수 있는 단단한 표면을 가지고 있는 행성이나 위성으로 한정할 필요가 있을까? 그렇지 않다. 우리 가정에서 사용하고 있는 암모니아, 에테인, 그리고 메틸알코올과 마찬가지로 물 분자는 성간 공간에 존재하는 차가운 기체 구름에서도 자주 발견된다. 밀도가 높고 온도가 낮은 특별한 조건에서는 물 분자의 결합체가 부근에 있는 별에서 에너지를 받아 세기가 강한 마이크로파로 변환시킬 수 있다. 이 현상에 관계된 원자 물리학의 원리는 가시광선을 만들어 내는 레이저의 원리와 비슷하다. 다만 이 현상을 나타내는 이름은 메이저(MAZER, Microwave Amplification by Stimulated Emission of Radiation)이다. 물은 은하 어디에나 존재할 뿐만 아니라 별빛의 에너지를 이용해 마이크로파를 발사하고 있다. 성간 구름 속에 존재할지도 모르는 생명체가 겪어야 할 어려움은 생명체의 재료가 되는 물질의 부족이 아니라 물질의 밀도가 매우 낮다는 것이다. 이런 낮은 밀도에서는 물질이 서로 충돌을 통해 상호 작용할 가능성이 아주 작아진다. 지구와 같은 장소에서 생명체가 형성되는 데 수백만 년이 걸린다면 훨씬 낮은 밀도에서는 수십조 년이 걸릴 것이다. 이것은 우주가 제공해 줄 수 있는 시간보다 훨씬 긴 시간이다.

✦✦✦

태양계에서의 생명체 탐사를 마침으로써 우주의 기원과 연결되어 있는 기본적인 문제들을 모두 살펴보았다. 그러나 우리 앞에 놓여 있는 기원과 관련된 또 하나의 문제를 살펴보지 않고 우리 이야기를 끝낼 수는 없다. 그것은 다른 문명과의 접촉에 관한 것이다. 어떤 천문학적 주제도 이 주제보다 사람들의 상상력을 더 강력하게 사로잡을 수는 없다. 그리고 어떤 주제도 이것보다 우리 우주에 대해 알게 된 것들을 잘 이해할 수 있는 더 나은 기회를 제공할 수 없을 것이다. 우리가 다른 세계에서 생명이 어떻게 발생할지에 대해 조금 알게 된 지금 무엇보다도 깊은 인간의 꿈을 실현할 수 있는 기회가 있을지 알아보기로 하자. 그것은 다른 존재들을 찾아내 함께 우주에 대한 이야기를 나누고 싶은 꿈이다.

17장

우리 은하의 생명체를 찾아서

지금까지 태양계 안에서는 화성, 유로파, 타이탄이 살아 있는 상태의 생명체가 아니라면 화석 형태의 생명체라도 가지고 있을 가능성에 대해 알아보았다. 이 세 천체는 물이나 다른 용매를 가지고 있어서 분자들이 이 용매 안에서 떠다니며 더 복잡한 물질을 형성해 생명체로 발전할 가장 큰 가능성을 가지고 있다.

태양계에서는 이 세 천체만이 우주 생물학자들이 원시적인 형태의 생명체라도 포함하고 있을 것이라고 기대하는 액체를 담고 있는 연못을 가지고 있다. 비판적인 사람들은 이 세 천체에서 생명체에 적당한 환경을 발견한다고 해도 생명체는 존재하지 않을 것이라고 주장한다. 실제 탐사에서 그들의 생각이 증명될지 아니면 생명체의 흔적이 발견될지는 알 수 없다. 어떤 경우든 화성, 유로파, 그리고 타이탄에 대한 탐사 결과는 우주에 생명체가 얼마나 널리 퍼져 있을지를 판단하는 중요한 자료가 될 것이다. 그러나 하나의 세포로 된 간단한 생명체보다 더 진보된 형태의 생명체를 발견하고 싶다면 태양계 밖으로 나가 태양이 아닌 다른 별을 돌고 있는 행성계를 찾아가야 할 것이다.

한때 우리는 외계 행성이 존재하는지조차 알지 못했다. 그러나 목성이나 토성과 비슷한 외계 행성이 100개 이상 발견된 현재로서는 좀 더 많은 관측 시간과 더 정밀한 관측 장비만 있다면 지구와 같은 크기의 행성을 발견하게 될 것이라고 기대하고 있다. 20세기의 마지막 몇 해는 우주에 생명체가 존재할 수 있는 곳이 많다는 것을 확인한 중요한 시기로 역사에 기록될 것이다. 천체 물리학자들은 드레이크 방정식의 처음 두 변수, 즉 나이가 수십억 년 된 별의 수와 주위에 행성을 가지고 있는 별의 수가 작은 값이 아니라 큰 값을 갖는다는 것을 알게 되었다. 행성이 생명체에게 적당한 환경을 가질 확률과 그런 행성에서 생명체가 실제로 나타날 확률을 나타내는 다음 두 변수는 외계 행성을 발견하기 이전과 마찬가지로 확실하지 않은 채로 남아 있다. 그럼에도 불구하고 이 두 가지 확률을 추정해 내려는 우리의 시도는 마지막 두 변수를 알아내려는 것보다는 더 확실한 근거를 가지게 되었다. 마지막 두 변수는 일단 태어난 외계 생명체가 지적 생명체로 진화할 확률과, 그러한 문명이 지속되는 시간과 우리 은하 수명의 비를 나타내는 것이다.

+++

드레이크 방정식의 처음 다섯 변수를 추정하는 데는 지구 생명체와 태양계를 예로 들 수 있을 것이다. 그런 경우에는 우주의 견지에서 우리를 판단하는 것이 아니라 우리의 견지에서 우주를 판단하지 않도록 항상 코페르니쿠스 원리를 되새겨야 할 것이다. 일단 생명체가 서로 교신할 수 있는 기술을 가지게 된 후에 얼마 동안 이 문명을 지속할 수 있는 지를 나타내는 드레이크 방정식의 마지막 변수를 구하는 데는 지구 생명체나 우리 문명이 아무런 도움이 되지 않을 것이다. 누구도 우리 문명이 언제까지 계속될지 모르고 있기 때문이다. 인류가 현재 다른 별에서 오는 정보를 읽고 보낼 수 있게 된 것은 강력한 전파 발신 장치가 지구의 바다를 가로질러 전파를 보낼 수 있게 된 때부터 계산해서 100년 정도 된다. (이탈리아 출신 과학자 마르케세 굴리엘모 마르코니(Marchese Guglielmo Marconi, 1874~1937년)는 1901년 12월 12일에 최초로 영국 폴듀에서 캐나다 뉴펀들랜드까지 무려 3,380킬로미터나 되는 대서양 횡단 무선 통신에 성공했다. ─옮긴이) 우리 문명이 앞으로 얼마나 더 오래 지속될 수 있을지를 결정하는 것은 인간의 예측 능력 밖에 있다. 그러나 많은 징조들은 우리의 문명이 그리 오래갈 것 같지 않다는 생각을 가지게 한다.

우리 문명의 존속 기간이 우리 은하 내에 존재할는지도 모르는 다른 문명의 존속 기간의 평균이냐 하는 의문은 또 다른 차원의 문제를 불러온다. 따라서 최종 결과에 직접 영향을 주는 드레이크 방정식의 마지막 변수 값은 결정하지 못한 채로 남겨 두는 수밖에 없다. 만약 낙관적으로 접근해서 모든 행성계는 생명체에 적당한 환경을 가진 행성을 적어도 하나 가지고 있고, 그런 행성 중 10분의 1에서 생명체가 생겨나고, 다시 그중 10분의 1이 문명을 갖게 될 것이라고 가정하면 우리 은하의 1000억 개의 별 중 10억 개의 별이 문명화된 생명체를 가지고 있을 것이라는 결론을 얻게 된다. 이런 엄청난 숫자를 얻을 수 있는 것은 우리 은하에 많은 별들이 있고 이 별들 대부분이 태양과 비슷한 별이기 때문이다. 비관적인 사람들은 앞에서 사용한 10분의 1이라는 추정값 대신에 1만분의 1이라는 추정값을 사용할지 모른다. 그러면 문명화된 생명체를 발견할 것으로 예상되는 장소의 수가 100만분의 1로 줄어들어 10억 개에서

1,000개로 바뀔 것이다.

　이것은 큰 차이이다. 예를 들어 성간 통신이 가능한 기술을 가지고 있는 문명의 존속 기간을 은하 일생의 100만분의 1인 1만 년이라고 가정해 보자. 은하 역사의 한 시점에 10억 곳에서 문명을 발견할 것이라고 예측한 긍정적인 견해를 가진 사람들의 추정에 따르면 은하의 역사 중 어느 시점에서도 10억의 100만분의 1인 1,000개의 장소에서 문명이 꽃을 피우고 있어야 한다. 이와는 대조적으로 비관적인 견해에 따르면 어떤 시점의 평균 문명의 수는 0.001밖에 안 되어 우리는 매우 외로운 존재이고, 현재 우리 은하는 우리로 인해 평균보다 훨씬 높은 수의 문명을 가지고 있는 셈이 된다.

　어떤 예측이 실제 상황을 더 잘 반영하고 있을까? 과학에서는 실험보다 더 확실한 것은 아무것도 없다. 과학적으로 우리 은하 내 문명의 수를 결정하는 최선의 방법은 현재 존재하는 문명의 수를 알아내는 것이다. 이것을 달성하는 가장 직접적인 방법은 「스타 트렉」에서와 같이 우주로 나가 새로운 문명을 만날 때마다 기록하고 숫자를 세어 가면서 전체 은하를 조사하는 것이다. (외계 생명체가 없는 은하는 아무것도 나타나지 않아 지루한 화면만 보여 줄 것이다.) 불행하게도 이런 조사는 기술적으로 우리의 능력 밖일 뿐만 아니라 예산적으로도 가능하지 않을 것이다.

　문제는 그것뿐만이 아니다. 은하 전체를 조사하는 데는 적어도 수백만 년이 걸릴 것이다. 만약 별 세계를 조사하는 것을 방영하는 텔레비전 프로그램이 실제 상황을 방영한다고 상상해 보자. 대부분의 화면은 아직 지나온 거리는 얼마 안 되고 가야 할 길은 많이 남았다는 것을 잘 알고 있는 승무원들의 불평과 언쟁으로 채워질 것이다. 한 승무원이 말할 것이다. "우리는 모든 잡지를 다 읽었단 말이야!" 또 다른 승무원이 외칠 것이다. "우리는 이제 서로에 넌덜머리가 난단 말이야. 당신과 선장은 내

겐 고통일 뿐이야." 어떤 승무원은 노래를 부를 것이고 어떤 사람은 미쳐 버릴 것이다. 은하에서 별 사이 거리는 우리 태양계 행성 사이 거리보다 수백만 배는 더 멀다.

그러나 이런 거리 비교는 태양계로부터 몇 광년 떨어진 곳에 있는 태양계의 이웃 별들에게만 해당된다. 은하 전체를 여행하기 위해서는 이웃 별까지의 거리보다 1만 배는 더 먼 곳까지 가야 한다. 은하 공간의 여행을 그린 할리우드의 영화들은 이런 사실을 무시하거나(「우주의 침입자 (Invasion of the Body Snatchers)」(1956, 1978년)), 더 좋은 로켓이나 물리학에 대한 더 나은 이해를 통해 이 문제를 해결하거나(「스타 워즈(Star Wars)」(1977년)), 동면을 통해 오랜 시간의 여행을 견뎌 내는(「혹성 탈출(Planet of the Apes)」 (1968년)) 등 흥미로운 방법으로 먼 거리의 문제를 해결하고 있다.

이 접근 방법들은 모두 나름대로 호소력이 있고 때로는 창조적인 가능성을 보여 주기도 한다. 우리는 우주에서 가장 빠른 속력인 광속의 겨우 10만분의 1밖에 안 되는 느린 속력으로 달리고 있는 로켓을 개량할 수 있을 것이다. 그러나 광속에 가까운 속력으로 달린다고 해도 가장 가까운 곳에 있는 별까지 가는 데 몇 년이 걸릴 것이고, 은하를 가로지르는 데는 수천 세기가 걸릴 것이다. 냉동된 채로 여행하는 우주인은 지구에 냉동되지 않은 채로 남아 있는 사람들과 그 여행에 관해 계약을 맺어야 할 것이다. 그러나 누가 오랜 세월이 지난 후에 돌아와 그가 들려줄 이야기에 귀를 기울이고, 그 계약을 이행해 줄까? 잠깐만 생각해 보아도 외계 문명과 접촉하는 다른 방법을 찾아보는 것이 좋겠다는 것을 알게 될 것이다. 우리가 할 수 있는 것은 외계 문명이 우리에게 접근해 오기를 기다리는 것이다. 이것은 아주 적은 경비로 우리가 그렇게 원하고 있는 결과를 단숨에 얻을 수 있는 방법이다.

단 하나의 문제가 남아 있다. 누가 우리에게 접촉해 올 것인가? 외계인이 존재한다고 가정한다고 해도 우리 행성의 무엇이 외계 문명 사회의 관심을 끌 수 있을 만큼 특별할까? 다른 것보다 이 점에 있어서 우리는 항상 코페르니쿠스 원리를 위반하고 있다. 외계인들이 지구에 관심을 가질 이유가 없다고 말한다면 사람들은 당신을 이상한 사람으로 취급할 것이다. 외계인이 지구를 방문할 것이라는 생각은 종교적 신념과 마찬가지로 말로는 설명할 수 없는 확실한 믿음을 바탕으로 하고 있다. 그것은 지구나 인류는 그 자체가 우주의 기적 중에서도 기적이어서 은하변두리에 있는 먼지 행성 위에서 형성되었다는 것과 같은 이상한 천문학적 논쟁의 지지를 받을 필요가 없다는 것이다. 이런 생각을 가지고 있는 사람들은 우리가 깜빡이는 은하 등대 같은 것을 가지고 있어서 우주적인 규모에서 관심을 받고 있다고 생각한다.

지구에서 우주를 보면 실제 상황을 제대로 볼 수 없기 때문에 쉽게 이런 생각을 하게 된다. 지구에서 우주를 보면 우리 가까이 있는 행성을 이루는 물질은 엄청나게 커 보이고, 멀리 있는 별들은 하나의 작은 점으로 보인다. 일상적인 관점에서 보면 이것은 이해가 되는 상황이다. 다른 생명체와 마찬가지로 존재와 재생산에서 이룬 인류의 성공은 멀리서 우리를 둘러싸고 있는 우주와는 별 관계가 없어 보인다. 우주를 이루고 있는 모든 천체들 중에서 태양, 그리고 아주 작은 정도로 달만이 우리 생활에 영향을 미치고 있다. 그리고 이 천체들은 지구를 중심으로 규칙적인 운동을 하고 있는 것처럼 보여 마치 지구의 일부분인 것처럼 느껴지기도 한다. 지구에서 수없이 많은 생명체와 만나고 사건을 겪으면서 형성된 인간의 의식은 태양계 밖의 세계를 중앙 무대에서 벌어지고 있는 주인공들의 연기와는 별 관계가 없는 배경 정도로 인식하고 있다. 우리의 잘못은 우주도 우리와 마찬가지로 우리를 중앙 무대의 주인공으로 생각해 줄 것이라고 기대하는 것이다.

우리는 스스로의 생각을 조절할 수 있게 되기 훨씬 전부터 이런 잘못된 생각에 익숙해져 있기 때문에 우주를 대할 때 우리는 그렇게 하지 않으려고 해도 어느 정도 잘못된 생각으로 우주를 대하게 된다. 따라서 코페르니쿠스 원리에 따르려고 노력하는 사람들은 우리가 우주의 중심이고, 전체 우주가 우리에게 큰 관심을 가지고 있을 것이라고 우리 뇌에 속삭이고 있는 악마의 유혹에 넘어가지 않기 위해 항상 정신을 똑바로 차려야 한다.

지구에 온 외계 방문자들을 만났다고 주장하는 사람들의 이야기를 듣다 보면 우리는 코페르니쿠스 원리를 위반하는 것과 마찬가지로 스스로를 속이고 있는 인간 사고의 또 다른 잘못을 발견하게 된다. 사람들은 자신의 기억력을 실제보다 훨씬 더 신뢰한다. 우리의 기억력을 과신하는 것은 지구를 우주의 중심이라고 생각했던 것과 같은 이유 때문이다. 우리 기억은 우리가 감지하는 것을 기억한다. 그리고 우리가 미래를 위해 어떤 결정을 할 때 이 기억은 중요한 역할을 한다.

현재 우리는 과거를 기록하는 더 좋은 방법을 가지고 있고, 사회의 중요한 문제들을 해결하는 데 개인의 기억에 의존하는 것보다 더 나은 방법을 알고 있다. 우리는 국회 토론을 기록하고, 법안을 인쇄하며, 비디오테이프로 범죄 현장을 녹화하고, 사건이 전개되는 상황을 몰래 녹음한다. 우리가 이렇게 하는 것은 이런 것들이 과거 사건을 영원히 기록해 두는 데 우리 기억보다 더 우수하다고 생각하기 때문이다. 그러나 이런 생각에는 매우 중요한 예외가 하나 있다. 법정에서는 직접 현장을 목격한 증인의 증언이 가장 확실한 증거 능력이 있는 것으로 받아들여지고 있다. 수많은 실험을 통해 우리 모두는 아무리 노력해도 사건을 정확히 기억할 수 없다는 것이 입증되었지만 법정에서는 아직도 우리 기억을 가장 정확한 것으로 인정하고 있다. 특히 법정에 갈 만큼 중요한 일에 대해서 비정상적이거나 흥분된 상태에서 우리가 목격한 것을 기억한 것이라면 정확성이 더욱 떨어질 것이다. 법정이 목격자의 증언을 중요시하는 것은 오랜 전통 때문이다. 그것은 정서적인 측면 때문이기도 하지만 많은 경우에는 목격자 외에 다른 직접적 증거가 없기 때문이기도 하다. 어쨌든 모든 법정에서는 "저 사람이 총을 들고 있었어요!"라는 외침이 상당한 신뢰를 받는다. 하지만 증인이 진지하게 그 사람이라고 믿고 있었지만 실제로는 그 사람이 아니었던 경우가 많이 있다.

이런 사실을 염두에 두고 UFO에 관한 보고를 분석하면 많은 오류 가능성을 쉽게 발견할 수 있다. 미확인 비행 물체(Unidentified Flying Object)의 약자인 UFO는 좀처럼 관측할 수 없는 배경 가운데 나타나 익숙한 것과 익숙하지 않은 것을 구별하도록 강요하는 이상한 현상이다. 그리고 그러한 현상은 빠르게 사라지기 때문에 대부분의 경우 빠르게 그것이 무엇인지를 판단해야 한다. 이런 상황에 엄청난 일을 목격했다는 관측자의 믿음으로 인한 정신적인 압력이 더해지면 잘못된 기억을 만들어낼 수 있는 최상의 조건이 만들어진다.

목격자의 증언보다 더 믿을 수 있는 UFO에 관한 자료를 입수하려면 어떻게 해야 할까? 1950년대 천체 물리학자이자 UFO에 대한 공군 자문관이었던 조지프 앨런 하이넥(Josef Allen Hynek, 1910~1986년)은 항상 카메라를 주머니에 넣고 다니다가 꺼내 보이면서 UFO를 만나면 사진을 찍어 확실한 증거를 남기겠다고 말하고는 했다. 그가 그렇게 한 것은 목격자의 증언이 그다지 믿을 만하지 못하다는 것을 알고 있었기 때문이었다. 불행하게도 오늘날의 발달된 기술은 진짜와 구별하기 어려운 가짜 사진과 가짜 동영상을 만드는 것이 가능하도록 했다. 따라서 사진을 통해 UFO를 증명하려고 했던 하이넥의 계획은 현대에는 더 이상 통하지 않게 되었다. 실제로 우리 기억력이 그다지 믿을 만한 것이 못 된다는 사실과 가짜 예술가들의 창의성을 감안하다면 UFO 목격담의 사실 여부를 판단하는 것은 쉽지 않은 일이다.

최근에 사람들의 입에 오르내린 UFO 유괴 사건을 생각해 보면 인간 정신에는 사실을 왜곡하는 경향이 있다는 것이 명백해진다. 정확한 숫자는 아니지만 최근에 수만 명의 사람들이 외계 우주선에 납치된 적이 있고, 아주 치욕적인 상태에서 조사를 받았다고 믿고 있다. 이런 주장을 하는 사람들의 침착한 자세는 이런 이야기를 사실로 믿게 하기에 충분하다. 주장하는 내용이 사실인지를 판단하는 가장 간단한 기준인 오컴의 면도날(Ockham's razor, 중세 과학 철학자 오컴의 윌리엄(William of Ockham, 1285~1349년)은 귀납적 방법으로 일반 원리를 알아내기 위해서는 인과 관계가 필연적이라는 것을 철저히 증명해야 한다고 했다. 그는 여러 가지 가정을 포함한 설명들 중에서 가장 적은 수의 가정을 포함하고 있는 설명을 받아들여야 한다고 주장했다. 그가 제시한 기준을 '오컴의 면도날'이라고 부른다. ― 옮긴이)을 이 경우에 응용하면 이런 유괴는 실제로 있었던 사건이 아니라 상상의 산물이라고 결론지을 수 있다. 대개의 경우 유괴가 한밤중에 일어났으며 자다가 유괴를 당했다고 주장한다. 이들 대부분은 자는 것과 깨어 있는 상태의 중간인 최면 상태에서 유괴가 일어났다. 많은 사람들은 이 상태에서 환영과 환청을 경험하고 때로는 의식은 있는데 움직일 수는 없는 '백일몽'을 꾸기도 한다. 이런 효과가 우리 뇌의 검색 과정을 통과하면 사실로 인식되어 절대로 사실이라는 확신을 갖게 한다.

UFO 유괴 사건에 대한 이런 설명을 조금 다른 각도에서 살펴보자. 외계인에 의한 유괴 사건의 전말은 외계 방문자들이 지구를 목적지로 선택한 후 수천 명의 인간을 유괴할 만큼 많은 숫자가 지구에 도착해 인간들을 유괴한 후 짧은 시간동안 그들을 검사했다고 요약할 수 있다. 지구까지 여행할 수 있는 외계인들이라면 오래전에 그들이 알고 싶어 하는 것을 알았어야 하지 않을까? 왜 그들은 사람의 시체를 가져다 해부를 통해 좀 더 자세히 관찰하지 않는 것일까? 어떤 이야기에서는 외계인이 납치된 사람들로부터 무엇인가 유용한 물질을 추출했다거나, 외계인의 씨를 여성 희생자에게 심었다거나, 납치된 사람들이 나중에 그것을 알아내는 것을 방지하기 위해 심리 상태를 바꾸어 놓았다고 주장하기도 한다. 그런 경우에는 유괴되었던 기억 전체를 지워 버릴 수 있지 않았을까? 이런 주장을 명백하게 틀렸다고 단정할 방법은 없다. 그것은 외계인이 지구나 우주를 정복하려는 계획을 숨기고 지구인들을 안심시키기 위해 거짓으로 이 글을 쓰고 있을지도 모른다는 주장을 반증하는 것만큼이나 어려울 것이다. 그러나 우리는 상황을 이성적으로 분석하는 능력과 좀 더 가능성 있는 설명과 가능성이 적은 설명을 구별해 내는 능력을 바탕으로 외계인에 의한 유괴는 가능성이 없는 이야기라고 결론 내릴 수 있다.

UFO 목격담에 회의적인 사람과 긍정적인 사람 모두 부정할 수 없는 결론이 하나 있다. 만약 외계인이 지구를 방문했다면 그들은 인류가 전 세계에 정보를 유포할 수 있는 능력을 가지고 있음을 알고 있을 것이다. 외계 방문자들이 이 시설들을 이용하고자 하면 얼마든지 이용할 수 있을 것이다. 그들은 쉽게 허가를 받을 수도 있을 것이며(생각해 보면 그런 허가가 그들에게 필요할 것 같지 않기도 하지만.) 원하기만 한다면 이 시설들을 이용해 자신들의 존재를 쉽게 우리에게 드러낼 수 있을 것이다. 텔레비전에 외계인의 모습이 나타나지 않는 것은 그들이 지구에 오지 않았거나 왔더라도 자신을 드러내지 않으려고 하기 때문일 것이다. 두 번째 설명은 풀기 어려운 수수께끼를 만들어 낸다. 만약 외계 방문객이 자신을 드러내지 않도록 결정했다면, 그리고 그들이 성간 공간을 여행할 수 있을 정도로 우리보다 훨씬 우수한 기술을 가지고 있다면, 왜 그들은 자신들을 숨기는 일에 실패하는 것일까? 어떻게 우리는 외계인들이 숨기려고 하는 증거들을 발견할 수 있기를 기대할 수 있을까? 자신들을 숨기고 싶어 하는 외계인들이 왜 시각적인 관찰, 곡식을 심은 밭에 만들어진 원들, 고대 우주인들이 만든 피라미드, 유괴의 기억들과 같은 것을 통해 우리에게 자신들을 드러내는 것일까? 그들은 쫓고 쫓기는 고양이와 생쥐 놀이를 하면서 우리의 마음을 혼란스럽게 하고 있는 것이 틀림없다. 그들은 우리의 지노사들을 뒤에서 소멸하고 있는지도 모른다. 이런 견해는 정치와 오락 산업을 다시 바라보도록 할 것이다.

UFO 현상은 우리 의식의 중요한 면을 부각시킨다. 한편으로는 지구가 창조의 중심에 있고, 우주의 별들은 우리를 위한 장식에 지나지 않는다고 생각하면서 한편으로는 우주와 연결하려는 강한 의지를 가지고 있다. 우리는 외계 방문객의 이야기를 믿으면서 동시에 지구에 천둥과 번개를 내리고 대리자를 우리에게 보내는 너그러운 신의 존재를 믿고 있다. 이러한 태도는 하늘에 있는 것과 땅 위에 있는 것, 그리고 우리가 만지고 느낄 수 있는 것과 우리에게서 멀리 떨어져서 빛나고 움직이지만 접근할 수 없는 곳에 있는 것들을 전혀 다른 존재로 인식하고 있던 시대에 근원을 두고 있다. 이런 차이로부터 지상의 물체와 우주의 정신, 익숙한 것과 불가사의한 것, 그리고 자연적인 것과 초자연적인 것의 구별이 시작되었다. 이 두 가지 속성을 연결할 수 있는 마음속 다리에 대한 필요성이 우리 존재를 설명하는 통일성 있는 그림을 창조해 내려는 시도를 하도록 했다. 우리도 우주 먼지에서 유래했다는 현대 과학의 설명은 우리 정신 세계에 많은 충격을 주었고 우리는 아직도 그 상처를 치료하려고 노력하고 있다. UFO는 다른 영역에 있는 존재로부터 온 새로운 심부름꾼이다. 우리가 이 세상 밖 어느 곳에 진리가 존재할지도 모른다고 유추하는 것 외에는 바깥 세상에 대해 아무것도 모르고 있는 것과는 달리 이 존재는 모든 것을 알고 있는 전지전능한 존재이다. 이런 태도는 고전 영화 「지구가 멈추는 날(The Day the Earth Stood Still)」(1951년)에 잘 나타나 있다. 이 영화에서는 우리보다 훨씬 현명한 외계인이 우리의 파괴적인 행동이 지구를 멸망시킬 것이라고 경고하기 위해 지구를 방문한다.

낯선 사람을 대하는 우리의 배타적인 정서를 외계인들에게 적용하면 우주에 대한 우리의 선천적인 감정이 그리 좋지만은 않다는 것을 알 수 있다. 많은 UFO 목격담은 다음과 비슷한 이야기를 포함하고 있다. "나는 밖에서 이상한 소리를 들었다. 그래서 총을 들고 무슨 일이 벌어졌는지 보려고 나갔다." 외계인을 다룬 많은 영화들 역시 대개 폭력적이다. 냉전 시대에 만들어진 「지구와 비행선(Earth Versus the Flying Saucers)」(1956년)에서는 군인들이 외계인들의 의도를 물어보지도 않은 채 이들의 비행선을 날려 버렸다. 그리고 「싸인(Signs)」(2002년)에서는 총을 가지고 있지 않은 평화주의자 영웅이 외계 침입자를 응징하기 위해 야구 방망이를 사용한다. 이런 방법들은 성간 공간을 여행해 온 실제 외계인들에게는 별 효과가 없을 것이다.

UFO를 목격했다는 보고를 부정적으로 보는 사람들은 외계인들이 지구를 그다지 중요하게 생각하지 않을 것이라는 것과 성간 거리가 너무 멀다는 것을 지적한다. 이런 지적이 UFO 목격담을 완전히 봉쇄하지는 못하겠지만 충분한 논란거리를 제공할 것이다. 지구가 외계인들의 주의를 끌 만한 요소를 가지고 있지 않다면 외계 문명을 찾아내려는 희망을 우리의 기술과 비용으로 외계 행성계를 찾아 떠날 수 있을 때까지 접어 두어야 할 것인가?

그렇지 않다. 우리 은하 안팎에 존재할지 모르는 외계 문명과 접촉하려는 과학적인 접근의 성공 여부는 자연을 우리에게 얼마나 유리하게 이용하느냐에 달려 있다. 따라서 우리는 외계 문명의 어떤 면을 가장 놀랍다고 생각할 것인가 하는 질문을 외계 문명과 접촉하는 가장 그럴듯한 수단은 무엇일가 하는, 좀 더 과학적인 질문으로 바꾸어 볼 수 있을 것이다. 자연, 그리고 별들 사이의 엄청난 거리에 이 질문의 답이 들어 있다. 그 수단은 가장 값이 싸고, 가장 빠른 방법이어야 하며, 우주 어디에서나 사용할 수 있는 방법이어야 한다.

별 사이에서 가장 싸고 빠르게 교신할 수 있는 방법은 지구에서 원거리 통신에 이미 이용하고 있는 것과 같이 전자기파를 이용하는 방법뿐이다. 전자기파는 초속 30만 킬로미터의 속력으로 음성과 사진을 주고받을 수 있게 해 인간 사회를 혁명적으로 바꾸어 놓았다. 전자기파 메시지들은 매우 빠르게 전달된다. 지상 3만 6000킬로미터 상공에 떠 있는 정지 위성이 한 곳에서 보내오는 전파를 받아 다른 곳으로 전달해 주는 데도 1초보다 훨씬 짧은 시간이 걸릴 뿐이다.

성간 공간에서도 전자기파는 가장 빠른 정보 전달 수단이다. 다만 별 사이의 먼 거리로 인해 메시지가 전달되는 데 더 오랜 시간이 걸릴 것이다. 우리가 태양에서 가장 가까이 있는 별인 센타우루스자리 알파별까지 전자기파 메시지를 보낸다면 이 메시지가 가고 오는 데 각각 4.4년씩 걸린다. 전자기파 메시지가 20년 동안 여행하면 수백 개의 별들과 이들을 돌고 있을 행성들까지 도달할 수 있을 것이다. 따라서 이런 별을 향해 우리의 전파 메시지를 발사하고 40년을 기다리면 우리가 답장을 받을 수 있는지를 알게 될 것이다. 이런 접근은 태양계에서 가까이 있는 별에 외계 문명이 존재하고 그들이 전자기파를 사용할 수 있고 그것을 응용하는 데 흥미를 가지고 있다고 가정할 때 가능하다.

외계 문명을 찾아내는 데 이런 방법을 사용하지 않는 근본적인 이유는 이런 가정이 틀릴 것을 염려하기 때문이 아니라 우리의 자세 때문이다. 40년이란 세월은 아무것도 일어나지 않을지도 모르는 사건을 기다리기에는 너무 긴 시간이다. 그러나 우리가 40년 전에 전파를 보냈다면 지금쯤 우리 이웃에 전자기파를 사용하는 문명이 존재하는지에 대한 정보를 가지게 되었을 것이다. 이런 방법을 진지하게 이용한 유일한 시도가 1970년대에 있었다. 푸에르토 리코(Puerto Rico)에 있는 아레시보 전파 망원경(Arecibo radio telescope)의 성능을 향상시킨 것을 축하하기 위해 M13 구상 성단 방향으로 몇 분 동안 전파 메시지를 보낸 것이 바로 그 것이다. 이 성단은 태양계로부터 약 2만 5000광년 떨어져 있으므로 우리가 답장을 받으려면 오랜 시간을 기다려야 할 것이다. 따라서 이것은 실제적인 의미를 가지는 것이 아니라 행사용이었을 뿐이었다. 신중함과 성급함으로 인해 그런 전파를 보내는 것이 어렵다면 제2차 세계 대전 이후 라디오와 텔레비전 방송 전파와 강력한 레이더 전파가 공간으로 퍼져 나가고 있다는 사실을 상기해 보자. 미국 드라마 「신혼 여행자(Honeymooners)」(1955~1956년)와 「왈가닥 루시(I Love Lucy)」(1951~1957년) 시대에 지구를 출발한 메시지는 빛의 속력으로 달려 이미 수천 개의 별 세계를 지나쳐 갔을 것이고, 「하와이 파이브오(Hawaii Five-O)」(1968년)와 「미녀 삼총사(Charlie's Angels)」(1976~1981년) 시대에 지구를 출발한 메시지도 벌써 수백 개의 별 세계를 지나갔을 것이다. 외계 문명이 현재로서는 태양을 포함한 어떤 태양계 천체에서 나오는 전파보다도 강한, 지구에서 발사된 전파 더미 속에서 이런 프로그램들을 구별해 냈을 수도 있다. 그런데도 우리 이웃으로부터 아무 소식도 들을 수 없는 것은 이 프로그램들의 내용 때문일지도 모른다. 그들이 보기에 프로그램의 내용이 너무 형편 없거나 너무 감동적이어서 답을 하지 않기로 결정했을 수도 있다.

+++

흥미로운 정보와 간단한 비평을 담은 외계인의 메시지가 내일 도착할지도 모른다. 여기에 전자기파를 이용한 통신의 가장 큰 장점이 있다.

이것은 비용이 가장 적게 들 뿐만 아니라 동시적이다. 50년 동안 텔레비전 방송을 내보내는 데 든 비용은 하나의 우주 탐사선을 보내는 비용보다 적다. 우리는 우리 신호를 보내는 것과 동시에 외계에서 보내오는 신호를 받아서 해석할 수 있다. 외계에서 오는 신호를 수신하는 것은 UFO가 제공할 수 있는 것과 기본적으로 같은 종류의 감동을 느끼게 할 것이다. 이 경우에는 빠르게 사라지는 UFO와는 달리 신호를 받아 기록하고 그것을 이해할 수 있을 때까지 오랜 시간 동안 연구할 수 있을 것이다.

SETI라고 줄여 부르는 외계 지적 생명체 탐사(Search for Extra-Terrestrial Instelligence) 연구는 외계에서 보내오는 전파 신호를 찾아내는 것에 초점이 맞추어져 있다. 가시광선을 이용해 외계에서 보내오는 신호를 찾아내는 것도 한 방법이겠지만 이 연구에서는 파장이 긴 전자기파인 전파를 더 선호하고 있다. 외계에서 오는 빛을 이용한 신호는 수많은 자연 광원에서 나오는 빛과 경쟁을 해야 하지만 레이저는 하나의 파장에 에너지를 집중할 수 있어 관측될 기회를 더 많이 갖게 될 것이다. 라디오나 텔레비전 방송국에서 고유한 진동수를 가지고 있는 전파로 메시지를 전달하는 것은 이 때문이다. SETI의 성공 여부는 외계에서 오는 신호를 수신할 수 있는 안테나와 그것이 수신한 신호를 기록하는 기록 장치, 기록된 신호들 중에서 자연에서 발생한 것이 아닌 신호를 가려낼 수 있는 거대한 컴퓨터에 달려 있다. 여기에는 두 가지 가능성이 있다. 하나는 우리 라디오나 텔레비전 방송국에서 하는 방송 신호와 마찬가지로 외계 문명이 자기들끼리 교신하면서 우주로 흘려보내는 전파를 이삭줍기할 가능성이다. 또 하나의 가능성은 외계 문명이 우리의 관심을 끌기 위해 우리를 향해 의도적으로 발사하는 신호를 포착할 가능성이다.

이삭줍기는 훨씬 어려운 일일 것이다. 의도적으로 발사하는 신호는 특정한 방향으로 에너지가 집중되어 발사되기 때문에 외계 신호가 우리를 향해 발사되었다면 그것을 검출할 가능성이 훨씬 클 것이다. 반면에 우주 공간으로 새어 나간 신호의 에너지는 모든 방향으로 골고루 흩어질 것이기 때문에 의도적으로 발사한 신호보다 훨씬 세기가 약할 것이다. 그리고 의도적으로 발사한 신호는 그것을 수신한 사람이 그 내용을 이해할 수 있도록 하는 연습(exercise) 부분을 포함하고 있겠지만, 이삭줍기로 얻은 신호에는 그런 사용자 지침서가 포함되어 있지 않을 것이다. 우리 문명은 지난 수십 년 동안 우주 공간으로 신호를 흘려보냈고 몇 분 동안 특정한 방향으로 의도적인 신호를 발사했다. 만약 문명의 수가 많지 않다면 우리는 의도적인 신호보다는 이삭줍기에 집중해야 할 것이다.

더 나은 안테나와 기록 장치로 무장한 SETI 연구자들이 외계 문명을 찾아낼 수 있을 것이라는 기대를 가지고 본격적으로 우주의 이삭줍기를 시작했다. 그러나 이삭줍기를 통해 새로운 것을 찾아낼 가능성이 아주 낮기 때문에 이 연구에 참여하는 사람들은 연구 자금을 확보하는 데 어려움을 겪어야 했다. 1990년대 초에 외계 문명 탐구를 그다지 중요하게 생각하지 않는 사람들이 연구 예산을 삭감해 버리기 전까지는 미국 의회가 몇 년 동안 SETI 프로그램에 예산을 지원했다. (SETI 프로젝트는 1993년 미국 의회로부터 NASA의 예산이 삭감되면서 중단되었다. 이 과정은 칼 세이건의 SF 소설을 기초로 한 영화 「콘택트(Contact)」에 잘 묘사되어 있다. ─옮긴이) SETI 연구자들은 연구 자금의 일부를, 스크린 보호 화면을 웹 사이트 setiathome. cl.berkeley.edu로부터 내려받아 가정용 컴퓨터에 저장한 후 여가 시간에 외계인의 신호를 분석해 내는 수백만의 사람들로부터 지원받고 있다. 더 많은 연구 자금은 부유한 개인들이 기부한 것이다. 이 연구에 가장 많은 연구 자금을 지원한 개인은 미국 IT 기업 휼렛패커드(Hewlett-Packard) 사의 뛰어난 기술자였으며 일생 동안 SETI 연구에 관심을 가져온 버나드 올리버(Bernard Oliver, 1916~1995년)와 마이크로소프트(Microsoft)

사의 공동 창업자인 폴 가드너 앨런(Paul Gardner Allen, 1953년~)이었다. 올리버는 외계 문명이 보내오고 있을지도 모르는 신호를 찾아내기 위해 그들이 통신에 사용하고 있을지도 모르는 수십억 종류의 다른 진동수를 가진 전파 신호를 검색해야 하는 어려움을 해결하기 위해 오랫동안 고민했다. 우리는 전파를 비교적 넓은 대역으로 나누어 사용하고 있다. 따라서 라디오와 텔레비전 방송에서 사용하는 주파수 대역은 수백 가지에 지나지 않는다. 그러나 외계 전파 신호는 좁은 주파수 대역으로 한정될 것이기 때문에 SETI의 다이얼은 수십억 가지 전파 신호에 맞추어야 할 것이다. 현재 SETI 연구의 핵심에 있는 강력한 컴퓨터는 동시에 수억 개의 주파수 신호를 분석하고 있다.

실험과 이론 분야를 함께 섭렵한 뛰어난 물리학자였던 이탈리아의 천재 엔리코 페르미(Enrico Fermi, 1901~1954년)는 50여 년 전 어느 날 점심 시간에 동료들과 외계 문명에 대한 토론을 벌였다. 지구가 생명체를 위한 특별한 장소가 아니라는 것에 동의한 과학자들은 우리 은하에는 생명체가 풍부하게 존재해야 한다는 결론에 이르렀다. 페르미는 수십 년간 반복되어 온 질문을 했다. "그렇다면 그들은 어디에 있는가?"

페르미의 이 질문은 우리 은하의 여러 장소에 기술적으로 발전된 문명이 나타났다면 지금쯤 그들이 실제로 우리를 방문하지는 않더라도 전파나 레이저와 같은 것을 이용해 우리에게 어떤 소식을 전해 와야 하는 것 아니냐고 묻고 있는 것이다. 우리 문명이 그렇게 될지 모르는 것처럼 외계 문명이 아주 빨리 사라진다고 해도 수많은 문명이 존재한다면 그들 중 일부는 우리가 외계 생명체를 찾을 수 있도록 오랫동안 지속될 것이다. 그리고 오랫동안 문명을 지속하고 있는 외계인들의 일부가 다른 외계인을 찾는 일에 관심이 없다고 해도 모든 외계인이 그렇지는 않을 것이다. 따라서 외계인의 방문이 과학적으로 증명된 적이 없고, 외계인이 보내오는 것으로 보이는 신호가 잡히지 않는 것은 우리 은하에서 문명이 발생할 확률이 생각보다 낮다는 것을 의미하는지도 모른다.

페르미의 질문은 정곡을 찔렀다. 하루하루가 지날수록 우리가 외로운 존재라는 증거가 더 많이 발견되어 쌓일지도 모른다. 그러나 우리가 외계 문명의 가능성과 관련된 숫자들을 검토해 보면 그런 증거들의 증거 능력이 약해진다. 어떤 시점에 우리 은하에 수천 개의 문명이 존재한다고 해도 문명 사이의 평균 거리는 수천 광년이나 될 것이다. 이 거리는 태양계에서 가장 가까운 곳에 있는 별까지의 거리보다 1,000배는 더 먼 거리이다. 이런 문명이 수백만 년 지속됐다고 하면 현 시점에서 그들이 우리를 향해 발사한 신호나 우리의 이삭줍기 노력으로 그들의 정체가 드러났어야 한다. 그러나 어떤 문명도 우리처럼 문명을 이루지 못했다면 이웃을 찾아내려는 우리의 노력을 배가해야 할 것이다. 왜냐하면 그들 중 누구도 다른 존재를 찾기 위해 은하를 뒤지는 일을 하지 않을 수도 있고, 우리가 이삭줍기를 통해 발견할 수 있을 정도로 강한 전파를 이용해 방송을 하고 있지 않을 수도 있기 때문이다.

우리는 영원히 일어나지 않을지도 모르는 사건이 일어나기를 기대하면서 우리에게 익숙한 환경에서 살아가고 있다. 인류 역사에서 가장 중요한 소식이 내일 도착할 수도 있고 내년에 도착할 수도 있으며, 영영 도착하지 않을 수도 있다. 새로운 새벽을 향해 나가자. 우주가 우리를 감싸고 있듯이 우주를 감싸 안아 보자. 그리고 우주가 에너지와 신비를 가득 안고 자신을 드러낼 때를 기다려 보자.

종언

우주에서 우리 자신을 찾자

다섯 가지의 감각 기관을 가지고, 사람들은 자신들 주위의 우주를 개척한다. 그리고 그 탐험을 과학이라고 부른다.

— 에드윈 허블, 1948년

인간의 감각은 매우 예리하고 그 범위는 놀라울 정도로 넓다. 우리의 귀는 우주 왕복선이 발사될 때 천둥치듯 나오는 큰 소리를 들을 수 있고, 방 한구석에서 모기 한 마리가 왱왱거리는 작은 소리도 들을 수 있다. 우리의 감각은 볼링공이 우리 발가락에 떨어졌을 때의 통증을 느낄 수도 있고, 팔 위로 1그램의 몸무게를 가진 벌레가 기어오르는 것을 느낄 수도 있다. 어떤 사람들은 매운 하바네로 페퍼를 즐길 수 있는가 하면 예민한 혀는 100만분의 1의 차이가 만들어 내는 음식의 맛을 구분할 수 있다. 그리고 우리의 눈은 햇빛이 비추는 모래사장에서 물건을 볼 수 있고 어두운 강당에서 수십 미터 떨어진 곳에 켜져 있는 하나의 성냥불 빛을 찾아낼 수 있다. 우리 눈은 방 한구석을 볼 수 있는가 하면 우주 저 편을 볼 수도 있다. 우리의 시각이 없었다면 천문학은 생겨나지도 않았을 것이고 우주에서 우리의 위치를 가늠하는 것과 같은 일은 시작도 하지 못했을 것이다.

우리의 감각이 결합해 지금이 낮인지 밤인지, 그리고 어떤 괴물이 우리를 잡아먹으려 하고 있는지와 같은 우리의 주변에서 일어나는 일들을 알아차릴 수 있도록 해 준다. 그러나 몇 세기 전까지는 우리의 감각이 우주를 보는 작은 창문에 불과하다는 것을 알아차리는 사람이 그리 많지 않았다.

어떤 사람들은 자신이 다른 사람들에게는 없는 여섯 번째 감각을 가지고 있다고 자랑한다. 자신들만이 신비한 힘을 가지고 있다고 주장하는 점쟁이, 심령술사, 신비주의자 같은 사람들이 그런 사람들이다. 그들은 아직도 많은 주위 사람을 현혹시키고 있다. 의심스러운 이런 초능력자들의 사업은 누군가는 그런 능력을 가지고 있을지도 모른다는 기대심리 때문에 계속 번창하고 있다.

이와는 대조적으로 현대 과학은 수십 가지의 새로운 감각 기관을 사용하고 있다. 그러나 과학자들은 이런 것들을 특별한 능력이라고 주장하지 않는다. 그들은 새로운 감각 기관을 이용해 수집한 정보를 우리의 기본적인 다섯 감각 기관이 이해할 수 있는 도표나 사진으로 바꾸어 놓는다.

허블이 용서한다면 앞에서 인용한 그의 문장을, 시적인 면을 손상시키더라도 다음과 같이 수정해야 할 것이다.

망원경, 현미경, 질량 분석기, 지진계, 자기장 측정기, 입자 검출기, 가속기, 모든 스펙트럼 대역의 전자기파를 검출할 수 있는 기기와 함께 다섯 가지의 감각 기관을 가지고, 사람들은 자신들 주위의 우주를 개척한다. 그리고 그 탐험을 과학이라고 부른다.

우리가 보고 싶은 파장을 마음대로 선택해서 볼 수 있는 눈동자를 가지고 태어났다면 세상을 얼마나 더 많이 볼 수 있고 얼마나 더 빨리 우주의 기본 성질을 알아냈을지를 상상해 보자. 우리 눈을 스펙트럼의 전파 대역에 맞추면 낮에 보는 하늘이 어떤 부분을 제외하고는 밤처럼 검게 보일 것이다. 우리 은하의 중심부는 하늘에서 가장 밝은 지점 중에 하나여서 궁수자리에 있는 몇 개의 별 뒤쪽에서 밝게 빛날 것이다. 우리의 시각을 마이크로파 대역에 맞추면 전 우주가 빅뱅 후 38만 년 되었을 때 여행을 시작한 초기 우주의 빛으로 밝게 빛날 것이다. 엑스선 대역에 맞추면 물질이 소용돌이치면서 빨려 들어가는 블랙홀을 금방 찾아낼 수 있을 것이다. 감마선 대역에 맞추면 우주 전체의 모든 방향에서 거의 매일 일어나고 있는 감마선 폭발을 목격할 수 있을 것이다. 그리고 이러한 폭발로 인해 가열된 주변 물질이 내는 엑스선, 적외선, 가시광선을 볼 수 있을 것이다. (우주에서는 강한 감마선을 내는 감마선 폭발(gamma ray burster, GRB)이 자주 관측되고 있다. 그러나 감마선 폭발이 어디에서 어떻게 일어나는지는 아직 밝혀내지 못했다. — 옮긴이)

만약 우리가 자기장 검출기를 가지고 태어났더라면 나침반은 발명되지도 않았을 것이다. 누구도 나침반을 사려고 하지 않을 것이기 때문이다. 지구 자기장에 초점을 맞추기만 하면 마법사처럼 북극이 어느 쪽에 있는지 알 수 있을 것이다. 만약 우리 눈동자에 스펙트럼 분석기를 가지고 있다면 우리는 공기가 무엇으로 구성되어 있는지를 궁금해하지 않을 것이다. 그냥 바라보기만 해도 사람이 살아가기에 충분한 산소가 있는 지를 금방 알 수 있을 것이다. (모든 원소는 고유의 스펙트럼을 낸다. 따라서 원소가 내는 스펙트럼을 분석하면 빛을 낸 물체의 성분을 알 수 있다. ─ 옮긴이) 그리고 우리는 이미 수천 년 전에 별이나 성운이 우리 주위에 있는 물질들과 같은 원소로 이루어져 있다는 것을 알아냈을 것이다.

그리고 만약 우리가 도플러 효과를 측정할 수 있는 크고 예민한 눈을 가지고 있다면 고대에 살았던 우리 조상들도 모든 은하들이 우리로부터 멀어지고 있고, 우주가 팽창하고 있다는 것을 알고 있었을 것이다.

만약 우리 눈이 성능이 좋은 현미경이라면 흑사병과 같은 질병을 신의 노여움 탓으로 돌리지 않았을 것이다. 병을 일으키는 세균이나 바이러스가 음식물로 기어들어가고 피부에 난 상처를 통해 우리 몸으로 들어오는 것을 볼 수 있을 것이다. 간단한 실험으로도 어떤 미생물이 우리에게 이롭고 어떤 종류가 우리에게 해로운지 구별해 낼 수 있을 것이다. 그리고 수백 년 전에 이미 수술 후 감염을 일으키는 원인을 밝혀내 문제를 해결했을 것이다.

만약 우리가 고에너지 입자를 검출할 수 있다면 멀리서도 방사성 물질을 구별해 낼 수 있을 것이다. 따라서 가이거(Geiger) 계수기는 더 이상 필요하지 않을 것이다. 우리는 지하실에서 스며 나오는 라돈 기체를 찾아내기 위해 다른 사람에게 돈을 지불하지 않아도 될 것이다.

우리는 태어날 때부터 가지고 있는 다섯 가지 감각을 통해서 얻은 경험을 바탕으로 일상 생활을 하는 동안에 부딪히는 사건이나 현상이 '상식적'인지를 판단한다. 그런데 문제는 지난 세기에 얻어진 대부분의 과학적 결과들이 우리 감각의 직접적인 경험을 통해 얻은 것이 아니라는 것이다. 우리가 얻어 낸 대부분의 결과들은 우리 감각을 초월하는 수학이나 기계를 통해 얻어졌다. 보통 사람들이 상대성 이론, 입자 물리학,

그리고 11차원의 끈 이론을 이해할 수 없는 것은 이 때문이다. 우리가 쉽게 이해할 수 없는 것의 목록에 블랙홀, 웜홀, 빅뱅 우주론도 포함시켜야 할 것이다. 이런 것들은 기술적으로 제공되는 모든 감각을 이용해 오랫동안 우주를 관찰하기 전까지는 과학자들도 이해할 수 없었다. 과학적 연구를 통해 이끌어 낸 '비상식적'인 결과들은 과학자들로 하여금 원자와 같은 작은 세계를 이해하고, 고차원 세계와 같은 새로운 세상을 창조적으로 상상할 수 있도록 했다. 20세기의 독일 물리학자 막스 플랑크는 양자 물리학의 발견에 대해 다음과 같은 말을 했다. "현대 과학은 우리가 감각하는 세상과는 다른 실재가 존재한다고 가르쳐 온 오랜 믿음이 옳다는 것을 강조함으로써 우리에게 깊은 인상을 준다. 그리고 이런 사실은 우리가 경험한 많은 사실보다 경험 뒤에 숨어 있는 실재가 더 큰 의미를 가지는가 하는 문제를 제기한다."

우리의 비생물학적 감각 기관 목록에 추가되는 새로운 검출기들은 우주를 바라볼 수 있는 새로운 창문을 제공한다. 새로운 검출 장치의 도움을 받는 우리는 초감각 능력을 지닌 존재로 진화한 것처럼 한 단계 더 높은 곳에서 우주를 바라볼 수 있게 되었다. 인류가 수많은 인공 감각 기관을 이용해 우주의 신비를 풀어낼 것이라고 누가 상상할 수 있었을까? 우리는 단순한 호기심을 만족시키기 위해 이런 탐험을 시작한 것이 아니라 우주에서 우리 존재의 의미를 찾아내라는 인류의 명령을 수행하기 위해 이 일을 시작했다. 이 탐험은 오래전에 시작된 것으로 새로운 것이 아니다. 그리고 우리의 탐험은 지구상에 등장했던 모든 문명에서, 그리고 모든 시대를 통해 크고 작은 많은 사색가들의 관심을 받아 왔다. 우리가 발견한 것들을 시인들은 이미 알고 있었다.

우리는 탐험을 중단하지 않을 것이다.

그리고 우리 탐험의 종착지는

우리가 출발한 장소일 것이다.

그리고 그곳을 처음으로 알게 될 것이다.

　　　　　— 토머스 스턴스 엘리엇(Thomas Stearns Eliot, 1888~1965년), 1942년

용어 해설

가속도(acceleration) 물체의 속도가 시간에 따라 변하는 비율. 긴 시간 동안 속도가 변화한 양을 시간으로 나눈 것을 평균 변화율이라고 하고, 아주 짧은 시간 동안의 변화율을 순간 변화율이라고 한다. 물리학적으로 의미를 가지는 것은 순간 변화율이다.

가시광선(visible light) 우리 눈이 감지할 수 있는 전자기파. 가시광선의 파장은 적외선보다는 짧고 자외선보다는 긴(진동수는 적외선보다 크고 자외선보다 작은) 약 400~700나노미터이다. (1나노미터는 1000만분의 1센티미터이다.)

갈릴레오 우주선(Galileo spacecraft) 1989년 10월 18일에 발사된 목성 탐사선. 목성 궤도를 돌면서 목성 대기에 관한 여러 가지 정보를 수집하는 우주선 본체와 목성 대기에 낙하시켜 대기 정보를 수집하는 탐침으로 구성되었다. 목성 궤도에 도착한 갈릴레오 우주선은 1995년 12월 7일에 목성 대기를 측정하기 위해 탐침을 목성에 투하했다.

갈색 왜성(brown dwarf) 내부 핵융합 반응에 의해 에너지가 공급되어 스스로 빛을 내는 천체가 별이다. 그러나 질량이 작은 천체는 중력에 의한 에너지가 작아 내부 온도를 핵융합이 가능한 1000만 도까지 올릴 수 없다. 이런 천체는 중력에 의한 에너지로 인해 갈색으로 빛나지만 곧 식어 버린다. 이렇게 별이 되다만 천체를 갈색 왜성이라고 한다.

감마선(gamma ray)　전자기파 중에서 가장 파장이 짧고 진동수가 커서 가장 큰 에너지를 가지고 있는 전자기파. 온도가 아주 높은 곳이 없는 지구에서는 주로 핵 반응 시에 발생한다. 불안정한 원자핵은 오랜 시간을 두고 붕괴해 안정한 원자핵으로 변해 가는데 이때 다른 방사선과 함께 감마선도 낸다.

강착(accretion)　물체에 다른 물질이 붙어 그 물체의 질량이 증가하는 현상.

강착 원반(accretion disk)　블랙홀과 같은 거대한 질량 주변을 둘러싸고 회전하면서 중심에 있는 물체로 끌려들어가고 있는 원반 형태의 물질.

강한 핵력(strong forces)　자연에 존재하는 네 가지 기본 힘 중 하나로 쿼크 사이에 작용하는 힘. 원자핵의 구성 물질인 양성자와 중성자는 쿼크로 이루어져 있기 때문에 강한 핵력이 작용한다. 강한 핵력은 모든 힘 중에서 가장 강한 힘이다. 전기적 반발력에도 불구하고 양성자들이 좁은 원자핵 속에 들어 있을 수 있는 것은 전기력보다 훨씬 강한 이 힘이 작용하고 있기 때문이다. 그러나 강한 핵력은 작용 거리가 매우 짧아 원자핵 크기인 10^{-13}센티미터 이내에서만 작용한다.

거대 행성(giant planet)　목성, 토성, 천왕성, 해왕성과 같이 주로 기체로 이루어진 행성으로 중심부에 암석과 얼음으로 된 고체 핵을 가지고 있다. 이들은 주로 수소와 헬륨 기체로 이루어진 두꺼운 대기층을 가지고 있는데 대기 아래쪽에서는 높은 압력으로 인해 수소가 액체나 고체 상태로 존재한다. 거대 행성의 질량은 지구 질량의 수십 배, 또는 수백 배나 된다.

겉보기 밝기(apparent brightness)　관측자가 관측하는 천체의 밝기. 겉보기 밝기는 별이 내는 에너지의 양과 별까지의 거리에 따라 달라진다. 별이 내는 총 에너지에 따라서만 달라지는 밝기를 절대 밝기라고 한다.

경도(longitude)　지구에서 위치를 결정하기 위해 영국의 그리니치 천문대(Greenwich observatory)를 지나는 자오선으로부터 동쪽과 서쪽으로 몇 도나 떨어져 있는지를 나타낸다. 경도는 동경 180도와 서경 180도가 있어 모두 360도로 구분되어 있다.

고세균(archaea)　생명체의 세 영역 중의 하나로 지구의 생명체 중에서 가장 오래된 생명체이다. 모든 고세균은 하나의 세포로 되어 있는 원핵 생물로 높은 온도(섭씨 50~70도)에서 번성했던 것으로 밝혀지고 있다.

광년(light year)　우주에서 거리를 나타내는 단위로 빛이 1년 동안 가는 거리인 약 10조 킬로미터이다.

광도(luminosity)　천체가 단위 시간에 전자기파의 형태로 방출하는 에너지의 총량. 가시 광선은 천체가 내는 전자기파 중 아주 좁은 파장대의 전자기파이기 때문에 가시광선으로 보면 희미하게 보이는 별도 전체 광도는 높은 경우가 많다.

광자(photon)　빛은 전자기파. 즉 파동이다. 그러나 빛은 입자의 성질도 가지고 있다. 따라서 빛은 파동으로 다룰 수도 있고 입자로 다룰 수도 있다. 빛 입자를 광자라고 한다. 질량이 0인 빛 입자는 공간에서 광속으로 전파된다. 빛 입자는 진동수에 따라 달라지는데 진동수가 가장 큰 감마선 광자가 가장 큰 에너지를 가지고 있다.

광합성(photosynthesis)　빛 에너지를 이용해 물과 이산화탄소로부터 탄수화물을 만들어 내는 과정. 어떤 유기체에서는 황화수소(H_2S)가 광합성에서의 물과 같은 역할을 한다.

구(sphere)　중심으로부터 같은 거리에 있는 점들로 이루어진 표면.

국부 은하군(Local Group)　지름 약 300만 광년의 공간에 20여 개의 은하들이 그룹을 이루고 있다. 이 은하 중에서 가장 큰 은하는 우리 은하로부터 약 200만 광년 떨어져 있는 안드로메다 은하이고 우리 은하는 그 다음으로 큰 은하이다. 안드로메다 은하와 우리 은하는 나선 은하지만 나머지 대부분은 타원 은하이거나 부정형 은하이다. 우리 은하에서 각각 약 15만 광년과 17만 광년 떨어져 있는 대마젤란 은하와 소마젤란 은하도 국부 은하군에 속하는 은하들이다. 이들은 모두 부정형 은하로 우리 은하의 위성 은하들이다.

기본 입자(elementary particle)　자연을 이루는 가장 기본적인 요소로 보통 다른 입자 속에 들어 있어 볼 수 없다. 현대 과학에서는 만물을 이루는 기본 입자에 여섯 종류의 렙톤과 여섯 종류의 쿼크가 있다는 것을 밝혀냈다. 그러나 입자 세계에는 이들 외에도 힘을 매개하는 보손 입자들과 모든 입자의 반입자가 있다는 것이 밝혀졌다. 양성자나 중성자와 같은 입자들은 기본 입자가 아니라 쿼크로 구성되어 있는 복합 입자이다.

나선 은하(spiral galaxy)　납작한 형태의 원반에 별, 기체, 그리고 먼지 구름이 몰려 있는 은하. 이 원반에는 숭심에서 뻗어 나온 나선 팔이 있다. 오래전에 별 생성 작업을 끝내 조용한 타원 은하와 달리 나선 은하는 별이 대규모로 형성되고 있는 지역을 포함하고 있어 매우 역동적이다. 이러한 별 형성 지역은 나선 팔에 주로 분포해 있다. 태양계가 포함되어 있는 우리 은하는 나선 은하이다.

나선 팔(spiral arm) 나선 은하의 중심에서 나선 형태로 뻗어 나와 은하를 휘감고 있는 팔. 젊고 뜨겁고 밝은 별, 그리고 별을 형성하는 먼지와 기체 구름이 많이 포함되어 있다. 태양계 는 우리 은하의 나선 팔 중 하나인 오리온 팔에 위치해 있다.

내행성(inner planet) 태양계에서 안쪽 궤도를 돌고 있는 수성, 금성, 지구, 화성을 지구형 행성이라고 한다. 기체 행성에 비해 크기가 작고, 밀도가 높으며, 암석으로 이루어져 있고 얇 은 대기를 가지고 있다. 또한 긴 자전 주기를 가지고 있으며 가지고 있는 위성이 없거나 적다.

뉴클레오타이드(nucleotide) DNA와 RNA를 이루는 기본 단위. 펜토오스(pentose, 오 탄당)와 인, 그리고 염기로 이루어져 있다. 펜토오스의 종류에 따라 DNA 분자를 구성하 는 뉴클레오타이드가 되기도 하고, RNA 분자를 구성하는 뉴클레오타이드가 되기도 한다. DNA를 구성하고 있는 염기에는 아데닌(adenine), 구아닌(guanine), 시토신(cytosine), 티민 (thymine)이 있고, RNA에는 티민 대신 유라실(uracil)이 들어 있다. 여러 개의 뉴클레오타이 드가 연결되어 DNA 분자와 RNA 분자를 형성한다. 이때 뉴클레오타이드의 염기 순서가 유 전 정보이다.

단백질(protein) 생명체를 구성하는 기본 물질 중 하나로 아미노산 분자들이 길게 연결되 어 만들어진다. 생명체의 여러 가지 생명 활동을 조절하는 호르몬도 단백질이다. 생명체는 모 두 다른 종류의 단백질을 합성하는데 단백질을 합성하는 아미노산의 조합 순서가 유전 정보 의 중요한 부분을 차지하고 있다.

대마젤란 은하(Large Magellanic Cloud) 페르디난드 마젤란과 그의 선원들이 세계 최 초로 세계 일주 항해를 하는 동안 남반구의 하늘에서 북반구 사람들에게는 알려지지 않았 던 희미한 구름 같은 천체 2개를 발견했다. 바로 대마젤란 은하와 소마젤란 은하이다. 구름 조 각처럼 보이는 이 별무리들은 커다란 나선 은하인 우리 은하를 돌고 있는 위성 은하로 일정한 모양을 갖추지 않은 부정형 은하이다. 대마젤란 은하와 소마젤란 은하는 차가운 수소 기체의 흐름으로 우리 은하와 연결되어 있다.

대멸종(mass extinction) 지구의 역사에서 소행성이나 혜성 등 작은 천체의 충돌로 지 구 생명체의 상당 부분이 짧은 시간 동안에 멸종된 사건. 지구의 역사에는 여러 번의 대멸종 이 있었는데 지금까지 그 원인이 정확하게 밝혀지지 않았다. 그러나 최근에는 대형 운석이나 혜성의 충돌이 대멸종의 원인이라는 주장이 설득력을 얻고 있다. 약 6500만 년 전에 있었던 공룡의 멸종 원인은 유카탄 반도 부근의 운석 충돌인 것으로 추정되고 있다.

도플러 편이(Doppler shift) 도플러 효과의 결과로 나타나는 진동수나 파장의 변화. 모든 스펙트럼선이 파장이 긴 붉은색 쪽으로 편이되는 것을 적색 편이라고 하고 파장이 짧은 푸른색 쪽으로 편이되는 것을 청색 편이라고 한다.

도플러 효과(Doppler effect) 광원과 관측자 사이가 멀어지거나 가까워지는 상대 운동에 따라 빛의 진동수, 파장, 그리고 에너지가 달라지는 현상. 상대 운동에 따라 진동수와 파장이 달라지는 것은 모든 파동에 공통적으로 나타난다. 도플러 효과는 관측자가 움직이든 광원이 움직이든 관계없이 상대 속도에 따라 일어난다. 도플러 효과를 나타내게 하는 것은 관측자의 시선 방향으로의 상대 운동이다.

동위 원소(isotope) 양성자 수가 같지만 중성자 수가 다른 원자핵. 동위 원소는 방사성을 가진 동위 원소와 방사성을 가지지 않는 안정한 동위 원소로 나눌 수 있다. 자연 상태에 존재하는 동위 원소는 대부분 안정한 동위 원소이다. 원소의 원자량은 그 원소의 여러 가지 동위 원소들의 가중 평균이다. 예를 들어 원자 번호가 17인 염소는 원자량이 35인 동위 원소가 약 75퍼센트 정도 존재하고, 원자량이 37인 동위 원소가 약 25퍼센트 존재한다. 따라서 염소의 원자량은 약 35.5가 된다. 많은 원소들의 원자량이 양성자 수의 정수 배가 아닌 것은 동위 원소들이 존재하기 때문이다.

드라이아이스(dry ice) 상온에서 기체 상태로 존재하는 이산화탄소(CO_2)는 섭씨 영하 80~78도에서 냉각되어 고체가 된다. 드라이아이스가 녹으면 액체가 되는 것이 아니라 기체가 된다. 이렇게 기체가 직접 고체로, 그리고 고체가 기체로 변하는 현상을 승화라고 한다.

드레이크 방정식(Drake equation) 미국의 천문학자 드레이크가 처음으로 제안한 방정식으로 현재, 또는 미래 어느 시점에 우주에 존재할지 모르는 문명의 수를 예측하는 데 사용되는 방정식이다.

DNA(deoxyribonucleic acid) 길고 복잡한 모양의 분자로, 두 가닥이 서로 꼬여 있으며 두 가닥은 수많은 작은 분자들에 의해 서로 연결되어 있다. DNA 분자가 분리되어 복제될 때는 두 가닥을 연결하고 있던 작은 분자들이 분리된다. 분리된 반쪽의 분자는 원래의 반쪽과 똑같은 분자 배열을 가진 사슬을 만들어 낸다.

로그 척도(log scale) 아주 큰 수를 손쉽게 나타내기 위해 사용하는 척도. 큰 숫자 대신에 그 숫자의 로그값을 이용한다. 로그 그래프에서는 한 칸이 1, 2, 3, 4, ⋯ 처럼 일정한 값만큼 증가하는 것이 아니라 1, 10, 100, 1000, ⋯ 처럼 어떤 수의 지숫값으로 증가한다.

막대 나선 은하(barred spiral galaxy) 나선 은하의 일종으로 은하의 중앙 부분에 많은 별과 기체가 분포해 있어 은하면이 긴 막대처럼 보이는 은하.

망원경(telescope) 대물 렌즈나 반사경을 이용해 멀리 있는 물체에서 오는 희미한 빛을 모아 가까운 곳에 밝은 상을 만들고 이 상을 대안 렌즈를 통해 확대해 보는 장치. 초기에 만들어진 망원경은 가시광선만을 이용하는 망원경이었지만 최근에는 가시광선과 다른 파장 영역의 전자기파를 이용하는 여러 가지 종류의 망원경이 사용되고 있다.

먼지 구름(dust cloud) 우주를 이루는 물질의 대부분은 수소와 헬륨 기체이다. 그러나 큰 별의 내부에서 이 원소들보다 원자량이 큰 원자들이 만들어져 우주 공간에 흩어지는데, 이런 원자들은 분자를 형성할 수 있을 정도로 충분히 온도가 낮은 기체 구름에서 수백만 개의 원자들이 모여 먼지 입자를 형성한다. 먼지를 많이 포함하고 있는 구름을 먼지 구름이라고 한다. 먼지 구름은 별의 형성 과정에서 중요한 역할을 한다.

메가헤르츠(megahertz, MHz) 파동의 진동수를 내는 단위. 1초에 1번 진동하는 파동의 진동수를 1헤르츠(hertz, Hz)라고 한다. 메가헤르츠는 100만 헤르츠를 나타내므로 1메가헤르츠의 파동은 1초에 100만 번 진동한다.

모형(model) 실제 상황을 단순하게 나타내기 위해 마음속으로, 때로는 종이와 연필, 컴퓨터를 이용해 만들어 낸 구조. 과학자들이 어떤 상황에서 일어나는 일을 이해하기 위해 사용한다.

MOND(modified Newtonian dynamics) '수정된 뉴턴 역학'이라는 뜻으로 이스라엘의 물리학자 모데하이 밀그롬이 제안한 새로운 중력 이론.

문명(civilization) 문명을 정의하는 것은 매우 복잡한 일이지만 외계 문명을 찾아내려는 프로젝트인 SETI에서 말하는 문명은 적어도 우리 인간과 같은 정도의 통신 능력을 가지고 있어서 통신이 가능한 존재를 말한다.

물질 대사(metabolism) 생명체는 외부로부터 물질(음식물)을 섭취해서 그 속에 들어 있는 에너지와 물질을 이용해 살아간다. 이렇게 음식물을 섭취하고 그것을 이용해 살아가는 동안에 일어나고 있는 모든 화학 변화를 물질 대사라고 한다. 물질 대사의 크기는 물질 대사와 관계된 에너지의 양을 이용해 나타낸다. 물질 대사가 큰 생명체는 생명을 유지하기 위해 더 많은 에너지를 필요로 한다. 신진 대사라고도 한다.

미터(meter) 길이의 단위.

미행성(planetesimal) 우주 공간에 퍼져 있던 먼지 구름 속에서 먼지와 기체 들이 모여 별을 형성하고 그 주위에 있던 먼지와 기체 들은 행성을 형성한다. 기체와 먼지 들이 모여 지름 10킬로미터 정도의 미행성이 형성되는 과정에 대해서는 아직 잘 이해하지 못하고 있지만 미행성들로부터 행성이 형성되는 과정에 대해서는 잘 이해하고 있다. 행성들은 미행성들의 충돌에 따른 합체 과정을 통해 만들어진다. 이 과정에서 초기에 만들어진 미행성들의 일부는 아예 먼 우주 공간으로 날아가기도 했다.

바이러스(virus) 다른 생물의 세포 안에서만 증식이 가능한 핵산과 단백질의 복합체.

반물질(antimatter) 입자와 질량은 같으면서 반대 부호의 전하를 가지는 반입자들로 만들어진 물질. 반물질이 보통의 물질과 만나면 소멸해 에너지로 변한다. 반양성자와 반전자(양전자)를 이용해 반수소를 합성하려는 시도가 성공을 거두기는 했지만 대량의 반물질을 이용한 실험을 해 본 적은 없기 때문에 반물질이 어떤 성질을 가질지에 대해서는 아직 잘 이해하지 못하고 있다.

반입자(antiparticle) 보통의 입자들과 같은 질량을 가지지만 전하의 부호는 다른 입자. 큰 에너지를 가지는 감마선은 입자와 반입자를 생성할 수 있다. 반대로 입자와 반입자는 쌍소멸해 감마선으로 변한다. 전자의 반입자인 반전자가 발견된 후에 여러 가지 반입자들이 발견되어 반입자도 입자와 같이 우주를 이루는 기본 요소라는 것을 알게 되었다. 감마선이 물질로 변할 때는 입자와 반입자가 함께 만들어지기 때문에 쌍생성이라고 하고 소멸할 때도 쌍으로 소멸하기 때문에 쌍소멸이라고 한다.

방사성 붕괴(radioactive decay) 양성자와 중성자로 이루어진 원자핵은 일정 비율의 양성자와 중성자를 포함하고 있을 때 안정한 원자핵이 된다. 안정한 원자핵과 아주 다른 비율의 양성자와 중성자로 이루어진 원자핵은 만들어지지도 않고, 만들어져도 곧 분열해 안정한 원자핵으로 바뀐다. 그러나 안정한 원자핵과 비슷한 비율의 양성자와 중성자를 가지고 있는 원자핵은 오랜 시간을 두고 천천히 붕괴해 간다. 이런 원소를 방사성 원소라고 한다. 방사성 원소가 붕괴해 처음 양의 반이 남는 데 걸리는 시간을 반감기라고 한다.

백색 왜성(white dwarf) 인도 출신 미국 천체 물리학자 수브라마니안 찬드라세카르(Subrahmanyan Chandrasekhar, 1910~1995년)의 계산에 따르면 태양 질량의 1.4배 이하의 질량을 가지는 별은 적색 거성 단계에서 초신성 폭발을 경험하지 않고 서서히 식어 간다. 이런 별의 내부에서는 탄소 원자핵과 전자가 좁은 공간에 밀집되어 있어서 물의 밀도의 100만 배나 되는 밀도를 가지게 된다. 태양 질량의 1.4배 되는 질량을 가진 별이 이 상태로 응축하면 지름이 1만 킬로미터 정도 된다. 이런 별들을 백색 왜성이라고 한다.

범종설(panspermia) 생명체가 우주의 한 지역으로부터 다른 지역으로 이동한다는 이론. 범종설에서는 태양계 내의 행성에서 다른 행성으로의 생명체의 이동은 물론 은하에서 다른 은하로의 이동도 가능하다고 주장한다. 생명체의 우주 기원설이라고도 한다.

변이(mutation) 어떤 영향으로 생물체가 가지고 있는 유전 정보가 변하고 이렇게 변화된 유전 정보가 자손에게 전달되는 것을 변이라고 한다. 개체 안에서 일어나는 작은 변이들이 쌓이면 전혀 다른 생명체로 변해 갈 수도 있다.

별(star) 자체 중력에 의해 한곳에 밀집된 기체와 먼지가 높은 온도와 압력에 의해 핵융합 반응을 일으켜서 전체 질량을 높은 온도로 유지해서 밝게 빛나는 천체.

별자리(constellation) 지구에서 볼 때 하늘에 보이는 별들의 모임. 동물, 행성, 과학 기자재, 신화에 나오는 주인공의 이름을 따라 이름이 지어졌고, 드물게 별들의 배열 모양을 따라 이름이 지어지기도 했다. 하늘에는 88개의 별자리가 있다.

보이저 탐사선(Voyager spacecraft) 1977년 9월에 발사된 보이저 1호와 1977년 8월에 발사된 보이저 2호는 목성, 토성, 천왕성, 해왕성에 접근해 많은 자료와 사진을 지구에 전송해 이 거대 행성들에 대해 많은 것을 새로 알게 해 주었다. 보이저 1호는 토성을 지난 후 우주의 항해자가 되기 위해 우주로 뛰어 들었지만, 보이저 2호는 토성을 지난 후에도 1989년까지 천왕성과 해왕성의 자료를 수집해 지구에 보내왔다. 보이저 우주선들은 목성, 토성, 천왕성, 그리고 해왕성의 자세한 사진은 물론 48개나 되는 이들의 위성, 이들을 둘러싸고 있는 고리, 자기장, 대기의 움직임에 대한 많은 자료를 지구로 전송했다.

복사선(radiation) 전자기파 복사선의 줄임말.

복제(replication) DNA를 이루고 있는 꼬인 사슬이 두 갈래로 갈라지고 이 두 갈래의 사슬이 각각 똑같은 유전 정보를 지닌 사슬을 만들어 내는 과정.

부정형 은하(irregular galaxy) 나선 은하도 아니고 타원 은하도 아닌, 일정한 형태가 없는 은하.

분리의 시기(time of decoupling) 우주의 역사에서 광자의 에너지가 원자와 상호 작용하기에는 너무 낮아져서 원자들이 광자들의 영향에서 벗어나 스스로 존재할 수 있게 된 시기. 이 시기 전에는 가시광선의 광자들이 전자와 상호 작용해 양성자와 전자가 결합해 원자를 형성하는 것을 방해했기 때문에 양성자와 전자가 떨어져 플라스마 상태를 유지하고 있었다. 따라서 가시광선이 자유롭게 공간을 날아다닐 수가 없었다. 그러나 가시광선의 에너지가 양성자와 결합해 원자를 만든 전자와 상호 작용할 수 없을 정도로 작아지자 원자는 광자의 간섭에서 벗어나게 되었고, 우주는 가시광선으로 볼 때 투명한 우주가 되었다.

분자(molecule) 2개 이상의 원자가 결합해 화학적으로 안정한 상태를 이루고 있는 것.

분해능(resolution) 카메라, 망원경, 현미경과 같은 광학 기기가 빛을 분석해 낼 수 있는 능력. 망원경의 분해능은 큰 반사경이나 렌즈를 사용하면 향상된다. 지상에 설치된 망원경의 분해능은 공기의 영향으로 감소된다.

블랙홀(black hole) 중력이 매우 강해서 빛을 포함한 모든 것이 빠져 나올 수 없는 천체. 중심으로부터 물체의 탈출이 불가능한 지점까지의 거리를 블랙홀 반지름이라고 한다.

블랙홀 반지름(black hole radius) 태양 질량의 M배 질량을 가지는 천체의 블랙홀 반지름은 $3M$킬로미터이다. 이것을 사건의 지평선이라고도 한다.

빅뱅 우주론(big bang theory) 약 140억 년 전에 빅뱅과 함께 우주에 물질과 공간이 존재하게 되었다는 학설. 우주는 현재도 모든 방향으로 팽창하고 있다. '대폭발 우주론'이라고도 한다.

사건의 지평선(event horizon) 블랙홀 반지름을 일컫는 시적인 이름. 블랙홀의 중심으로부터 다시는 돌아올 수 없는 지점까지의 거리. 이 점을 지나 블랙홀 속으로 들어가면 아무것도 밖으로 나올 수 없다. 사건의 지평선은 블랙홀의 가장자리로 간주된다.

산소(oxygen) 원자핵에 양성자 8개를 가지고 있는 원소. 산소의 동위 원소들은 중성자 7~12개를 포함하고 있다. 대부분의 산소 원자들은 중성자 8개를 가지고 있다.

생명(life) 스스로 재생산과 진화가 가능한 물질.

생명 거주 가능 영역(habitable zone) 별 주위의 일정한 공간으로 별의 열에 의해 액체 상태의 용매가 존재할 수 있는 지역이다. 별을 둘러싸고 있는 구형의 공간으로서 안쪽 경계와 바깥쪽 경계가 있다. 지구는 태양계의 생명 거주 가능 영역에 형성되었다. 금성은 그보다 안쪽에, 화성은 바깥쪽에 형성되었다.

섭씨 온도(Celsius temperature) 스웨덴의 천문학자 안데르스 셀시우스(Anders Celsius, 1701~1744년)가 1742년에 제안한 온도 체계. 1기압에서 물이 어는 온도를 0도, 물이 끓는 온도를 100도로 정한 온도이다.

성간 구름(interstellar cloud) 별 사이의 공간 중에서 평균보다 기체와 먼지의 밀도가 높은 지역으로 지름은 수 광년이나 되고 밀도는 1세제곱센티미터당 수십 개의 원자부터 수백만 개의 분자까지 다양하다. 성간 구름은 별이 형성되는 지역이다.

성간 기체(interstellar gas) 은하 내의 별과 별 사이의 공간을 성간 공간이라고 하는데 이 공간에는 많은 양의 기체와 먼지가 분포해 있다. 성간 공간에 흩어져 있는 기체를 성간 기체라고 한다.

성간 먼지(interstellar dust) 수백만 개의 원자들로 이루어진 우주 먼지는 적색 거성의 표면에서 공간으로 방출된 것이 대부분이다. 이 먼지는 성간 구름 속에 포함되어 있다가 별이나 행성의 형성에 참여해 수소와 헬륨보다 원자량이 큰 원소를 많이 포함하고 있는 별과 행성을 탄생시킨다. 지구도 우주 먼지를 많이 포함하고 있던 성간 구름 속에서 형성되었다.

성단(star cluster) 같은 시기에 같은 장소에서 형성된 별들이 서로 잡아당기는 중력에 의해 수십억 년 동안 무리를 유지하고 있는 것. 은하 형성 초기에 은하와 함께 만들어진 구상 성단과, 은하 내 성간 구름에서 동시에 만들어진 별들로 이루어진 산개 성단이 있다. 주로 나이가 많고 붉은 별을 포함하고 있는 구상 성단은 수천만 개의 별로 이루어졌으며 우리 은하에는 현재 200개 정도가 있다. 젊고 푸른 별을 많이 포함하고 있는 산개 성단은 수천에서 수만 개의 별들로 이루어져 있다.

성운(nebula) 기체와 먼지 입자 들이 높은 밀도로 분포해 있는 것. 대개는 성운에서 탄생한 젊고 밝은 별의 빛을 받아 밝게 빛난다.

세균(bacteria) 지구상에 살고 있는 생명체의 세 영역 중의 하나로 유전 물질을 가지고 있는 잘 구획된 핵을 가지고 있지 않은 단세포 생물. '박테리아'라고도 한다.

SETI(Search for Extraterrestrial Intelligence) 외계 생명체를 찾기 위한 프로젝트의 명칭.

소마젤란 은하(Small Magellanic Cloud) 우리 은하의 두 위성 은하 중 작은 은하.

소행성(asteroid) 암석이나 암석-금속 혼합물로 이루어진 천체. 화성과 목성 사이에서 태양을 돌고 있으며 지름은 수백 미터부터 1,000킬로미터에 이르기까지 다양하다. 소행성과 여러 가지로 비슷하지만 크기가 훨씬 작은 천체를 운석이라고 한다.

수소(hydrogen) 우주에 가장 풍부하게 존재하는 원소로 원자핵에 하나의 양성자를 가지고 있어 가장 가벼운 원소이다. 수소의 동위 원소는 0~2개의 중성자를 가지고 있다. 중성자 하나를 가지고 있는 수소의 동위 원소를 중수소, 중성자를 2개 포함하고 있는 수소의 동위 원소를 삼중수소라고 한다. 수소와 중수소는 안정한 동위 원소지만 삼중수소는 불안정한 동위 원소이다.

스펙트럼(spectrum)　빛을 진동수나 파장에 따라 분리해 놓은 것. 때로는 각각의 파장을 가지는 광자의 수를 그래프로 나타낸 것.

승화(sublimation)　고체가 액체 상태를 거치지 않고 기체로 변하거나 반대로 기체가 액체 상태를 거치지 않고 고체로 변하는 것. 지구의 온도와 대기압 하에서는 이산화탄소 기체가 드라이아이스로, 드라이아이스가 이산화탄소 기체로 승화한다. 그러나 대기압이 지구 대기압의 100분의 1밖에 안 되는 화성에서는 얼음도 액체 상태를 거치지 않고 기체인 수증기로 승화한다.

시공간(space-time)　공간을 이루는 3차원과 함께 시간도 하나의 차원으로 취급하는 수학적인 공간. 특수 상대성 이론에서는 자연이 시공간에서 가장 잘 기술될 수 있다는 것을 보여 주었다. 시공간에서는 모든 사건에 3차원 공간에서의 위치와 함께 시간도 주어져야 한다. 수학적으로 볼 때 공간과 시간의 구별은 아무 의미가 없다.

식(eclipse)　하나의 천체가 다른 천체의 전부, 또는 일부를 가리는 현상. 관측자가 볼 때 하나의 천체가 다른 천체 뒤에 올 때 일어난다. 달이 태양을 가리는 것을 일식, 지구가 태양 빛을 가려 달이 어둡게 보이는 것을 월식이라고 한다. 이외에도 달이 다른 별들을 가리는 성식도 있고 달이 행성을 가리는 행성식도 있다.

아미노산(amino acid)　작은 분자의 한 종류로 13~27개의 탄소, 질소, 수소, 산소 원자로 구성되어 있다. 아미노산 분자가 길게 연결되어 단백질 분자를 이룬다. 자연에는 20가지의 아미노산이 있으며 이들이 결합하는 방법에 따라 수없이 많은 종류의 단백질이 합성된다. DNA 속에 포함되어 있는 유전 정보는 대부분 특정 단백질을 합성하는 아미노산의 결합 순서이다.

안드로메다 은하(Andromeda galaxy)　우리 은하에서 약 240만 광년 떨어져 있는 나선 은하로 우리 은하가 속해 있는 국부 은하군에서 가장 큰 은하이다. M31, 또는 NGC224라는 목록 번호로 불리기도 하는 안드로메다 은하는 7개의 나선과 약 3000억 개의 별을 포함하는 나선 은하이다. 안드로메다 은하에서는 매년 수십 개의 신성이 관측되며, 수백 개의 산개 성단과 약 100개의 구상 성단도 관측되었다. 이 은하는 초속 275킬로미터의 속도로 우리 은하에 접근하고 있다. 안드로메다 은하는 M32, 또는 NGC221라고 불리는 타원 은하와

NGC205라고 불리는 타원 은하를 위성 은하로 가지고 있다.

암흑 물질(dark matter)　알려지지 않은 형태의 물질로 우주에 있는 모든 물질과 중력으로 상호 작용한다. 그러나 전자기파를 내거나 흡수하지 않으며, 보통의 물질과 중력이 아닌 다른 어떤 방법으로도 상호 작용하지 않는다. 암흑 물질의 존재는 은하단 내 은하들의 운동이나 은하에 분포해 있는 별들의 운동을 관찰해 알게 되었다. 은하나 별 들이 관측 가능한 물질만으로는 설명할 수 없는 운동을 하고 있었기 때문에 암흑 물질이 존재한다는 것을 알게 되었다. 최근에는 은하단이나 은하에 의한 중력 렌즈 현상을 관측해 암흑 물질이 존재한다는 것을 확인했다.

암흑 에너지(dark energy)　공간을 팽창하도록 하는 에너지로 암흑 에너지의 양은 우주상수의 값에 따라 달라진다. 오랫동안 우주는 최초의 빅뱅 이후 팽창 속도가 느려지는 감속 팽창을 하고 있을 것이라고 생각했다. 그러나 최근 관측 결과에서 우주는 팽창 속도가 빨라지는 가속 팽창을 하고 있다는 것이 밝혀졌다. 우주가 가속 팽창을 하도록 공간이 제공하는 에너지가 암흑 에너지이다. 그러나 암흑 에너지의 기원에 대해서는 아직 잘 모르고 있다.

약한 핵력(weak force)　네 가지 기본 힘의 하나로 10^{-13} 센티미터 이내에서만 작용한다. 어떤 종류의 기본 입자가 다른 입자로 바뀌는 데 관계하는 힘이다. 최근 연구에서는 약한 핵력과 전자기력이 같은 전자기약력의 다른 면이라는 것이 밝혀졌다.

양성자(proton)　모든 원자의 원자핵에서 발견되는 기본 입자로 양전하를 띠고 있다. 원자핵 속에 들어 있는 양성자의 수가 원자의 종류를 결정한다. 예를 들어 양성자 1개를 가지고 있는 원소는 수소이고, 양성자 2개를 가지고 있으면 헬륨이며, 양성자 92개를 가지고 있는 원소는 우라늄이다.

양자 역학(quantum mechanics)　독일 물리학자 막스 플랑크는 물체에서 나오는 전자기파의 에너지는 연속적인 양이 아니라 어떤 최솟값의 정수 배로 표현되는 불연속적인 양이라는 것을 밝혀냈다. 에너지가 가지는 이러한 불연속성은 특정한 경계 조건 하에서 모든 물리량이 가지는 보편적인 성질이다. 양자 물리학에서는 양자화되어 있는 불연속적인 물리량을 파동 함수를 이용해 다루고 그 결과를 확률적으로 해석한다. 양자 물리학은 물리량의 최소 단위가 중요한 역할을 하는 원자보다 작은 세계에서 일어나는 현상을 이해하고 기술하는 데 성공을 거두어 현대 과학의 발전을 견인해 왔다.

에너지(energy)　일을 할 수 있는 능력. 물리학에서는 역학적 에너지는 힘과 이 힘으로 움직인 거리의 곱으로 정의한다. 에너지에는 역학적 에너지 외에도 전기 에너지, 열 에너지, 핵 에너지, 화학 에너지 등 여러 가지 형태의 에너지가 존재하며 질량도 에너지로 변할 수 있기 때문에 에너지로 환산해 나타내기도 한다. 에너지 보존 법칙에 따라 모든 형태의 에너지를 합한 우주의 총 에너지는 항상 일정해야 한다.

AGN(active galaxtic nucleus) 활동적인 은하핵을 가지고 있는 은하.

엑스선(X-ray) 자외선과 감마선 사이의 파장과 진동수를 가지는 전자기파. 독일 물리학자 빌헬름 콘라트 뢴트겐(Wihelm Konrad Röntgen, 1845~1923년)이 발견했다. 엑스선은 파장이 짧아 투과력이 좋지만 원자를 쉽게 이온화시킬 수 있는 큰 에너지를 가지고 있어 생물체에게는 위험한 전자기파이다. 따라서 꼭 필요한 경우를 제외하고는 엑스선에 노출되지 않도록 주의해야 한다.

역학(mechanics) 힘과 운동의 관계를 연구하는 물리학의 한 분야. 천체에 적용한 것을 천체 역학이라고 한다. 역학에는 뉴턴의 운동 방정식을 바탕으로 하는 고전 역학과 아인슈타인이 제안한 상대성 이론, 그리고 1920년대 성립된 양자 물리학을 바탕으로 하는 양자 역학이 있다. 열 현상과 관계된 역학을 열 역학이라고 부르기도 한다.

열 에너지(thermal energy) 물체(고체, 액체, 기체)를 이루는 원자나 분자의 진동 운동 에너지. 물질을 이루는 원자나 분자는 정지해 있는 것이 아니라 빠르게 운동하고 있다. 물체를 이루는 입자들의 이런 무작위한 운동을 열 운동이라고 한다. 입자들의 열 운동에 의한 에너지를 모두 합한 것이 열 에너지이다. 물체를 이루는 입자들이 모두 같은 방향으로 움직이면 물체의 위치가 변하게 되고, 이런 경우에 물체가 가지는 에너지는 운동 에너지라고 한다.

열핵융합(thermonuclear fusion) 양전하를 가진 원자핵이 합쳐서 큰 원자핵으로 변하게 하기 위해서는 전기적 반발력을 이기고 원자핵을 구성하고 있는 입자들(양성자, 중성자) 사이에 강한 핵력이 작용할 수 있는 거리까지 접근시켜야 한다. 그러기 위해서는 원자핵이 빠르게 운동하도록 해야 하는데 열 에너지를 이용해 원자핵을 필요한 속도까지 높여 핵융합 반응이 일어나게 하는 것을 열핵융합 반응이라고 한다. 별 내부에서나 원자핵에서는 모두 열핵융합 반응에 따라 핵융합 반응이 일어나고 있다. 따라서 단순히 핵융합이라고 해도 그것은 열핵융합을 뜻한다.

염색체(chromosome) 하나의 DNA 분자와 그 분자와 관계된 단백질. 염색체에 포함되어 있는 유전 정보는 세포 복제를 통해 전달된다.

오르트 구름(Oort cloud) 네덜란드의 전문학자로 레이던 대학교 교수 및 레이던 천문대(Leiden Observatory) 대장을 지냈던 얀 오르트가 처음 제안한 것으로, 지구 궤도 반지름의 수천 배, 또는 수만 배 되는 곳에 태양계를 이루고 남은 수많은 물질이 태양을 돌며 형성하고 있는 구름을 말한다. 여기서 혜성이 만들어진다. 혜성은 태양에 가까이 접근할 때마다 많은 물질에 해당하는 질량을 공간에 뿌리기 때문에 질량이 줄어들어 그 수명은 수백만 년을 넘을 수 없다. 태양계의 나이가 46억 년이 넘는 오늘날에도 혜성이 계속 발견되는 것은 이곳에서 혜성이 계속 만들어지고 있기 때문이다.

오존(ozone, O₃) 산소 원자 3개로 이루어진 분자. 지구 대기의 상층부에서 오존은 자외선 으로부터 지구를 보호하고 있다.

온도(temperature) 물체를 이루고 열 운동하는 입자들은 모두 다른 크기의 운동 에너지 를 가지고 있다. 절대 온도는 물체를 이루는 입자들의 열 운동에 의한 평균 운동 에너지에 비 례한다. 따라서 절대 온도가 2배가 되면 입자들의 운동 에너지도 2배가 된다. 질량이 큰 입자 나 작은 입자나 같은 온도에서는 모두 같은 크기의 평균 운동 에너지를 가진다. 따라서 같은 온도에서 같은 운동 에너지를 가지기 위해서는 질량이 작은 입자일수록 **빠르게** 운동하고 질 량이 큰 입자일수록 천천히 운동해야 한다.

온실 효과(greenhouse effect) 행성의 대기를 이루고 있는 기체 분자들은 파장이 짧은 가시광선은 잘 흡수하지 않지만 파장이 긴 적외선은 잘 흡수한다. 태양은 온도가 높은 물체 이므로 파장이 짧은 가시광선을 주로 내고 이런 전자기파는 대기층을 통과해 행성 표면에 쉽 게 도달해 표면을 이루고 있는 물질에 흡수되어 행성 표면의 온도를 올린다. 행성 표면은 온 도가 낮아 파장이 긴 적외선을 내는데 적외선은 대기층에 흡수되어 대기층의 온도를 높인다. 적외선을 잘 흡수하는 이산화탄소와 수증기가 대기 중에 많이 포함되어 있으면 이런 현상이 더욱 뚜렷하게 나타나 행성 전체의 온도가 올라가게 된다. 이런 현상은 유리 온실에서도 일어 나기 때문에 온실 효과라고 부르게 되었다.

외계 행성(exosolar planet, extrasolar planet) 태양이 아닌 다른 별을 돌고 있는 행 성. 1990년대 이전에는 외계 행성의 존재가 확실하지 않았다. 그러나 1990년대에 태양에서 비교적 가까운 곳에 있는 별에서 100개가 넘는 외계 행성이 발견되었고, 성운에서 형성 단계 에 있는 별 주위에서도 행성을 형성할 것이라고 믿어지는 원행성면이 발견되어 태양이 아닌 다른 별도 자신을 돌고 있는 행성을 가지는 것이 보편적인 현상이라는 것을 알게 되었다.

용매(solvent) 다른 물질을 용해시킬 수 있는 액체. 물은 가장 좋은 용매로 많은 종류의 물질을 용해시킬 수 있다. 그러나 유기물은 아세톤과 같은 유기 용매에 잘 녹는다. 용매에 녹 아 들어가는 물질을 용질(solute)이라 하고 용매에 용질이 녹아 있는 것을 용액(solution)이라 고 한다. 용액 속에서는 원자와 분자 들이 자유롭게 떠다닐 수 있어 분자와 원자들 사이의 상호 작용으로 활발한 화학 반응이 일어날 수 있다.

WMAP(Wilkinson Microwave Anisotropy Probe) NASA가 2001년 6월 30일에 발사한 WMAP은 3개월의 여행 끝에 2010년 10월 1일 지구에서 150만 킬로미터 떨어진 곳에 있는 라그랑주 점(Lagrangian point, 지구의 중력과 태양의 중력이 균형을 이루어 준안정 상태에 있는 지점)에 도달해 지구를 따라 태양 궤도를 돌면서 우주 배경 복사를 관측하기 시작했다. 2002년 4월에는 첫 번째로 전 하늘에 대한 우주 배경 복사 지도를 완성했고, 그해 8월에는 두 번째 전체 하늘의 우주 배경 복사 지도를 작성했다. 2003년 2월에는 처음으로 WMAP의 관측 결과가 일반인에게 공개되었다. 그 후에도 WMAP은 태양 궤도를 돌면서 더 정밀한 우주 배경 복사 지도를 작성하기 위해 자료를 수집하고 있다.

우주(cosmos) 존재하는 모든 것을 우주라고 한다. 따라서 우주는 하나밖에 없다. 영어로는 'universe'라고 하는데 이 단어에는 '하나뿐인 세상'이라는 뜻이 담겨 있다. 그러나 우주학자들 중에는 우리 우주 밖에 또 다른 우주가 존재할 수 있다고 가정하고 그렇게 여러 개의 우주로 이루어진 것을 다중 우주(multiverse)라고 부르기도 한다.

우주 배경 복사(cosmic background radiation, CBR) 빅뱅 초기에는 우주의 모든 물질이 에너지 형태로 존재했다. 큰 에너지를 가지는 광자는 물질을 만들었지만 물질은 곧 소멸해 다시 광자가 되는 일이 되풀이되었다. 그러나 우주가 팽창함에 따라 우주의 온도가 내려가 광자의 에너지가 작아지자 광자는 더 이상 물질을 만들어 낼 수 없게 되었다. 광자와 물질 사이의 교환이 끝 난 후에는 광자는 그대로 광자로, 물질은 그대로 물질로 남아 현재의 우주를 만들었다. 광자와 물질의 변환이 정지된 시기에 우주에 남아 있던 광자들은 아직도 우주 전체에 골고루 퍼져 있다. 이제는 온도가 낮아져 2.73켈빈의 복사선이 되었다. 우주 배경 복사는 우주 초기에 대한 여러 가지 정보를 가지고 있는 중요한 우주 고고학적 유물이다.

우주 상수(cosmological constant) 아인슈타인이 우주의 행동을 기술하기 위해 자신의 방정식에 처음 도입한 상수. 후에 우주가 정상 상태에 있는 것이 아니라 팽창하고 있다는 것이 밝혀져 우주 상수가 필요 없는 것으로 판명되기도 했다. 하지만 최근 관측에서는 우주가 점점 더 빠른 속도로 가속되고 있다는 것이 밝혀져 우주 상수가 다시 필요해졌다. 이 힘의 원인은 공간이 포함하고 있는 암흑 에너지라고 부르는 에너지 때문인 것으로 추정되고 있다.

우주학(cosmology) 우주 전체의 구조와 진화 과정을 연구하는 학문.

우주학자(cosmologist) 우주의 기원과 우주 전체의 구조에 대해 연구하는 천체 물리학자.

운동 에너지(kinetic energy) 운동하는 물체가 가지고 있는 에너지. 질량에 속도의 제곱을 곱한 값의 절반이 이 물체가 가지고 있는 운동 에너지이다. 따라서 같은 속력으로 움직일 때는 트럭과 같이 질량이 큰 물체가 자전거와 같이 질량이 작은 물체보다 더 큰 운동 에너지를 갖는다.

운석(meteorite, meteoroid) 대기층을 뚫고 지구 표면에 도달한 천체, 또는 행성 사이의 공간에 떠돌아다니는 소행성보다 작은 천체. 보통 암석, 금속, 암석-금속 혼합물로 이루어졌다. 태양계가 형성되고 남은 부스러기이거나 태양계 내 천체들의 충돌로 만들어진 조각들이다. 영어에서는 우주 공간에 떠돌아다니는 운석을 'meteoroid', 대기층을 뚫고 지상에 도달한 것을 'meteorite'라고 구별한다.

원소(element) 원자핵 속에 들어 있는 양성자의 수로 구별되는 물질의 기본 요소. 우주의 모든 물질은 가장 작은 원소인 수소(원자핵 속에 양성자 1개를 가진다.)로부터 우라늄(원자핵 속에 양성자 92개를 가진다.)까지 92가지의 원소로 구성되어 있다. 우라늄보다 무거운 원소들은 실험실에서 만들어졌다.

원시 대기(primitive atmosphere) 행성 형성 초기의 대기. 지구 형성 초기의 대기는 현재의 대기와 전혀 다른 성분을 가지고 있어 대기 중에 산소가 거의 없었다. 지질학자들은 지질학적 조사를 통해 30억 년 전쯤에 지구 대기에 산소가 나타나기 시작했다는 것을 알아냈다. 산소를 가지고 있지 않았던 원시 대기는 생명체 형성에 좋은 환경을 제공했다. 그러나 대기 중에 산소가 나타난 이후에는 모든 것이 산화되어 생명체 형성을 방해하게 되었다.

원시 행성(protoplanet) 형성되고 있는 별 주변에서는 행성 형성도 진행되는데 행성 형성의 마지막 단계에 있는 천체를 원시 행성이라고 한다.

원시 행성 원반(protoplanetary disk) 형성 과정 중에 있는 별을 둘러싸고 있는 먼지와 기체로 이루어진 원반으로 이곳에서 행성이 형성된다.

원시성(protostar) 별은 우주 공간에 흩어져 있는 기체와 먼지 구름 속에서 형성된다. 큰 질량을 가지고 있는 기체와 먼지 구름의 어느 부분이 다른 부분보다 밀도가 높아지면 중력에 의해 이 부분으로 다른 물질들이 끌려온다. 그러기 위해서는 입자들의 운동 에너지가 충분히 작도록 온도가 낮아져야 한다. 별 형성 초기에는 중력이 약하기 때문에 온도가 높아 운동 에너지가 크면 운동 에너지에 의한 반발 때문에 별이 형성되지 않는다. 이처럼 기체와 먼지 구름 속에서 중력으로 물질을 모아 별을 형성하는 과정 중에 있는 천체를 원시성이라고 한다.

원자(atom) 전기적으로 중성인 가장 작은 입자로 양성자와 중성자로 이루어진 원자핵과 원자핵 주위를 돌고 있는 전자로 구성되어 있다. 보통의 원자는 양성자의 수와 전자의 수가 같아 전기적으로 중성이지만 이온이 되면 전자의 수가 양성자의 수보다 많거나 적다. 원자핵 주위를 돌고 있는 전자의 배열이 원자의 화학적 성질을 결정한다.

원핵 생물(prokaryote) 막으로 둘러싸인 잘 구획된 핵을 가지고 있지 않은 단세포 생물로 고세균과 세균이 여기에 속한다. 고세균과 세균은 내부에서 일어나는 화학 반응과 생성하는 물질이 서로 전혀 다르기 때문에 초기 진화 단계에서 분리되어 별도의 진화 과정을 겪었을 것으로 추정된다.

위도(latitude) 지구의 적도(0도)부터 북극(북위 90도)까지, 그리고 남극(남위 90도)까지 위치를 각도로 나타낸 것.

위성(satellite) 행성을 돌고 있는 작은 천체. 정확하게 말하면 위성이 행성을 돌고 있는 것이 아니라 두 천체가 공통 질량 중심을 중심으로 서로 돌고 있다. 그러나 질량 중심으로부터의 거리 즉, 공전 궤도 반지름이 질량에 반비례하기 때문에 질량이 훨씬 작은 위성이 훨씬 더 큰 궤도를 돌고 있어서 행성은 정지해 있고 위성만 움직이는 것처럼 관측되는 경우가 많다.

유기물(organic) 탄소를 기본 골격으로 이루어진 화합물. 탄소는 다양한 화합물을 만들 수 있는 원자 구조를 가지고 있다. 따라서 탄소를 기본으로 하는 화합물의 종류는 다른 원소를 기본으로 하는 모든 화합물의 종류보다 많다. 탄소 화합물이 가지는 이러한 다양성은 유기물이 생명체를 이루는 기본 물질이 될 수 있는 첫 번째 조건을 만족시키며, 분자 내 원자 사이의 결합력이 적당해 여러 가지 화학 반응이 쉽게 일어날 수 있는 것은 생명체를 이루는 물질로서의 또 다른 조건을 만족시킨다. 따라서 유기물은 지구 생명체를 이루는 기본 물질이 되었다.

유로파(Europa) 목성의 4대 위성 중에서 목성에 두 번째로 궤도가 가까운 위성으로 얼어 붙은 표면 아래에 액체로 된 바다를 가지고 있을 것이라고 추정되고 있다. 목성으로부터 약 67만 킬로미터 떨어져 있는 궤도에서 목성을 돌고 있는 유로파의 반지름은 달보다 조금 작은 약 1,569킬로미터이다.

유성(meteor) 지구는 태양 주위를 궤도를 따라 초속 약 30킬로미터의 속도로 태양을 공전하고 있다. 따라서 지구 공전 궤도 위에 흩어져 있는 운석이 지구를 만나면 이 운석은 초속 30킬로미터의 속도로 지구 대기와 충돌하게 된다. 이러한 충돌 시에는 공기와의 마찰로 작은 운석은 모두 타 버리게 되는데 이때 순간적으로 밝은 빛이 하늘을 가로질러 달리는 것처럼 보이는 것이 유성이다.

유성우(meteor shower) 지구가 태양을 공전하면서 운석이 많은 지역을 지나갈 때 하늘의 특정한 점으로부터 많은 수의 유성이 쏟아지는 것처럼 보이는 현상. 지구는 태양을 중심으로 공전하고 있으므로 1년 동안 계속 운동하는 방향이 변하게 된다. 지구가 사자자리를 향해 달리고 있는 계절에 유성우가 나타나면 유성들이 모두 사자자리에서 쏟아지는 것처럼 보인다. 이렇게 유성이 한 점에서 나타나는 것처럼 보이는 점을 복사점이라고 한다. 유성우는 복사점이 위치한 별자리 이름을 따라 사자자리 유성우, 페르세우스자리 유성우 등으로 불린다.

유전 정보(genetic code) DNA와 RNA 분자는 염기를 포함하는 뉴클레오타이드라는 단위가 연속적으로 이어져 만들어진다. 하나의 뉴클레오타이드 속에는 네 가지 염기 중에서 하나의 염기가 들어 있다. 이 염기의 배열 순서가 유전 정보이다.

유전체(genome) 한 생명체의 유전 정보를 가지고 있는 모든 DNA 분자를 통틀어 유전체, 또는 게놈이라고 한다. 최근에 인간의 게놈 지도가 완성되었는데 이것은 인간의 유전 정보를 구성하는 모든 유전자의 염기 서열을 밝혀냈다는 것을 뜻한다.

은하(galaxy) 수많은 별들로 이루어진 섬 우주. 수백만 개에서 수천억 개에 이르는 별들이 중력 작용으로 모여서 무리를 만들고 있으며 대개는 많은 양의 기체와 먼지 구름도 포함하고 있다. 은하는 타원으로 보이는 넓은 공간에 별들이 분포해 있는 타원 은하와 나선 팔을 가지고 있는 나선 은하, 일정한 모양이 없는 부정형 은하 등으로 나뉜다. 태양계가 속해 있는 우리 은하는 나선 은하이다.

은하단(cluster of galaxies) 작게는 수백만 개에서 많게는 수천억 개의 별들로 이루어진 은하들은 다시 수십 개에서 수천 개가 모여 집단을 형성하고 있다. 이런 은하들의 집단을 은하단이라고 한다. 우리 은하는 지름 약 300만 광년의 공간에 수십 개의 은하가 모여 있는 국부 은하군이라고 부르는 은하단에 속해 있다. 은하단을 이루는 은하들은 중력에 의해 묶여 있으며 질량 중심을 중심으로 공전하고 있다. 은하단에는 우리가 관측할 수 있는 은하와 기체와 먼지 외에도 많은 양의 암흑 물질이 포함되어 있다.

은하수(Milky Way) 태양계를 포함하고 있는 우리 은하를 영어로는 '은하수 은하(Milky Way galaxy)'라고 한다. 지구에서 보면 우리 은하의 별들은 하늘을 가로지르는 희뿌연 띠처럼 보인다. 우리나라에서는 하늘에 보이는 이 띠를 은하수라고 부른다. 따라서 우리 은하를 은하수 은하라고 부르기도 한다. 그러나 많은 문헌에서 은하수를 그냥 우리 은하, 또는 은하라고 번역하고 있다. 우리 은하에는 약 3000억 개의 별들과 많은 양의 기체와 먼지 구름, 그리고 암흑 물질이 포함되어 있다.

이산화탄소(carbon dioxide, CO_2) 탄소 원자 1개와 산소 원자 2개로 이루어진 분자. 탄소를 기본으로 하고 있는 유기물이 연소하면 이산화탄소와 물이 만들어진다. 이산화탄소는 매우 안정한 분자이기 때문에 인체나 다른 생명체에게 해로운 것은 아니다. 그러나 대기 중에 포함되어 있는 이산화탄소는 온실 효과를 나타내 기온을 상승시킬 수 있다. 대기 중 이산화탄소의 양이 증가하는 것을 막기 위해 여러 가지 조치를 취하는 것은 이 때문이다.

이심률(eccentricity) 타원의 납작한 정도를 나타내는 수로 두 초점 사이 거리와 주축 길이의 비이다.

이온(ion) 하나 이상의 전자를 잃거나 얻어서 전하를 띠게 된 원자. 원자 속에는 양전하를 띤 양성자와 음전하를 띤 전자가 같은 수만큼 들어 있다. 그러나 원자핵 주위를 돌고 있는 전자는 마찰 등에 의해 원자에서 떨어져 나가 다른 원자와 결합할 수 있다. 이때 전자를 잃은 원자는 양전하를 띠는 양이온이 되고 전자를 얻은 원자는 음전하를 띠는 음이온이 된다.

이온화(ionization) 하나 이상의 전자를 잃거나 얻어서 원자가 전하를 띤 이온이 되는 과정. 원자의 전자 배열에 따라 전자를 잃거나 얻는 경향도 다르고 그때 필요한 에너지도 달라진다. 원자에서 전자를 떼어 내 이온으로 만드는 데 필요한 에너지를 이온화 에너지라고 한다.

이중 나선(double helix) 여러 개의 뉴클레오타이드가 연결되어 만들어지는 DNA 분자는 나란히 연결된 두 가닥으로 이루어져 있다. 이 두 가닥의 뉴클레오타이드 사슬은 마치 비틀어진 사다리처럼 꼬여 있다. 이러한 DNA 분자의 구조를 이중 나선 구조라고 부른다.

일반 상대성 이론(general theory of relativity) 1915년에 아인슈타인이 제안한 이론으로 특수 상대성 이론을 가속되고 있는 물체에까지 확장한 이론이다. 일반 상대성 이론은 뉴턴 역학의 중력 이론으로는 설명할 수 없는 실험 결과를 성공적으로 설명해 낸 새로운 중력 이론이다. 일반 상대성 이론의 기초가 되는 등가 원리는 만약 우리가 우주선 안에 있다면 우리가 가속되고 있는지 아니면 우리가 같은 중력 가속도를 가지는 중력장 안에 있는지 구별할 수 있는 방법은 없다는 것이다. 이러한 간단한 원리로부터 출발한 일반 상대성 이론은 우리가 중력을 새롭게 이해할 수 있도록 했다. 아인슈타인에 따르면 중력은 전통적인 의미의 힘이 아니라 질량 주위 공간의 곡률이다. 물체의 운동은 물체의 속도와 공간의 곡률에 따라 결정된다. 이러한 일반 상대성 이론은 중력장의 알려진 현상을 모두 설명할 수 있을 뿐만 아니라 직관적으로는 이해할 수 없는 여러 가지 현상을 예측해 주었다. 예를 들면 아인슈타인은 일반 상대성 이론을 이용해 강한 중력장이 빛을 굽어 가게 할 수 있다고 예측했고 그러한 예측은 개기일식 때 태양의 가장자리를 지나는 별빛의 관측을 통해 사실로 판명되었다. 일반 상대성 이론의 가장 거대한 응용은 팽창하고 있는 우주 공간이 우주 안에 있는 모든 은하들의 중력에 의해 휘어 있다는 것이다. 입자 물리학에서는 중력을 전달해 주는 입자인 중력자의 존재를 예측하고 있지만 아직 실험을 통해 확인되지는 않았다.

자연 선택(natural selection) 생물체는 자신과는 조금씩 다른 특성을 가지는 자손을 생산한다. 특성이 다른 여러 개체 중에서 어떤 개체가 살아남아 자손을 남길 것인가를 결정하는 것은 자연 환경이다. 환경에 좀 더 잘 적응할 수 있는 특성을 가진 개체는 살아남아 자손을 남길 확률이 크고 그렇지 못한 개체는 살아남아 자손을 남길 확률이 작다. 적자생존에 따른 자연 선택이 새로운 종으로 변화해 가는 원동력이 된다는 것이 자연 선택설이다. 다윈이 1859년에 발표한 『종의 기원』에서 처음으로 주장했다.

자외선(ultraviolet)　파장이나 진동수가 가시광선과 엑스선 사이에 있는 전자기파. 자외선은 가시광선보다 높은 에너지를 가지고 있어 생명체가 자외선에 과다 노출되면 생명체 내에서 여러 가지 예상치 못한 화학 작용이 일어날 수 있다.

자전(rotation)　자신의 축을 중심으로 회전하는 것. 지구는 23시간 56분 주기로 자전하고 있다.

자체 중력(self-gravitation)　물체의 한 부분이 다른 부분에 작용하는 중력. 천체가 포함하고 있는 질량이 너무 크면 자체 중력을 견디지 못하고 붕괴한다. 중성자별을 만들어 내는 초신성 폭발은 철 원자핵을 많이 포함하고 있는 별의 핵이 자체 중력을 견디지 못해 붕괴하면서 일어나는 현상이다.

적색 거성(red giant star)　주계열성 과정을 거친 후 다음 단계의 진화 과정에 있는 별로 중심부는 수축하고 외곽 층은 팽창한다. 중심부의 수축은 핵융합 반응을 발화시키고, 별을 밝게 만들어 에너지를 외곽에 축적해 외곽 층이 팽창하도록 한다.

적색 편이(red shift)　도플러 효과에 따라 빛이 진동수가 작은 쪽으로, 즉 파장이 긴 쪽으로 편향되는 현상. 광원의 운동에 의해 둘 사이에 거리가 멀어지고 있으면 관측자는 광원에서 오는 스펙트럼을 원래의 진동수보다 작은 값으로 관측하게 된다. 진동수가 작아지면 파장은 길어지므로 가시광선의 스펙트럼은 파장이 긴 붉은색 쪽으로 이동한 것처럼 보이기 때문에 적색 편이라고 부른다.

적외선(infrared)　가시광선보다 파장이 길고 진동수가 작은 전자기파로 물체를 이루고 있는 원자나 분자와 상호 작용해 원자나 분자의 운동을 활발하게 하기에 적당한 에너지를 가지고 있다. 적외선이 가지는 이런 성질을 적외선의 열 작용이라고 한다. 우리 주위에 있는 모든 물체도 적외선을 내고 있다. 이때 적외선의 파장은 물체의 온도에 따라 달라진다.

전자(electron)　음전하를 가지는 기본 입자 중 하나로 원자 내에서는 원자핵 주위를 돌고 있다.

전자기 복사(electromagnetic radiation)　온도가 0켈빈이 아닌 물체를 이루는 입자들은 열 운동을 하고 이러한 열 운동에 의해 전자기파를 낸다. 이때 물체는 온도에 따라 다른 파장의 전자기파를 낸다. 물체가 내는 모든 전자기파 에너지를 전자기 복사라고 한다.

전자기력(electromagnetic force)　전하를 가진 물체 사이에 작용하는 힘으로 자연에 존재하는 네 가지 기본 힘 중 하나이다. 전자기력의 크기는 거리의 제곱에 반비례한다. 최근 연구 결과에 따르면 전자기력과 약한 핵력은 하나의 힘인 전자기약력의 다른 면이다.

전자기약력(electro-weak force)　전자기력과 약한 핵력이 통일된 형태의 힘. 낮은 에너지에서는 두 힘이 서로 다른 양상으로 나타나지만 우주 초기와 같은 높은 에너지 상태에서는 통일되어 있었다.

전파(radio)　파장이 가장 길고 진동수가 가장 작아서 가장 작은 에너지를 가지는 전자기파. 전파는 주로 방송이나 통신용으로 사용되는데 파장에 따라 장파, 중파, 단파로 나뉘고 단파는 다시 파장에 따라 초단파, 극초단파 등으로 나뉘기도 한다. 초단파, 극초단파라는 이름은 전파 중에서 파장이 가장 짧은 전파라는 뜻으로 사용되는 이름으로 이름과는 달리 이들의 파장은 적외선보다 길다.

전하(electric charge)　기본 입자들의 고유한 성질 중 하나로 입자의 전하는 양, 음, 0일 수 있다. 다른 종류의 전하는 서로 잡아당기고 같은 종류의 전하는 서로 미는데 이런 힘을 전기력이라고 한다.

절대 온도(absolute(Kelvin) temperature scale)　물이 어는 온도를 273.16켈빈으로 하고 끓는 온도를 373.16켈빈으로 하는 온도 체계로, 켈빈 온도라고도 한다. 0켈빈은 이론적으로 가장 낮은 온도이다. 절대 온도는 물질을 이루는 입자들의 평균 운동 에너지에 비례한다. 따라서 절대 온도에 일정한 상수를 곱하면 입자들의 평균 에너지가 된다. 따라서 절대 온도가 2배가 되면 입자들의 운동 에너지도 2배가 된다.

제임스 웹 우주 망원경(James Webb Space Telescope, JWST)　2018년에 대기권 밖에서 작동할 수 있도록 준비 중인 우주 망원경으로 허블 망원경보다 커다란 반사경과 정밀한 장비를 가지게 될 것이다.

조석(tide)　부근에 있는 천체의 중력 작용으로 한쪽이 불룩하게 늘어나는 것. 부근에 있는 천체로부터의 거리가 달라서 중력이 모든 부분에 똑같이 미치지 않기 때문에 일어난다. 지구의 바다에 조석 현상이 생기는 것은 달의 중력 때문이다. 물과 같은 액체로 이루어진 바다에서는 조석 현상이 뚜렷하게 나타나서 쉽게 관측할 수 있지만 육지에 나타나는 조석 현상은 그 크기가 작아 쉽게 관측할 수 없다. 그러나 목성의 위성 이오는 질량이 큰 목성에 가까이 있어 목성이 커다란 중력이 조석력으로 작용한다. 그래서 이오의 내부에 많은 열이 발생해 활발한 화산 활동이 나타난다.

종(species) 생물의 분류 체계에서 가장 하위에 있는 분류. 여러 가지 해부학적 특징이 비슷하고 상호 교배가 가능한 생물들이 같은 종으로 분류된다.

중력(gravitational force) 자연에 존재하는 네 가지 힘 중의 하나로 항상 인력으로 작용한다. 두 물체 사이에 작용하는 중력의 크기는 두 물체의 질량의 곱에 비례하고 두 물체 사이의 거리 제곱에 반비례한다. 중력 이론은 뉴턴이 1687년에 발표한 『자연 철학의 수학적 원리(*Philosophiae Naturalis Principia Mathematica*)』에서 처음으로 제기되어 뉴턴 역학의 중요한 내용 중 하나가 되었다. 우주의 모든 물체에는 중력이 작용하고 있다는 뜻에서, 그리고 중력 이론이 우주 어느 곳에서나 성립하는 보편적인 원리라는 뜻에서 중력 법칙을 만유인력 법칙(Universal Law of Gravity)으로, 중력을 만유인력이라고 부르기도 한다.

중력 렌즈(gravitational lens) 렌즈가 빛을 모으거나(볼록 렌즈) 흩어지게 해(오목 렌즈) 상을 만들 수 있는 것은 빛이 유리를 통과할 때 휘는 성질이 있기 때문이다. 이와 마찬가지로 빛이 휘도록 하기에 충분히 강한 중력장을 가지고 있는 물체는 렌즈처럼 작용해 빛을 모을 수 있다. 여러 개의 은하로 이루어진 은하단이나 큰 은하가 그 뒤에 있는 은하에서 오는 빛을 모아 상을 만드는 중력 렌즈 현상이 많이 관측되었다.

중성미자(neutrino) 전하와 질량을 가지고 있지 않은 기본 입자 중 하나로 약한 핵력이 작용할 때 생성된다. 방사성 원소의 베타 붕괴 시에는 중성자가 붕괴해 전자와 양성자가 만들어진다. 물리학자 엔리코 페르미는 이때 나오는 전자의 에너지를 조사해 전하를 가지지 않는 제3의 입자도 생성되어야 한다는 것을 알게 되었다. 그 후 실험을 통해 페르미가 예측한 중성미자가 발견되었다.

중성자(neutron) 원자핵을 이루는 기본 입자로 전하가 0이다. 따라서 전기적인 인력이나 척력은 작용하지 않지만 강한 핵력은 작용한다. 중성자가 양성자와 함께 원자핵을 이룰 수 있는 것은 강한 핵력에 의한 인력 때문이다.

중성자별(neutron star) 초신성 폭발 후 남은 작은 천체(지름 32킬로미터 이하)로 대부분의 구성 물질이 중성자이며 밀도가 아주 커서 큰 배 2,000척이 1세제곱센티미터의 부피 속에 들어 있는 것과 같은 밀도이다.

진동수(frequency) 1초 동안 지나가는 파동의 수. 한 파동의 길이를 파장이라고 한다. 진동수와 한 파장의 길이를 곱하면 파동의 속도가 된다. 빛도 파동의 일종이어서 파동과 진동수를 가진다. 그런데 진공 속에서 빛의 속도는 진동수나 파장에 관계없이 항상 일정하다. 따라서 진동수와 파장은 반비례 관계에 있다. 진동수가 큰 빛은 파장이 짧고 진동수가 작은 빛은 파장이 길다.

진핵 생물(eukaryote) 핵막으로 둘러싸인 핵을 가지고 있는 생물로 하나의 세포로 이루어진 단세포 생물에서부터 수많은 세포로 이루어진 고등 생물에 이르기까지 다양하다. 진핵 생물은 원생 생물, 식물, 동물, 균류 등 네 가지로 분류할 수 있다. 일부 세균과 원생 생물, 그리고 대부분의 식물은 광합성을 통해 빛 에너지를 화학 에너지로 전환한다. 진핵 생물의 세포가 원핵 생물의 세포와 다른 가장 큰 특징은 세포가 여러 개의 구획으로 나뉘어 있다는 것이다. 진핵 생물의 세포는 세포 골격, 핵막으로 둘러싸인 핵, 미토콘드리아, 골지체 같은 소기관을 가지고 있다. 인간을 비롯해 우리 주변에서 관찰할 수 있는 대부분의 생물은 진핵 생물이다.

질량(mass) 물질의 양을 나타내는 것. 무게(weight)는 천체가 물체에 작용하는 중력이므로 질량과 같지 않다. 지구 표면에서 무게는 질량에 지구 중력에 의한 중력 가속도를 곱한 값이나. 지구상 한 지점에서 중력 가속도는 질량과 관계없이 일정하므로 무게는 질량에 비례한다. 따라서 대개는 무게를 측정해 간접적으로 질량을 결정한다.

질량 에너지(energy of mass) 아인슈타인의 특수 상대성 이론에 따라 질량이 얼마만큼의 에너지에 해당하는지 계산할 수 있게 되었다. 마찬가지로 에너지가 질량으로 변하면 얼마의 질량을 만들어 낼 수 있는지도 알 수 있다. 에너지와 질량 사이의 변환식 $E = mc^2$에 따라 질량을 에너지로 환산한 값을 질량 에너지라고 한다.

질소(nitrogen) 원자핵에 양성자 7개를 가지고 있는 원소. 질소의 동위 원소들은 6~10개의 중성자를 갖는다. 대부분의 질소 원자핵은 중성자 7개를 가지고 있다.

천문학자(astronomer) 우주를 연구하는 과학자. 주로 천체의 스펙트럼을 관측하기 이전에 우주를 연구하던 과학자를 가리킨다. 넓은 의미의 천문학자는 우주를 연구하는 모든 과학자를 지칭한다. 그러나 우주학자, 천체 물리학자, 우주 생물학자, 우주 공학자 등 우주와 관계된 연구 분야가 다양해진 현대에 와서는 천체를 관측해 천체 운동을 연구하던 이전 세기의 학자들만을 천문학자라고 부르기도 한다.

천체 물리학자(astrophysicist) 물리학의 법칙을 이용해 우주를 연구하는 과학자를 지칭하는 말로 현대에 와서는 천문학자라는 말 대신에 천체를 연구하는 학자들을 널리 일컫는 말이 되었다. 특히 스펙트럼 분석을 통해 천체를 연구하게 되면서부터 천체 물리학자라는 말이 보편적으로 사용되기 시작했다.

청색 편이(blue shift) 도플러 효과에 따라 빛의 진동수가 큰 쪽으로, 즉 파장이 짧은 쪽으로 편향되는 현상. 광원이나 관측자이 운동에 의해 거리가 가까워지면 관측자는 광원에서 오는 스펙트럼을 원래의 진동수보다 큰 값으로 관측하게 된다. 진동수가 커지면 파장은 짧아지므로 가시광선의 스펙트럼은 파장이 짧은 푸른빛 쪽으로 이동한 것처럼 보이기 때문에 청색 편이라고 부른다. 그러나 청색보다 파장이 더 짧은 자외선은 청색 편이에 의해 오히려 청색에서 멀어진다.

초거대 블랙홀(supermassive black hole) 태양 질량의 수백만 배가 넘는 질량을 가지는 블랙홀. 블랙홀은 두 가지, 즉 질량이 큰 별이 일생의 마지막 단계에서 붕괴해 만들어지는 블랙홀과 은하핵에 숨어 있는 블랙홀로 구분된다. 이중 은하핵에 숨어 있는 블랙홀은 질량이 태양 질량의 수백만 배나 되는 초거대 블랙홀로 은하의 형성에도 중요한 역할을 했을 것으로 추정된다.

초기 특이점(initial singularity) 한 점에 많은 물질이 모여 있어 밀도가 무한히 높은 곳을 특이점이라고 한다. 블랙홀의 중심부가 그런 예이다. 그런데 우주는 최초에 밀도가 아주 높았던 한 점으로부터 시작되었다. 우주가 시작된 이 점을 초기 특이점이라고 한다.

초신성(supernova) 여러 단계의 핵융합 반응을 거치면 별 내부에는 더 이상 핵융합할 수 없는 철 원자핵이 쌓이게 된다. 철 원자핵이 별의 질량에 의한 압력을 견뎌 낼 수 없으면 별의 핵이 중성자별로 바뀌는 빅뱅을 하게 된다. 폭발하는 동안에는 몇 주 동안에 엄청난 에너지를 내놓아 전체 은하보다 더 밝아진다. 이런 폭발을 초신성 폭발이라고 한다.

촉매(catalyst) 화학 반응에서 반응 물질 이외의 것으로 자신은 반응 전후에 양적으로나 질적으로 조금도 변하지 않으면서 반응 속도만 빠르게, 또는 느리게 하는 물질. 예를 들어 질소와 수소의 혼합 기체를 높은 압력에서 가열해 암모니아를 만들 때 이 기체 혼합물을 산화철을 주성분으로 하는 고체와 접촉시키면 반응 속도가 빨라져 반응이 용이하게 된다. 그러나 산화철에는 아무런 변화도 없다. 이 반응에서 산화철은 촉매로 작용한다.

카시니-하위헌스 우주선(Cassini-Huygens spacecraft) 1997년 10월 15일 미국 플로리다 우주 기지에서 발사되어 7년 동안 35억 킬로미터를 비행한 끝에 2004년 7월 1일 토성 궤도에 진입한 우주 탐사선. 카시니 하위헌스 우주선은 2004년 12월 24일 토성 최대 위성인 타이탄을 탐사할 하위헌스를 분리하고 2005년 1월 15일(한국 시각) 타이탄에 성공적으로 착륙시켜 많은 관측 자료를 보내왔다. 하위헌스는 낙하산으로 2시간 30분 동안 타이탄 표면으로 낙하하면서 타이탄 표면의 사진을 촬영하고 각종 관측 장비로 타이탄의 대기를 분석했다. 하위헌스가 타이탄으로 낙하하면서 8킬로미터 상공에서 찍어 전송한 사진에는 가파른 지형에 액체가 흐른 강바닥 같은 지형이 해안선처럼 보이는 곳으로 이어져 있는 모습이 나타나 있었다. 하위헌스의 착륙 지점을 찍은 또 다른 사진에는 높은 지대와 홍수로 쓸려 나간 듯이 보이는 낮은 평원, 그리고 해안선 같은 지형이 나타나 있었다. 하위헌스가 타이탄 표면에 착륙한 뒤 찍은 사진에는 젖은 모래로 이루어진 강바닥 같은 표면에 검은 바위들이 점점이 박혀 있는 모습이 나타나 있었다. 과학자들은 하위헌스가 보내온 사진 350여 장과 각종 자료를 정밀 분석해 지구로부터 15억 킬로미터 떨어져 있는 타이탄의 신비를 벗기게 될 것이다. 카시니 하위헌스 우주선은 토성 궤도에 머물면서 토성과 그 위성들에 관해 조사했으며, 2017년 9월 15일에 임무를 종료했다.

카이퍼 벨트(Kuiper Belt) 태양으로부터 40AU(명왕성의 평균 궤도 반지름) 떨어진 곳부터 수백 AU 떨어진 곳에 걸쳐 태양을 돌고 있는 물질들이 흩어져 있는 공간. 이 물질은 태양계 형성 초기의 원시 행성 원반에 있던 물질 조각들이다. 명왕성은 카이퍼 벨트에 있는 천체 중에 가장 큰 천체이다.

COBE(Cosmic Background Explorer) 1989년 11월 18일에 NASA의 고다드 우주 비행 센터(Goddard Space Flight Center)에서 발사된 COBE는 우주에 퍼져 있는 우주 배경 복사를 측정하기 위해 적외선 배경 복사 관측 장치(Diffuse Infrared Background Experiment, DIRB), 정밀한 마이크로파 우주 배경 복사 지도를 작성하기 위한 마이크로파 변화율 측정기(Differential Microwave Radiometer, DMR), 마이크로파 우주 배경 복사를 흑체 복사와 비교하기 위한 원적외선 분광기(Far Infrared Absolute Spectrometer, FIRAS)를 장착하고 우주 배경 복사 분포 지도를 성공적으로 작성했다. 이 지도에 처음으로 우주 배경 복사의 세기가 지역에 따라 10만분의 1 정도의 차이를 보이고 있다는 것을 알게 되었다.

퀘이사(quasar, quasi-stellar radio source) 1960년에 천체에서 오는 전파를 관측하던 천문학자들은 강한 전파를 발생시키는 천체를 발견하고 퀘이사라고 불렀다. 1963년 캘리포니아 공과 대학의 마틴 슈미트(Maarten Schmidt, 1929년~) 교수는 퀘이사가 내는 스펙트럼이 수소 스펙트럼으로 우리가 상상한 것보다 훨씬 큰 적색 편이를 나타내고 있다는 것을 밝혀냈다. 적색 편이를 이용한 계산 결과에 따르면 처음 발견된 3C273 퀘이사의 후퇴 속도는 광속의 15퍼센트였고, 뒤에 발견된 3C48 퀘이사는 광속의 30퍼센트나 되었다. 그 후 수백 개의 퀘이사가 발견되었는데 그중 가장 큰 적색 편이를 나타내는 OH471 퀘이사의 속도는 광속의 90퍼센트나 되는 것으로 계산되었다. 과학자들은 활발하게 활동하는 초거대 블랙홀을 가진 은하핵이 퀘이사라는 것을 알아냈다.

타원(ellipse) 평면상에서 두 초점으로부터의 거리 합이 같은 점들로 이루어진 폐곡선.

타원 은하(elliptical galaxy) 별들이 타원체 형태로 공간에 분포되어 있는 은하로 성간 물질을 거의 포함하고 있지 않으며 이 은하의 모습을 평면에 투영하면 타원 모양이 나타난다. 타원 은하는 중심으로부터 가장자리로 가면서 점차 어두워진다. 타원 은하의 전체 질량은 태양 질량의 수십만 배에서부터 1조 배가 넘는 것까지 다양하다.

탄소(carbon) 원자핵에 양성자 6개를 가지고 있는 원소. 탄소의 동위 원소들은 중성자

6~8개를 가지고 있다. 다른 원소와 결합해 다양한 분자를 형성할 뿐만 아니라 그렇게 형성된 탄소 화합물들은 그 결합력이 적당해 생명 현상을 유지하는 데 필요한 여러 가지 화학 반응이 원활하게 일어날 수 있다. 탄소의 이런 특성 때문에 탄소 화합물은 생물체를 이루는 기본 물질이 되었다.

탄수화물(carbohydrate) 탄수화물은 원소 탄소, 수소, 산소의 세 가지 원소로 이루어진 화합물로 주로 식물체 안에서 만들어지며, 동물의 주요 영양소의 하나이다. 탄수화물은 인간이 필요로 하는 에너지의 가장 많은 부분을 공급하는 에너지원으로, 그 외에도 혈당 유지, 단백질 절약 작용, 장내 운동성과 같은 주요 기능도 하고 있다.

탈출 속도(escape velocity) 천체의 중력을 이기고 천체로부터 영원히 멀어질 수 있는 최소한의 속도. 지구에서 공을 위로 던지면 공은 중력의 작용으로 위로 올라가면서 속도가 줄어들다가 다시 땅으로 떨어진다. 지구의 중력은 지구 중심에서부터의 거리가 증가함에 따라 작아진다. 따라서 공을 아주 큰 속도로 던져 올리면 지구의 중력권을 벗어나 우주로 날아갈 수도 있다. 이렇게 천체를 탈출하는 데 필요한 최소한의 속도를 탈출 속도라고 한다. 탈출 속도는 천체의 질량과 반지름에 따라 달라진다. 지구에서의 탈출 속도는 초속 약 11.3킬로미터이고 지구보다 질량과 반지름이 작은 화성에서의 탈출 속도는 초속 약 5.1킬로미터이다.

태양계(solar system) 태양과 그 주변을 돌고 있는 행성, 위성, 소행성, 유성, 혜성, 기체, 먼지를 통칭하는 말.

태양풍(solar wind) 태양에서 방출되는 에너지는 대부분 가시광선 영역의 복사 에너지로 방출된다. 하지만 극히 일부의 에너지는 가시광선보다 큰 에너지를 가지는 자외선, 그리고 태양풍이라 불리는 하전 입자의 흐름으로 방출된다. 태양풍은 매우 희박한 태양의 최상층 대기인 코로나가 고온으로 말미암아 팽창해 코로나를 이루고 있던 입자들이 외부 공간으로 방출된 것이다.

특수 상대성 이론(special theory of relativity) 아인슈타인이 1905년에 제안한 특수 상대성 이론은 공간과 시간, 그리고 운동의 개념을 바꾸어 놓았다. 이 이론은 두 가지 기초 위에 성립되었다. ① 빛의 속도는 광원이나 관측자의 속도와 관계없이 항상 일정하다. ② 정지해 있거나 등속도로 움직이고 있는 관성계에서 모든 물리 법칙은 같은 형태로 성립한다. 이 이론은 후에 가속하는 좌표계에까지 확장되어 일반 상대성 이론이 되었다. 아인슈타인이 제시한 두 가지 원리는 모든 관측자에게 사실이라는 것이 밝혀졌다. 아인슈타인은 상대성 이론을 이용해 우리의 직관에 반하는 여러 가지 사실을 논리적으로 증명했다. 이중에는 다음과 같은 것들이 포함된다. • 완전히 일치하는 동시적인 사건은 없다. 한 관측자에게 동시적이라고 관측되는 사건은 다른 관성계에 있는 관측자에게는 동시가 아니다. • 빠르게 운동하는 물체의 시간은 천천히 간다. • 빠르게 운동하면 질량이 증가한다. 따라서 속도가 빨라질수록 우주선 엔진의 효율은 떨어진다. • 빠르게 달리면 달릴수록 우주선은 짧아진다. 모든 물체는 운동하는 방향의 길이가 짧아진다. • 빛의 속도에서는 시간이 정지되고, 길이는 0이 되며, 질량은 무한대가 된다. 아인슈타인은 따라서 누구도 빛의 속도로 달릴 수 없다고 했다. 아인슈타인의 이런 이론적 예측은 실험을 통해 모두 옳다는 것이 증명되었다. 좋은 예가 반감기를 가진 방사성 원소의 붕괴이다. 방사성 동위 원소가 붕괴해 처음 양의 반만 남는 데 걸리는 시간이 반감기이다. 입자가 빛의 속도와 비교할 수 있을 정도로 빠른 속도로 달리면 (입자 가속기 속에서) 입자의 반감기가 상대성 이론이 예측했던 것만큼 길어진다. 속도가 빨라질수록 입자들을 가속하기가 더욱 어려워지는 것은 속도 증가에 따라 입자의 질량이 증가했기 때문이다.

파장(wavelength) 파동에서 마루와 마루 사이 거리 즉, 한 파동의 길이를 파장이라고 한다.

판 구조론(plate tectonics) 지각은 여러 개의 판으로 이루어져 있는데 이 판들은 각각 고유한 방향으로 움직이고 있다. 따라서 판의 경계면에서는 판들이 다가와 충돌하기도 하고, 멀어지기도 한다. 판이 다가와 충돌하는 경계면에서는 높은 습곡 산맥이 만들어지고, 멀어지는 경계면에서는 해령이 형성된다. 판의 경계면을 따라 활발한 활동을 하는 화산들이 분포해 있고, 지진이 자주 발생한다.

펄서(pulsar) 중성자별은 빠르게 회전하면서 주기가 짧은 전파를 발생시킨다. 처음에는 이것이 중성자별인 줄 몰랐기 때문에 펄서라고 불렀다. 펄서는 1967년에 휴이시와 벨이 전파 망원경을 통해 수집한 자료를 조사하는 과정에서 처음 발견했다.

핵(nucleus) 핵이라는 이름으로 불리는 것에는 여러 가지가 있다. ① 양성자와 중성자로 이루어진 원자의 중심 부분은 원자핵이다. ② 세포 속에 유전 정보를 가지고 있는 물질이 들어 있는 막으로 둘러싸인 부분은 세포 핵이다. ③ 초거대 블랙홀이 자리 잡고 있을 것으로 생각되는 은하의 중심 부분은 은하핵이다. ④ 고온, 고압 하에서 핵융합 반응이 일어나고 있는 별의 중심 부분은 별의 핵이다. ⑤ 목성, 토성, 천왕성, 해왕성과 같이 기체로 이루어진 행성의 중심 부분에 암석으로 구성되어 밀도가 높은 부분은 행성의 핵이다.

핵분열(fission) 커다란 원자핵이 2개 이상의 작은 원자핵으로 분리되는 것. 철 원자핵보다 큰 원자핵이 분열하면 에너지가 방출된다. 핵분열(원자핵 분열이라고도 한다.)은 원자력 발전소의 에너지원이다. 원자핵을 이루는 핵자(양성자와 중성자)들의 평균 결합 에너지는 양성자 26개와 중성자 30개를 가지고 있는 철 원자핵이 가장 크고, 이보다 핵자 수가 작거나 크면 결합력이 작아진다. 따라서 철 원자핵보다 작은 원자핵은 융합을 통해, 철 원자핵보다 큰 원자핵은 분열을 통해 더 안정한 원자핵으로 변환되면서 에너지를 방출할 수 있다.

핵산(nucleic acid) DNA 분자와 RNA 분자를 통틀어 핵산이라고 한다.

핵융합(fusion) 작은 원자핵이 융합해 큰 원자핵을 만드는 것. 철 원자핵보다 작은 원자핵이 융합하면 더 안정한 원자핵이 만들어지면서 에너지가 나온다. 핵융합 반응은 수소 폭탄과 모든 별의 에너지원이다. 같은 종류의 전하를 가진 원자핵이 접근해 서로 핵융합을 하기 위해서는 원자핵이 강한 전기적 반발력을 이길 수 있는 높은 운동 에너지를 가져야 하는데 이 에너지는 대개 고온의 열 에너지로부터 얻어진다. 따라서 핵융합을 열핵융합이라고도 한다.

행성(planet) 별을 돌고 있는 천체로 스스로 빛을 내지 않고 별의 빛을 받아 반사하는 천체. 명왕성보다 큰 것을 행성, 작은 것은 소행성이라고 한다.

허블 법칙(Hubble's law) 현재 우주가 팽창하는 것을 나타내는 법칙으로 은하의 후퇴 속도는 은하까지의 거리에 비례한다는 법칙이다. 허블은 은하에서 오는 빛의 스펙트럼을 분석해 은하가 우리 은하로부터 멀어지고 있다는 것을 발견했다. 은하가 멀어질 때는 은하에서 오는 빛의 스펙트럼이 적색 편이를 나타낸다. 그런데 적색 편이의 정도, 즉 멀어지는 속도가 은하까지의 거리에 비례한다는 것을 알게 되었다. 따라서 은하 스펙트럼의 적색 편이 정도로부터 이 은하까지의 거리를 계산할 수 있게 되었다.

허블 상수(Hubble's constant) 은하까지의 거리와 은하의 후퇴 속도 사이의 비례 상수로 허블 법칙에 들어 있는 상수. 허블 상수를 정확히 구하기 위해서는 후퇴하는 천체의 시선 속도와 거리를 정확히 측정해야 한다. 하지만 정확한 측정을 하는 데는 여러 가지 복잡한 문제가 있다. 허블 상수 측정을 어렵게 하는 요인은 아주 많지만 그중 중요한 것들은 다음과 같다. 우리 은하는 회전하므로 태양은 은하 중심에 대해 초속 약 215킬로미터의 접선 속도를 갖는다. 이것은 먼 곳에 있는 은하에서 오는 스펙트럼의 적색 및 청색 편이에 계통적 오차를 줄 수 있으므로 관측된 적색 편이에 이 영향을 보정을 해야 한다. 적색 편이는 먼 천체로부터 오는 빛의 진동수 분포를 왜곡시킬 수가 있다. 그래서 가시광선과 청색광 영역의 세기가 근거리에서 오는 빛보다 크게 나타난다는 것을 간과해서는 안 된다.

허블 우주 망원경(Hubble Space Telescope) 허블 우주 망원경은 가시광선, 적외선, 자외선 영역의 관측을 목적으로 1990년 4월 24일 우주 왕복선 디스커버리(Discovery) 호를 통해 지상으로부터 500킬로미터 떨어진 궤도 위에 올려진 천체 망원경이다. 미국 천문학자 허블의 이름을 따서 명명된 이 망원경은 NASA와 ESA가 공동으로 지구 대기의 방해를 받지 않고 천체를 관측할 수 있도록 설계한 우주 망원경이다. 무게는 11.3톤이며 주 반사경의 지름은 2.5미터, 경통의 길이는 약 13미터이다. 이 우주 망원경은 어두운 천체 관측용 분광기, 고속 측광기, 어두운 천체 관측용 사진기, 광역 행성 사진기 등을 장착하고 있으며 고성능 반사경을 가지고 있다. 지상에 설치되어 있는 다른 망원경들에 비하면 해상도는 10~30배이며 감도는 50~100배 정도로 뛰어난 성능을 지니고 있다. 1993년에는 우주 왕복선 인데버 (Endeavour) 호의 승무원들이 우주 수리를 통해 허블 망원경의 결함을 고치고 보완했다.

헤르츠(hertz) 진동수의 단위로 1초에 1번 진동하는 것을 1헤르츠라고 한다.

헤일로(halo) 은하의 가장 바깥쪽을 둘러싸고 있는 지역. 우리 은하를 둘러싸고 있는 헤일로는 크기가 약 15만 광년 이상인 타원체로 그 경계가 분명하지 않다. 헤일로에는 구상 성단과 오래된 별들이 약간 포함되어 있고, 일부 구상 성단은 대마젤란 은하보다 먼 약 23만 광년 떨어진 곳까지 분포해 있다. 구상 성단은 은하 중심에 대해 구형으로 분포하고 있으며, 은하 중심 방향에 집중되어 있다. 헤일로에는 구상 성단이나 별들과 함께 암흑 물질이 포함되어 있을 것으로 추정된다. 암흑 물질을 제외한 헤일로의 질량은 은하 전체 질량의 약 2퍼센트로 정도이다.

헬륨(helium) 두 번째로 가벼운 원소로 우주에 두 번째로 풍부하게 분포하는 원소이다. 원자핵에 양성자 2개와 중성자 2개를 가지고 있다. 별은 수소 원자핵(양성자)을 헬륨 원자핵으로 변환하며 에너지를 공급받고 있다.

혜성(comet) 혜성은 핵과 코마, 그리고 꼬리로 형성되어 있다. 핵은 운석 물질과 수소, 탄소, 질소, 산소의 화합물로 이루어진 얼음과 먼지 입자가 뭉친 덩어리로 이루어져 있다. 핵을 둘러싸고 있는 코마(coma)는 혜성이 태양에 접근함에 따라 핵의 온도가 높아져서 핵에서 증발된 수증기, 메테인, 암모니아 기체로 이루어져 있다. 코마의 지름은 10만 킬로미터나 되는 것으로 알려졌다.

호열성 생물(extremophile) 물이 끓을 정도의 온도에서 번성하는 생물.

화석(fossil) 고대 생물의 흔적.

화씨 온도(Fahrenheit temperature) 1726년 독일 출신의 물리학자 가브리엘 다니엘 파렌하이트(Gabriel Daniel Fahrenheit, 1686~1736년)가 제안한 온도 체계로 물은 32도에서 얼고 212도에서 끓는다.

효소(enzyme) 분자들이 특정한 방법으로 반응하는 장소를 제공해 촉매로 작용하는 단백질이나 RNA 분자로 특정한 화학 작용의 비율을 증가시킨다.

옮긴이 후기

『오리진』은 내게 특히 의미 있는 책이다. 벌써 오래전 일이지만 이 책을 처음 대했을 때의 감동이 아직 그대로 남아 있기 때문이다. 이 책을 통해 나는 우주, 태양계, 지구, 그리고 지구 생명체의 기원을 알아내기 위한 사람들의 열정과 노력을 느낄 수 있었다. 그리고 그런 노력에 의해 만들어진 우주 이야기가 주는 큰 감동을 맛볼 수 있었다. 나는 오래전에 『큰 인간 작은 우주』(사민서각, 1991년)라는 책을 쓴 적이 있다. 우주의 전반적인 내용을 다룬 그 책을 처음 쓰기 시작했을 때 생각했던 제목은 "작은 인간 큰 우주"였다. 그러나 책을 쓰면서 작은 지구에 살고 있는 인간이 우주에 대해 이런 이야기를 할 수 있다는 것 자체가 너무 놀랍다는 생각을 하게 되었다. 자신과는 비교할 수 없을 만큼 규모가 큰 우주의 시작과 끝을 이야기하는 인간이 작은 인간일 수 없다는 생각에 그 책의 제목을 "큰 인간 작은 우주"라고 바꾸었다.

인간은 지구상에 살고 있는 수많은 생명체 중 하나이다. 인간의 해부학적 특징은 다른 동물들과 크게 다르지 않다. 18세기 스웨덴의 식물학자 칼 폰 린네는 1735년에 출판한 『자연의 체계(Systema Naturae)』에서 인간을 영장류에 포함시켰다. 인간을 생물 분류표 안에 포함시킨 것은 많은 논쟁을 불러왔다. 인간을 생물의 하나로 분류한 것만으로도 지구상 모든 생물을 지배하는 인간의 위상과 존엄성을 크게 훼손한 것이라고 주장하는 사람들이 많았다. 그러나 인간의 세포 안에서 일어나는 물질 대사와 에너지 대사만을 보면 인간이 다른 생명체와 크게 다르지 않은 것이 사실이다. 그렇다면 인간은 정말 다른 동물과 다를 것이 없는 존재일까?

지구상에는 수많은 생명체가 환경에 적응하며 살아가고 있다. 그들이 지구 환경에서 살아남기 위해 구사하는 전략은 놀라운 것이 많다. 어떤 것들은 인간으로서는 흉내도 낼 수 없는 것들도 있다. 생존 전략만으로 본다면 인간은 가장 뛰어난 능력을 가진 생명체라고 할 수 없다. 그러나 인간은 우주 이야기를 할 수 있는 유일한 생명체이다. 뛰어난 생존 전략을 가지고 있는 생명체 중에서 우주 이야기를 이만큼 할 수 있는 다른 생명체가 있을까? 아니, 우주에 관심이라도 있는 다른 생명체가 있을까? 내가 우주 이야기에서 특히 큰 감동을 받는 것은 이 때문이다.

『오리진』에서 소개하고 있는 기원 이야기 중 어떤 것은 사실이 아닌 것으로 밝혀질 수도 있다. 그러나 그것으로 인해 우주의 기원 이야기에서 받는 감동이 줄어들지는 않을 것이다. 사람이 우주의 기원에 대해, 그리고 우리가 살아가고 있는 지구와 생명체의 기원에 대해 이렇게 많은 이야기를 이 정도로 일목요연하게 할 수 있다는 것 자체가 큰 감동을 주기 때문이다. 처음 이 책을 번역하게 된 것은 출판사의 권유 때문이기도 했지만 이 책에서 내가 느낀 감동을 많은 사람들에게 전해 주고 싶다는 생각 때문이기도 했다.

오래전에 번역했던 책을 다시 정리할 기회를 가진 것은 나에게는 큰 즐거움이었다. 처음 이 책을 대했을 때의 감동을 다시 느낄 수 있어 즐거웠고, 미진해 보였던 부분을 수정할 수 있어 즐거웠다. 처음 번역할 때와 마찬가지로 조금씩 왔다 갔다 하는 숫자와 용어의 문제로 인해 어려움을 겪기는 했지만 그것은 우주 이야기를 할 때 언제나 겪는 어려움이기 때문에 크게 문제 삼지 않기로 했다. 예를 들면 우주의 나이를 어떤 부분에서는 137억 년이라고 하고 어떤 부분에서는 140억 년이라고 되어 있어 독자들에게 혼동을 주지 않을까 염려가 되기도 했다. 이런 문제가 생기는 것은 천문학에서 다루는 숫자들이 어림값들이기 때문이기도 하고, 새로운 관측 결과가 나올 때마다 숫자가 변하기 때문이기도 하다. 전체적인 이야기 흐름에 문제가 없는 한 원본의 숫자를 그대로 사용했다.

용어의 문제도 번역할 때 늘 대하는 어려움 중 하나이다. 이 책을 처음 번역할 때는 빅뱅 우주론을 '대폭발설'이라고 부르는 사람들이 많았다. 그래서 'big bang'을 '대폭발'이라는 말로 번역해 사용했지만 이제는 '빅뱅'이라는 말이 더 일반적인 용어가 되었다. 따라서 이번 번역에서는 구판의 '대폭발'을 '빅뱅'으로 바꾸었다. 이외에도 지난 20년 동안에 바뀐 용어들이 많다. '나트륨'을 '소듐'으로, '칼륨'을 '포타슘'으로 부르게 되었다. '호이겐스'는 '하휘헌스'로 바꾸어 부르게 되었다. 새로운 번역에서는 이러한 용어의 변화를 최대한 반영하려고 노력했다.

몇 번이고 다시 읽으면서 쉽게 읽힐 수 있는 글이 되도록 노력했지만 저자의 위트와 해학까지는 제대로 담아낼 수 없었던 것 같아 아쉬움이 남는다. 시나 영화, 또는 소설에서 받은 느낌을 우주 이야기가 주는 감동과 연결하려고 노력했던 저자의 의도를 그대로 번역해 내기에는 우리에게 익숙한 문화가 저자가 경험해 온 문화와 너무 다르다는 것을 느껴야 했다. 저자의 의도를 충분히 전달하기 위해 주를 달아 추가적인 설명을 해 놓았지만 제대로 전달되었는지는 알 수 없다. 그러나 그것이 우주 이야기에서 중요한 부분을 차지하는 부분은 아니어서 전체 이야기를 전하는 데 큰 문제가 되지 않은 것은 다행한 일이다.

이 책을 다시 번역 출간해 더 많은 독자들과 만날 수 있는 기회를 준 (주)사이언스북스에 감사드린다.

2018년 늦여름에

곽영직

참고 문헌

Adams, Fred, and Greg Laughlin. *The Five Ages of the Universe: Inside the Physics of Eternity.* New York: Free Press, 1999.

Barrow, John. *The Constants of Nature: From Alpha to Omega — The Numbers That Encode the Deepest Secrets of the Universe.* NewYork: Knopf, 2003.

_____. *The Book of Nothing: Vacuums, Voids, and the Latest Ideas About the Origins of the Universe.* NewYork: Pantheon Books, 2001.

Barrow, John, and Frank Tipler. *The Anthropic Cosmological Principle.* Oxford: Oxford University Press, 1986.

Bryson, Bill. *A Short History of Nearly Everything.* New York: Broadway Books, 2003.

Danielson, Dennis Richard. *The Book of the Cosmos.* Cambridge, MA: Perseus, 2001.

Goldsmith, Donald. *Connecting with the Cosmos: Nine Ways to Experience the Majesty and Mystery of the Universe.* Naperville, IL: Sourcebooks, 2002.

_____. *The Hunt for Life on Mars.* New York: Dutton, 1997.

_____. *Nemesis: The Death-Star and Other Theories of Mass Extinction.* New York: Walker Books, 1985.

_____. *Worlds Unnumbered: The Search for Extrasolar Planets.* Sausalito, CA: University Science Books, 1997.

_____. *The Runaway Universe: The Race to Find the Future of the Cosmos.* Cambridge, MA: Perseus, 2000.

Gott, J. Richard. *Time Travel in Einstein's Universe: The Physical Possibilities of Travel Through Time.* Boston: Houghton Mifflin, 2001.

Greene, Brian. *The Elegant Universe.* NewYork: W. W. Norton & Co., 2000.

_____. *The Fabric of the Cosmos: Space, Time, and the Texture of Reality.* New York: Knopf, 2003.

Grinspoon, David. *Lonely Planets: The Natural Philosophy of Alien Life.* New York: Harper Collins, 2003.

Guth, Alan. *The Inflationary Universe.* Cambridge, MA: Perseus, 1997.

Haack, Susan. *Defending Science — Within Reason.* Amherst, NY: Prometheus, 2003.

Harrison, Edward. *Cosmology: The Science of the Universe,* 2nd ed. Cambridge: Cambridge University Press, 1999.

Kirshner, Robert. *The Extravagant Universe: Exploding Stars, Dark Energy, and the Accelerating Cosmos.* Princeton, NJ: Princeton University Press, 2002.

Knoll, Andrew. *Life on a Young Planet: The First Three Billion Years of Evolution on Earth.* Princeton, NJ: Princeton University Press, 2003.

Lemonick, Michael. *Echo of the Big Bang.* Princeton, MJ: Princeton University Press, 2003.

Rees, Martin. *Before the Beginning: Our Universe and Others.* Cambridge, MA: Perseus, 1997.

_____. *Just Six Numbers: The Deep Forces That Shape the Universe.* New York: Basic Books, 1999.

_____. *Our Cosmic Habitat.* New york: Orion, 2002.

Seife, Charles. *Alpha and Omega: The Search for the Beginning and End of the Universe.* New York: Viking, 2003.

Tyson, Neil deGrasse. *Just Visiting This Planet: Merlin Answers More Questions About Everything Under the Sun, Moon and Stars.* New York: Main Street Books, 1998.

_____. *Merlin's Tour of the Universe: A Skywatcher's Guide to Everything from Mars and Quasars to Comets, Planets, Blue Moons and Werewolves.* New York: Main Street Books,

1997.

_____ . *The Sky Is Not the Limit: Adventures of an Urban Astrophysicist.* New York: Doubleday & Co., 2000.

_____ . *Universe Down to Earth.* New York: Columbia University Press, 1994.

_____ . Robert Irion, and Charles Tsun-Chu Liu. *One Universe: At Home in the Cosmos.* Washington, DC: Joseph Henry Press, 2000.

찾아보기

도판 저작권

약어 풀이

AURA: Association for University Research in Astronomy

CFHT: Canada, France, Hawaii Telescope

ESA: European Space Agency

ESO: European Southern Observatory

NASA: National Aeronautics and Space Administration

NOAO: National Optical Astronomical Observatories

NSF: National Science Foundation

USNO: United States Naval Observatory

1. WMAP Science Team, NASA

2. S. Beckwith and the Hubble Ultra Deep Field Working Group, ESA, NASA

3. Andrew Fruchter et al., NASA

4. N. Benitez, T. Broadhurst, H. Ford, M. Clampin, G. Hartig, and G. Illingworth, ESA, NASA

5. A. Siemiginowska, J. Bechtold, et al., NASA

6. O. Lopez-Cruz et al., AURA, NOAO, NSF

7. Jean-Charles Cuillandre, CFHT

8. Arne Henden, USNO

9. European Southern Observatory

10. Hubble Heritage Team, A. Riess, NASA

11. High-Z Supernova Search Team, NASA

12. Diane Zeiders and Adam Block, NOAO, AURA, NSF

13. P. Anders et al., ESA, NASA

14. Robert Gendler; www.robertgendlerastropics.com

15. Hubble Heritage Team, NASA

16. AURA/NOAO/NSF

17. M. Heydari-Malayeri (Paris Observatory) et al., ESA, NASA

18. Atlas Image obtained as Part of the Two Micron All Sky Survey, a joint project of the UMass and the IPAC/Caltech, funded by the NASA and the NSF.

19. Atlas Image obtained as Part of the Two Micron All Sky Survey, a joint project of the UMass and the IPAC/Caltech, funded by the NASA and the NSF.

20. Jean-Charles Cuillandre, CFHT

21. Jean-Charles Cuillandre, CFHT

22. J. Hester (Arizona State Univ.) et al., NASA

23. H. Bond and R. Ciardullo, NASA

24. Andrew Fruchter (Space Telescope Science Institute) et al., NASA

25. Jean-Charles Cuillandre, CFHT

26. Rick Scott; members.cox.net/rmscott

27. R. G. French, J. Cuzzi, L. Dones, and J. Lissauer, Hubble Heritage Team, NASA

28. (a) *Voyager 2*, NASA; (b) Athena Coustenis et al., CFHT

29. *Cassini* Imaging Team, NASA

30. (a) and (b) *Galileo* Project, NASA

31. *Magellan* Project, Jet Propulsion Laboratory, NASA

32. Buzz Aldrin, NASA

33. Juan Carlos Casado; www.skylook.net

34. J. Bell, M. Wolff, et al., NASA

35. *Spirit* rover, NASA/Jet Propulsion Laboratory/Cornell

36. *Sptrit* rover, NASA/Jet Propulsion Laboratory/Cornell

37. Sandra Haller, Unicorn Projects, Inc.

38. Don Davis, NASA

39. Neil deGrasse Tyson, American Museum of Natural History

40. Sandra Haller, Unicorn Projects, Inc.

• 이 책에 실린 사진들의 저작권은 저작권자와 협의를 마쳤거나 협의 중입니다. 이 사진들은 저작권법에 의해 한국 내에서 보호를 받는 저작물이므로 무단 전재와 무단 복제를 금합니다.

옮긴이 **곽영직**

서울 대학교 자연 과학 대학 물리학과를 졸업하고, 미국 켄터키 대학교 대학원에서 박사 학위를 받았다. 현재 수원 대학교 물리학과 명예 교수로 재직하고 있다. 저서로는 『큰 인간 작은 우주』, 『원자보다 작은 세계 이야기』, 『자연과학의 올바른 이해』, 『과학 이야기』, 『아빠! 달은 왜 나만 따라와?』, 『물리학 언어』, 『별자리 따라 봄 여름 가을 겨울』, 『물리학이 즐겁다』 등이 있다.

사이언스 클래식 34

오리진

1판 1쇄 펴냄 2018년 9월 21일
1판 3쇄 펴냄 2022년 11월 15일

지은이 닐 디그래스 타이슨, 도널드 골드스미스
옮긴이 곽영직
펴낸이 박상준
펴낸곳 ㈜사이언스북스

출판등록 1997. 3. 24.(제16-1444호)
(06027) 서울특별시 강남구 도산대로1길 62
대표전화 515-2000, 팩시밀리 515-2007
편집부 517-4263, 팩시밀리 514-2329

www.sciencebooks.co.kr

한국어판 ⓒ ㈜사이언스북스, 2018. Printed in Seoul, Korea.

ISBN 979-11-89198-33-6 03400